AF320072

BIBLIOTHÈQUE SCIENTIFIQUE CONTEMPORAINE

LE

Microscope

ET SES APPLICATIONS

A L'ÉTUDE DES VÉGÉTAUX ET DES ANIMAUX

PAR

E. COUVREUR

LICENCIÉ ÈS SCIENCES PHYSIQUES ET ÈS SCIENCES NATURELLES
CHEF DES TRAVAUX DE PHYSIOLOGIE A LA FACULTÉ DES SCIENCES
DE LYON

Avec 112 figures intercalées dans le texte

PARIS

LIBRAIRIE J.-B. BAILLIÈRE ET FILS
RUE HAUTEFEUILLE, 19, PRÈS DU BOULEVARD SAINT-GERMAIN

1888

BIBLIOTHÈQUE SCIENTIFIQUE CONTEMPORAINE

LE

MICROSCOPE

ET SES APPLICATIONS

A L'ÉTUDE DES ANIMAUX ET DES VÉGÉTAUX

LE
Microscope

ET SES APPLICATIONS

A L'ÉTUDE DES VÉGÉTAUX ET DES ANIMAUX

PAR

E. COUVREUR

LICENCIÉ ÈS SCIENCES PHYSIQUES ET ÈS SCIENCES NATURELLES

CHEF DES TRAVAUX DE PHYSIOLOGIE A LA FACULTÉ DES SCIENCES

DE LYON

Avec 112 figures intercalées dans le texte

PARIS

LIBRAIRIE J.-B. BAILLIÈRE ET FILS

RUE HAUTEFEUILLE, 19, PRÈS DU BOULEVARD SAINT-GERMAIN

1888

LE
MICROSCOPE

Les applications du microscope à l'étude de l'histoire naturelle, prenant de jour en jour de plus grands développements, nous avons pensé qu'un livre clair, simplement écrit et facile à lire, présentant les notions les plus essentielles et les plus pratiques ne serait pas sans intérêt pour les personnes qui veulent se tenir au courant de la science contemporaine.

Le présent ouvrage traite d'abord du *microscope* en lui-même : ce qui forme le premier livre. Nous nous sommes efforcés de donner là les indications les plus nécessaires à la pratique microscopique.

Dans le second livre, sont examinées les applications à l'étude de la *botanique;* cette étude est divisée en deux parties : 1° *botanique générale*, où la cellule, les tissus, les organes, sont étudiés en eux-mêmes, indépendamment des végétaux où on les rencontre ; 2° *botanique spéciale*, où tous les végétaux sont passés en revue, en commençant par les plus inférieurs. Malgré le point de vue spécial où nous nous plaçons, nous avons pu garder, surtout dans les végétaux inférieurs, une forme didactique que nous nous sommes toujours efforcé de respecter.

Le troisième livre, qui comprend les applications à la *zoologie*, est conçu sur le même plan et divisé aussi en deux parties : *zoologie générale, zoologie spéciale*.

Nous espérons que le plan adopté, non seulement facilitera au lecteur les études micrographiques, qu'il pourra aborder ce livre à la main, mais encore lui permettra de se faire une idée des études zoologiques et botaniques telles qu'elles tendent de plus en plus à s'établir. Ce sont les formes inférieures qui ont été étudiées avec le plus de soin, parce que c'est là que se trouve l'explication des grands problèmes qui s'élèvent sans cesse dans les sciences biologiques.

Il est bien entendu que ce livre ne peut être lu avec fruit que si l'on suit avec le microscope les descriptions qu'il donne. Les sciences naturelles, en effet, on ne saurait trop le répéter, ne s'étudient pas dans les livres, qui ne sont que des aides pour l'observation personnelle.

Ajoutons pour terminer que dans ce livre nous avons mis à contribution les travaux spéciaux de Ch. Robin, Ranvier, Frey, Leydig, Strassburger, etc. Nous avons l'espoir que notre travail ne sera pas jugé trop indigne des grands modèles que nous avions sous les yeux.

Lyon, 1ᵉʳ février 1888.

LIVRE I

LE MICROSCOPE

PREMIÈRE PARTIE

L'INSTRUMENT ET SES ACCESSOIRES

Le microscope, comme l'indique son nom, est un instrument qui sert à l'examen des petits objets. On arrive, en effet, avec son aide à donner aux objets, dont les dimensions sont trop faibles pour être perceptibles, les dimensions des objets que nous pouvons voir à l'œil nu.

On distingue deux sortes de microscopes : le *microscope simple*, nommé encore *loupe*, et le *miscroscope composé*.

I

LA LOUPE

a. Définition. Grossissement. — *b*. Défauts. Diverses espèces de loupes. *c*. Emploi.

a. Définition. Grossissement.

La loupe, dans sa simplitité la plus grande, consiste en une lentille convergente, soit plan-convexe, soit biconvexe, et dont l'emploi permet, comme le montre la figure 1, de voir, à une distance donnée, un objet ab sous un angle beaucoup plus grand que celui où on le verrait sans le secours de cet instrument. Son action réelle n'est autre que de fournir le moyen de voir dis-

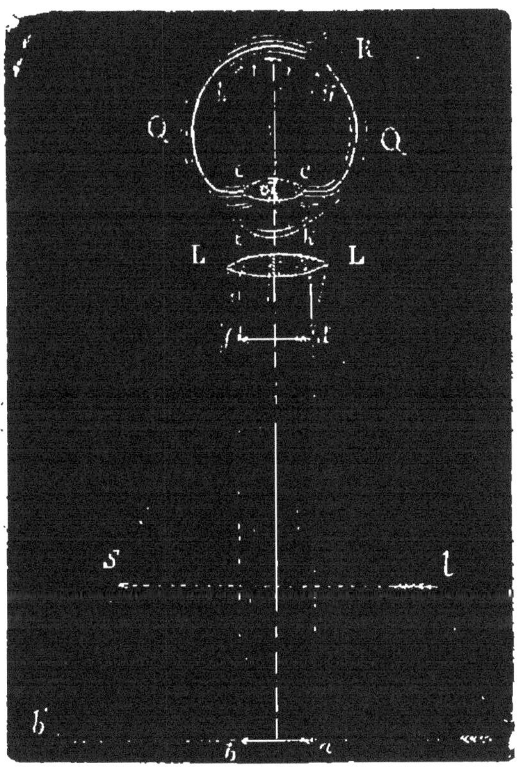

FIG. 1. — Formation des images dans la loupe.

tinctement à une très faible distance, 1 à 3 centimètres par exemple, un objet qu'il faudrait sans cela placer à la distance de la vision distincte (22 cent. environ), et, par suite, d'accroître beaucoup l'angle sous lequel on voit cet objet.

Ainsi l'objet considéré, qui, en ab (à la distance de la vision distincte), ferait sans le secours de la loupe une image très petite rr sur la rétine, reporté en fd pour être aperçue de nouveau nettement avec cet instrument, donne sur la rétine une image beaucoup plus grande gb, reportée d'ailleurs en $a'b'$, distance de la vision distincte.

La théorie de la loupe se trouve dans tous les ouvrages de physique; nous rappellerons seulement ici, comme indication pratique, que, pour se servir de l'instrument, il faut placer l'objet entre la lentille et son foyer, et que, dans ces conditions, on a une image virtuelle, droite et plus grande que l'objet.

La loupe n'a pas seulement l'avantage de grossir l'objet que l'on considère avec elle; comme la lentille est en général plus grande que la pupille et que, par suite de son pouvoir convergent, elle rassemble assez les rayons qu'elle reçoit pour les faire pénétrer dans l'œil, il en résulte que l'objet est plus éclairé que dans la vision normale, nouvel avantage qui permet de distinguer les détails avec plus de netteté. On peut objecter, il est vrai, que l'objet étant grossi, la lumière se répand sur une surface plus considérable. Cela est exact, mais, pour les faibles grossissements du moins (jusqu'à 10 fois), la dimension de la lentille est telle, que l'objet en définitive reste plus éclairé.

Un mot du grossissement de la loupe. On peut toujours le connaître, approximativement du moins, de la manière suivante. On suppose que l'objet, au lieu d'être placé entre le foyer et la lentille, et très près du foyer, comme il est en réalité, est placé au foyer même de l'instrument. On voit alors facilement, d'après une relation bien connue dans les triangles semblables, que l'image agrandie est au diamètre de l'objet comme la distance de la vision distincte est à la distance focale principale de la loupe.

On voit tout de suite qu'une loupe ne donne pas le même grossissement pour un myope et un hypermétrope. On s'imaginerait assez facilement, d'après ce que nous venons de dire, que c'est le myope qui a le désavantage, puisque sa distance de la vision distincte est plus courte : mais il n'en est rien. Interviennent ici d'autres considérations qui lui donnent en réalité l'avantage et, en particulier, le fait qu'il met l'objet plus près de la lentille, ce qui amène la formation d'une image plus grande sur la rétine.

b. Défauts. Diverses espèces de loupes.

La loupe, telle que nous venons de la considérer, formée d'une simple lentille, possède plusieurs inconvénients :

1° Les images ne sont pas très nettes, surtout quand la courbure est un peu forte, par suite du défaut connu sous le nom d'*aberration de sphéricité*, et qui résulte de ce fait que les rayons marginaux ne forment pas leur foyer au même point que les rayons centraux;

2° Elles ont leurs bords légèrement colorés par suite d'un deuxième défaut, l'*aberration de réfrangibilité*, résultant de ce que tous les rayons qui composent la lumière blanche n'ont pas une réfrangibilité égale : les rayons violets, qui sont les plus réfrangibles, forment leur foyer un peu en avant des rayons rouges qui sont les moins réfractés;

3° Pour obtenir un grossissement un peu considérable, il faut donner à la loupe une très petite distance focale, ce qui ne permet pas facilement les dissections.

On peut remédier à ces trois défauts.

On remédie au premier par l'emploi de ce qu'on appelle un *diaphragme*. Ce n'est autre chose qu'une plaque métallique percée d'un trou qu'on interpose entre l'objet et la lentille, ou entre la lentille et l'œil, et qui ne laisse passer que les rayons centraux.

On remédie au second par l'association de deux lentilles d'un verre différent, le crown-glass et le flint-glass, qui agissent diversement sur la lumière. Les courbures sont calculées de façon à ce que les déviations se corrigent les unes les autres; l'image est ainsi dépourvue de coloration. La loupe, dans ce cas, est dite *achromatique*.

Enfin, on remédie au troisième défaut et surtout on arrive à un grossissement considérable sans aberration de sphéricité notable, par l'emploi des *doublets*. La loupe ici n'est plus simple, elle est composée. L'objet est considéré à travers un système de deux lentilles plan-convexes, dont la partie plane est tournée vers l'objet, et la partie convexe vers l'œil de l'observateur. La première lentille commence à concentrer les rayons lumineux; la deuxième, agissant sur ces rayons déjà concentrés, les concentre encore davantage; on arrive ainsi à avoir une distance focale courte, et partant un fort grossissement sans avoir cependant des verres par trop convexes.

c. Emploi.

La loupe est employée assez frequemment, en botanique et en zoologie, pour faire des dissections délicates; on n'a d'ailleurs ainsi qu'une idée générale de l'objet qu'on examine. Toutes les fois que l'on veut pénétrer la structure intime des êtres organisés, il faut avoir recours à l'emploi du microscope composé, dont nous allons nous occuper tout particulièrement.

Les loupes que l'on emploie dans les études d'histoire naturelle doivent être montées, et l'une des montures les plus commodes est celle de Nachet; cependant, dans un voyage, si l'on ne peut travailler à poste fixe, on peut employer la loupe de Brewster, dite *loupe de Coddington*.

II

LE MICROSCOPE COMPOSÉ

a. Partie optique et théorie. — *b*. Partie mécanique. — *c*. Détails sur les objectifs, les oculaires et la partie mécanique. — *d*. Accessoires du microscope. — *e*. Grossissement. — *f*. Mesures micrographiques.

Avec la loupe, soit simple, soit composée, on regarde directement l'objet, dont on aperçoit une image virtuelle droite et agrandie, Il n'en est plus de même dans le microscope composé. Dans cet instrument, l'image formée par une première lentille, image réelle cette fois, est grossie par une deuxième, fonctionnant comme loupe. La première lentille porte le nom d'*objectif*, parce qu'elle est tournée vers l'objet, la deuxième porte le nom d'*oculaire*, parce que c'est sur elle qu'on applique l'œil quand on regarde dans le microscope. Les lentilles sont enchâssées dans une monture spéciale et il y a tout un appareil pour soutenir l'objet, l'éclairer, etc.: de là deux parties bien distinctes à examiner et à décrire dans le microscope : 1° la partie optique ; 2° la partie mécanique.

a. Partie optique.

Elle se compose elle-même de deux éléments : l'*objectif* et l'*oculaire*, que nous allons étudier successivement.

L'objectif est parfois composé d'une seule lentille, achromatique d'ailleurs, mais le plus souvent il est formé de plusieurs lentilles pour cette raison, déjà signalée à propos de la loupe, qu'on obtient ainsi, sans grande aberration de sphéricité, une courte distance focale. Chacune de ces lentilles est achromatique et plan-convexe, la partie plane étant tournée vers l'objet. La lentille la plus inférieure de l'objectif s'appelle souvent *lentille frontale*.

L'oculaire, qui, théoriquement, pourrait être réduit à une seule lentille, est formé dans tous les microscopes de deux lentilles plan-convexes, à con-

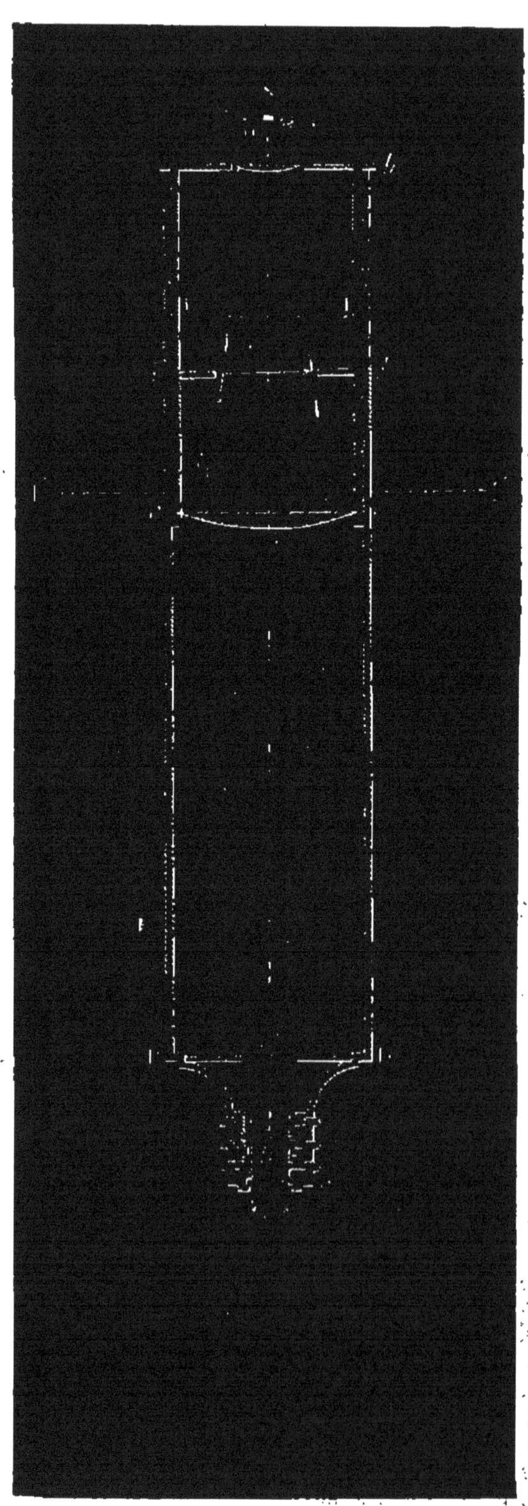

Fig 2. — Formation des images dans le microscope.

vexité tournée vers l'objectif, et plus ou moins écartées l'une de l'autre. La lentille inférieure s'appelle *lentille de champ;* la lentille supérieure, *loupe de l'oculaire.*

Ceci posé, étudions la marche des rayons lumineux dans un microscope composé (fig. 2), et voyons comment se forme l'image.

L'objet i, placé un peu au delà du foyer de l'objetif, condition nécessaire comme l'on sait pour avoir une image réelle, va former en II une image réelle, renversée, et beaucoup plus grande que l'objet par suite de la petite distance focale du système objectif; ou plutôt, il irait former cette image, si les rayons lumineux ne rencontraient pas en route la lentille Z, lentille de champ de l'oculaire, qui amène l'image à se former en $i'i'$. Cette image vient se former entre le foyer de la loupe de l'oculaire et cette lentille, qui en donne par conséquent, d'après la théorie de la loupe, une nouvelle image $I'I'$, droite par rapport à $i'i'$ (par conséquent renversée par rapport à l'objet), virtuelle et agrandie.

On peut se demander à quoi sert la lentille de champ Z. Elle sert, par suite de la concentration qu'elle fait subir aux rayons qui ont traversé l'objectif, à agrandir, le *champ de l'instrument,* d'où son nom. En d'autres termes elle permet d'apercevoir des points qui, sans elle, ne seraient pas contenus dans le cône des rayons qui peuvent pénétrer dans l'oculaire [1].

Des *diaphragmes* D D, *d d,* situés, le premier entre l'objectif et l'oculaire, le second entre les deux lentilles de l'oculaire, ne laissent passer que les rayons centraux, et corrigent l'aberration de sphéricité. Un petit miroir con-

---

[1] Elle diminue aussi l'aberration de réfrangibilité.

cave concentre les rayons lumineux sur l'objet qu'on examine, concentration rendue nécessaire par le grossissement considérable de l'instrument. On voit ce petit miroir en m sur la figure.

Avant de passer à l'étude de la partie mécanique du microscope, nous croyons nécessaire de dire un mot sur la mesure théorique du grossissement de l'instrument, bien que ce ne soit pas là le procédé que l'on emploie habituellement et sur lequel nous reviendrons plus tard.

Le grossissement est, on le sait, le rapport des dimensions apparentes de l'image et de l'objet ; on a donc $G = \dfrac{I'I'}{i}$ ou $G = \dfrac{I'I'}{i'i'} \times \dfrac{i'i'}{i}$, c'est donc le produit du grossissement de l'oculaire par le grossissement de l'objectif.

b. Partie mécanique.

La partie mécanique du microscope se compose : 1° du *tube* qui porte l'objectif et l'oculaire ; 2° du *support de ce tube*, qui porte encore outre le miroir destiné à éclairer l'objet, le plateau dit *platine*, destiné à le supporter (fig. 3).

1° Tube. — Le tube ou *corps* du microscope, qu'on voit représenté en coupe dans la figure 2, est un simple tube en laiton, bien cylindrique. Il est noirci intérieurement pour éviter les réflexions qui déformeraient les images. Il est formé le plus souvent de deux tubes rentrant l'un dans l'autre, ce qui permet d'allonger à volonté le corps du microscope et par suite d'accroître le grossissement, car si l'image objective se forme plus loin, ce qu'on obtient en rapprochant l'instrument de l'objet, on sait qu'elle est plus grande [1].

---

[1] Ce qui nécessite le tirage du tube pour amener [cette image entre le foyer de l'oculaire et la lentille.

Le tube est terminé à sa partie inférieure par une pièce appelée *cône* sur laquelle vient s'adapter le système objectif, formé lui-même de plusieurs lentilles vissées

FIG. 3. — Microscope grand modèle.

les unes sur les autres. A sa partie supérieure le tube est largement ouvert, et reçoit, à frottement, un autre tube cylindrique qui porte l'oculaire, ce qui permet d'en changer facilement. Tout est disposé de façon, à ce que toutes les lentilles, aussi bien celles de l'objectif que celles de l'oculaire, soient exactement centrées.

2° SUPPORT DU TUBE. — Le tube est engagé lui-même à frottement dur, mais pas trop cependant, dans une pièce cylindrique soudée à une colonne verticale. Cette colonne porte en bas le miroir concave articulé de façon à pouvoir se tourner dans tous les sens ; elle porte en outre plusieurs boutons à molette destinés à faire monter ou descendre le corps du microscope : deux d'entre eux (dans les grands modèles) commandent une crémaillière et permettent des mouvements rapides[1], le troisième commande une vis micrométique et permet les mouvements lents.

La colonne porte encore la platine, petit plateau rond ou carré, percé en son centre d'un trou par où passe la lumière destinée à éclairer l'objet.

Dans beaucoup de microscopes, particulièrement de petit modèle, la colonne ne peut être dérangée de sa position verticale, mais dans le microscope représenté figure 3, on voit que la colonne peut osciller autour de deux tourillons. On a là un *microscope inclinant*.

La colonne unique qui forme le support dans les modèles droits, ou les deux colonnes qui supportent les tourillons dans les modèles inclinants, sont elles-mêmes fixées sur un pied en cuivre, en forme de fer à cheval, et dans lequel on a coulé du plomb, pour donner plus de stabilité à l'instrument.

c. Détails sur les objectifs, les oculaires et la partie mécanique.

Après ces premières notions du fonctionnement du microscope et de sa structure, il convient d'entrer dans

---

[1] Dans les petits modèles le mouvement rapide s'obtient en enfonçant directement le tube avec la main.

quelques détails relativement aux pièces qui le composent.

1° OBJECTIF. — L'objectif nous arrêtera quelque temps, car c'est sans contredit la pièce la plus importante d'un microscope. Un bon objectif doit présenter plusieurs qualités. Il doit d'abord être achromatique. Comme l'achromatisme n'est jamais parfait, on fait en sorte que le liséré coloré qui accompagne le contour de l'objet soit le moins désagréable possible à l'œil. Il est le plus souvent bleuâtre : on dit alors que l'objectif est *corrigé par excès;* on dit qu'il est *corrigé par défaut,* quand le liséré est rougeâtre.

Outre l'achromatisme, un objectif doit posséder le *pouvoir définissant,* le *pouvoir résolvant* et le *pouvoir pénétrant ;* il doit, de plus, avoir une *distance frontale* suffisante, et un *angle d'ouverture* assez grand [1].

Expliquons-nous sur ces différents termes.

Le *pouvoir définissant* consiste à donner avec une grande netteté le contour des objets.

Le *pouvoir résolvant* consiste à séparer des éléments très serrés, comme par exemple les stries qui sont à la surface de certaines Diatomées.

Le *pouvoir pénétrant* consiste à laisser apercevoir plus ou moins nettement l'image des objets qui ne sont pas absolument situés dans le plan pour lequel on a fait la mise au point.

On appelle *distance frontale,* la distance qui sépare la lentille frontale de l'objet. Cette distance doit être naturellement assez grande pour permettre de recouvrir avec une lamelle l'objet que l'on examine.

---

[1] Il est évident que pour constater ces qualités on associe un oculaire à l'objectif qu'on essaye.

On appelle enfin *angle d'ouverture* l'angle que font entre eux les rayons extrêmes émanant de l'objet, qui peuvent être utilisés par l'objectif : plus l'angle d'ouverture d'un objectif est grand, plus pour une même lumière il donne des images éclairées.

Tous les objectifs ne possèdent pas à un degré égal toutes ces qualités, et il arrive que des objectifs très puissants donnent des images troubles et font voir les détails avec moins de netteté que d'autres plus faibles.

Parmi les meilleurs objectifs, on peut citer en France, ceux de Verick et ceux de Nachet. Les objectifs de Nachet sont surtout remarquables par leur grande distance frontale, tout en possédant d'ailleurs un angle d'ouverture suffisant : or, il arrive souvent, chez les constructeurs anglais en particulier, que l'on sacrifie la distance frontale à l'angle d'ouverture.

Toutes choses égales d'ailleurs, plus un objectif est puissant, plus sa distance focale est faible, par suite plus sa distance frontale diminue. Arrive un moment, pour les objectifs très puissants, où si l'on laissait simplement de l'air interposé entre l'objectif et la préparation, on ne pourrait arriver à mettre au point ; l'objectif toucherait la préparation avant qu'on la vît nettement. Il faut alors de toute nécessité interposer entre la lentille et l'objet un milieu plus réfringent que l'air : de là l'invention des *objectifs à immersion*. Il y a deux sortes d'immersion : l'immersion *simple* où le liquide interposé est de l'eau, et l'immersion *homogène* où le liquide interposé (glycérine, essence de fenouil) a un indice de réfraction égal à celui du verre que l'on emploie.

Les meilleurs objectifs à immersion sont pour l'immersion dans l'eau, 8, 9, 10 de Nachet, 8, 9, 10, 11,

12, 13, 15 de Verick; et pour l'immersion homogène, 9, 10, 11, 12 de Nachet, 9, 10, 12, 13 de Verick.

Avec ces derniers objectifs, surtout en employant un oculaire un peu fort et en tirant le tube du microscope, on arrive à des grossissements considérables (jusqu'à 4000 avec l'oculaire 4 et l'objectif 12 de Nachet; jusqu'à 2500 avec les mêmes combinaisons de Verick). Mais ces grossissements extrêmes sont peu employés, les objectifs à immersion ne servent guère que pour des travaux spéciaux; et la plupart des détails décrits dans ce livre pourront être observés par le lecteur avec les objectifs 5 de Nachet, 6 de Verick, et l'oculaire 3 de ces deux constructeurs. (Voir les catalogues.)

Un mot avant de terminer sur les *objectifs à correction*. On sait que les objets que l'on examine au microscope sont le plus souvent recouverts par une petite lamelle de verre. Cette lamelle a une influence sur la marche des rayons lumineux, et par suite son épaisseur n'est pas indifférente. On a construit des objectifs qui corrigent les variations d'épaisseur; il suffit pour cela de resserrer plus ou moins le pas de vis de la lentille frontale, ce qui l'approche plus ou moins des autres lentilles. Mais cette correction n'est utile qu'avec les objectifs forts[1], et il vaut mieux alors employer des lamelles toujours de la même épaisseur et des objectifs construits pour cette épaisseur de lamelle.

Nous venons de voir quelles sont les qualités que doit remplir un bon objectif. Comment s'assurer qu'il les possède? C'est ce qu'il convient maintenant d'examiner, ce livre ayant surtout pour but de guider, soit des com-

---

[1] La correction est inutile avec les objectifs à immersion homogène.

mençants, soit des amateurs qui veulent se livrer à la science micrographique.

On s'assure de ces qualités à l'aide de préparations particulières qui ont reçu le nom de *test-objets*, et qui sont surtout des carapaces de Diatomées, petites Algues unicellulaires à squelette siliceux. On doit apercevoir, avec un bon objectif, certains systèmes de stries et de points qui ont été signalés par des personnes ayant examiné ces préparations avec de bons instruments. Mais ce que nous disons là s'applique surtout aux objectifs les plus puissants dont, nous le répétons, on n'aura pour ainsi dire pas besoin pour suivre les descriptions données dans ce livre, et d'ailleurs, en s'adressant à des constructeurs sérieux comme Verick et Nachet en France, on est toujours sûr d'avoir de bons objectifs.

2° OCULAIRE. — On a plus facilement un bon oculaire qu'un bon objectif, et il n'y a pas grand chose à signaler sur cette pièce du microscope. Disons seulement qu'il est bon d'avoir à un microscope 3 oculaires donnant des grossissements de 5, 7,5, 10, comme les oculaires 1, 2, 3 de Nachet ou de Verick. Signalons pourtant le *micromètre oculaire*, car nous verrons que l'on se sert de cet instrument soit pour mesurer le grossissement d'un microscope, soit pour effectuer des mesures d'objets microscopiques.

Le *micromètre oculaire* consiste en une plaque de verre portant un centimètre ou un demi-centimètre divisé en dixièmes de millimètre, et qui est placé au foyer de la loupe de l'oculaire : on a ainsi l'image grossie (10 fois par exemple, oc. 3 de Nachet) des petites divisions qui viennent se projeter sur les objets que l'on examine dans un microscope muni de cet instrument.

3° TUBE. — Il faut que le tube d'un microscope soit parfaitement rectiligne, et toutes les lentilles parfaitement centrées. Il faut aussi qu'il soit bien perpendiculaire à la platine, de façon à ce que la lentille frontale ait sa face plane exactement parallèle à l'objet examiné ; il faut encore qu'il ne soit pas trop long, et qu'il tienne solidement dans le manchon qui l'embrasse, mais puisse néanmoins glisser dedans sans trop de frottement.

4° SUPPORT. — Le support du tube doit être parfaitement stable, de façon que le microscope ne soit pas exposé à être renversé par un choc léger. Il faut que les vis destinées à approcher ou reculer de la préparation le corps du microscope, et surtout la vis micrométrique, aient un jeu libre, de façon à ce que les mouvements du corps ne se fassent pas par secousse, ce qui est surtout utile quand on emploie un objectif à immersion, qui, par suite d'un brusque mouvement, pourrait venir choquer la préparation et l'endommager ou, chose plus grave, s'endommager lui-même.

5° PLATINE. — La platine sert, nous l'avons vu déjà, à supporter la préparation : il faut qu'elle soit stable, de façon à ce qu'on puisse manier la préparation, sans faire changer sa distance à l'objectif. Elle doit aussi, par suite de l'emploi qu'on fait des réactifs dans les observations microscopiques, être inattaquable à ces réactifs : pour cette raison on la fait en verre, le plus souvent noir et poli.

Il est souvent commode que la platine soit comme l'on dit *tournante* ou *à tourbillon*, c'est-à-dire puisse subir une rotation autour de son axe ; il est souvent utile aussi qu'elle possède des mouvements de latéralité et d'avant en arrière. Ces mouvements s'effectuent à l'aide de vis :

ils permettent de retrouver facilement un point spécial d'une préparation.

La platine est percée en son centre d'un trou laissant passer la lumière. On peut rétrécir ce trou à volonté à l'aide de diaphragmes mobiles. Elle porte à sa partie supérieure, deux pinces ou *valets* qui servent à maintenir la préparation fixe.

Certaines platines sont dites *chauffantes* : elles sont creuses et on peut y faire passer un courant d'eau à une température donnée.

6° APPAREILS D'ÉCLAIRAGE. — L'éclairage se fait par transparence avec un miroir concave en verre dont la face interne est étamée au mercure ou argentée. Ce miroir possède des articulations nombreuses qui permettent de le disposer à volonté pour le mode d'éclairage que l'on désire.

Quand le grossissement du microscope est considérable, il est nécessaire de condenser la lumière fournie par le miroir. Le meilleur appareil à employer est le *condensateur d'Abbé*.

d. Accessoires du microscope.

1° CHAMBRE CLAIRE. — La *chambre claire* (fig. 4) est un appareil qui sert à faire des dessins micrographiques, et qu'on emploie aussi parfois pour faire des mesures ; aussi est-il souvent utile de l'adjoindre à un microscope. La figure 4 montre comment, à l'aide de cet instrument, on aperçoit à la fois l'image produite dans le microscope et la pointe du crayon avec lequel on dessine ; pour dessiner l'objet qu'on observe, on n'a donc qu'à faire projeter l'image sur une feuille de papier et à en suivre le contour avec le crayon. Nous reviendrons sur la chambre claire à propos de la mesure du grossissement.

2° MICROMÈTRE OBJECTIF. — Le *Micromètre objectif* consiste en une plaque de verre, où l'on a tracé au diamant un millimètre divisé en 100 ou 1000 parties. Il

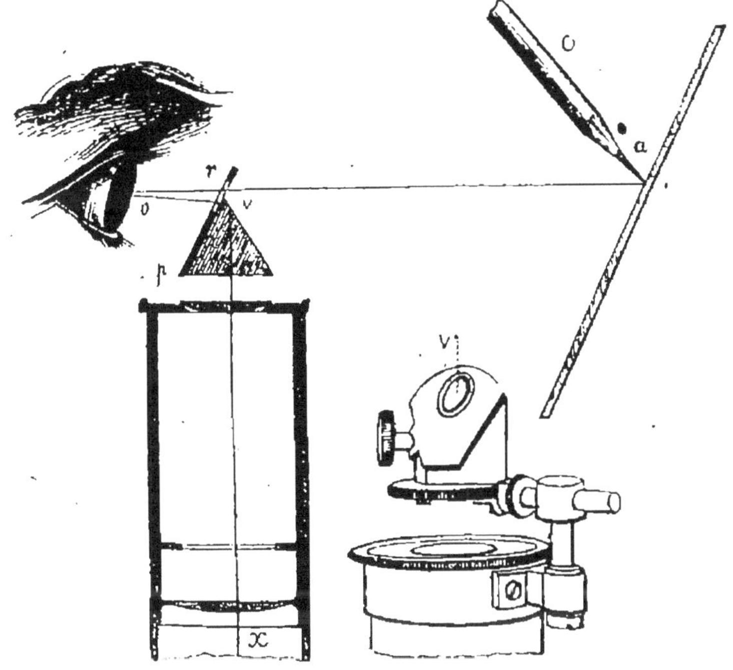

FIG. 4. — Chambre claire.

sert dans la mesure du grossissement et dans la mensuration des objets microscopiques.

3° REVOLVER PORTE-OBJECTIF. — Ce petit instrument sert à remplacer rapidement les uns par les autres des objectifs de différentes puissances, qui sont montés au nombre de deux ou trois sur l'appareil.

4° MICROSPECTROSCOPE. — Le *microspectroscope*, employé souvent dans l'étude du sang ; n'est autre qu'un petit modèle de spectroscope à vision directe monté sur l'oculaire d'un microscope.

5° APPAREILS DE POLARISATION. — On a parfois à examiner les corps en *lumière polarisée* : pour cela on dispose sur l'instrument deux *prismes de Nicol*. Le premier, qui est le *polariseur*, est placé entre le miroir et l'objectif ; le deuxième, qui est l'*analyseur*, est placé au-dessus de l'oculaire. Lorsque les deux nicols sont croisés, le champ de l'instrument est obscur, il ne s'éclaire que si l'on examine des corps doués de la double réfraction, tels que des grains d'amidon, par exemple.

e. Mesure du grossissement.

Il y a deux méthodes principales : 1° mesure du grossissement *à la chambre claire* ; 2° mesure du grossissement *réel*.

1° Mesure *à la chambre claire* : Pour faire cette mesure, on place sur la platine du microscope le micromètre objectif, et, à l'aide de la chambre claire, on fait coïncider son image avec celle d'une règle divisée placée à la distance de la vision distincte. Supposons que le micromètre objectif soit divisé en 1/100 de millimètre, et qu'une de ses divisions vienne recouvrir sur la règle 2 millimètres : on conclue facilement de là que le grossissement est de 200 diamètres. C'est ainsi que sont donnés en général les grossissements ; mais il faut se rappeler que l'on reporte alors l'image à la distance de la vision distincte, et que l'on obtient par conséquent un grossissement plus fort qu'il ne l'est en réalité. L'image qui se forme dans le microscope, dans le cas cité, n'a pas en réalité 2 millimètres de diamètre. Néanmoins, quoique par suite de la manière même dont le grossissement est ainsi donné, il soit variable avec les vues, puisque suivant les sujets la distance de la vision distincte n'est pas la même, c'est le procédé généralement adopté par suite de sa simplicité. Mais le fait même qu'un myope dessinant à la chambre claire, ne fait pas son dessin de la même grandeur qu'un presbyte, montre assez qu'on n'a pas là la vraie mesure du grossissement.

2° Mesure du grossissement *réel* : Cette mesure se fait en cherchant quelle est la grandeur de l'image que l'objectif donne dans le microscope, image grossie d'ailleurs par l'oculaire. Voici comment on procède :

Soit par exemple un oculaire à micromètre divisé en 1/10 de millimètre, et dont la loupe gossit dix fois ; les divisions seront vues par conséquent avec une grandeur de 1 millimètre. Supposons maintenant que nous examinions dans le microscope à l'aide de cet oculaire un micromètre objectif divisé en 1/100 de millimètre, et que 1 division de ce micromètre couvre 3 divisions de l'oculaire : le grossissement sera nécessairement de 300 diamètres. Comme on sait que l'oculaire grossit dix fois, il en résulte que le grossissement de l'objectif (du moins modifié par le verre de champ) est 30. Mais ce procédé, le seul véritablement exact, et comparable pour tous les observateurs, nécessiterait la connaissance exacte du grossissement de tous les oculaires que l'on emploie, et l'emploi d'un micromètre oculaire : on comprend donc que l'on fasse plutôt usage dans la pratique de l'autre méthode, moins exacte mais plus commode.

f. Mesures micrographiques.

Un premier procédé très simple consiste à disposer les objets que l'on veut mesurer sur un micromètre objectif. Supposons que ces objets soient des globules de sang, et que un de ces globules recouvre une division et demie du micromètre objectif divisé en 1/100 de millimètre : le diamètre est nécessairement $0^m,015$. Mais un micromètre objectif est un instrument très coûteux. On peut s'en passer jusqu'à un certain point, pourvu qu'on ait à sa disposition un micromètre oculaire, en ce sens qu'il suffit d'avoir eu le micromètre objectif une fois entre les mains. Voici comment on procède. On regarde le micromètre objectif avec un oculaire micrométrique, auquel on joint successivement tous les objectifs que l'on possède : on note pour chaque combinaison combien de divisions du micromètre oculaire recouvre une division du micromètre objectif. Supposons qu'avec un objectif donné, on ait trouvé que 1 division du micromètre objectif recouvre 10 divisions du micromètre oculaire, 10 divisions du micromètre oculaire correspondent alors à 1/100 de millimètre : par suite un objet recouvert par 10 division du micromètre oculaire aurait un diamètre de 1/100 de milimètre.

Un dernier procédé de mesure est celui de la chambre claire, avec lequel on n'a besoin d'aucun appareil spécial. On fait le dessin à la chambre claire de l'objet à mesurer et on le mesure ensuite avec une règle graduée, ou bien encore on se contente de projeter l'image de l'objet sur la règle. Si l'on connaît le grossissement de son microscope, il ne reste plus pour avoir les dimensions de l'objet qu'à diviser le nombre de divisions lues par le nombre qui mesure le grossissement.

L'unité généralement employée en micrographie est le 1/1000 de millimètre que l'on désigne par la lettre μ.

DEUXIÈME PARTIE

COUPES. RÉACTIFS. MONTAGE DES PRÉPARATIONS

I

NOTIONS GÉNÉRALES SUR LES PRÉPARATIONS MICROSCOPIQUES

Maintenant que l'instrument nous est suffisamment connu, quelques détails ne seront pas inutiles sur les objets que l'on examine au microscope et la façon dont on les observe.

Les objets que l'on regarde au microscope sont en général transparents, car même les corps opaques, en coupe très mince, laissent passer la lumière. Ces objets sont placés sur une lame de verre que l'on nomme souvent pour cette raison *porte-objet* et qui repose sur là platine du microscope. Ils sont recouverts par une lamelle de verre très mince ou *couvre-objet*. Ces lamelles ont généralement 1/10 de millimètre d'épaisseur ; on les trouve, ainsi que les lames, chez tous les opticiens. On peut se demander pourquoi on recouvre les objets d'une lamelle. La raison en est qu'on examine le plus souvent la préparation dans un liquide, et qu'on préserve ainsi l'objectif de venir toucher ce liquide qui, ne fût-ce que de l'eau, le détériorerait à la longue.

Outre les lames ordinaires, on emploie souvent des lames légèrement excavées dans leur milieu et qui constituent ce qu'on appelle des *cellules*. Ces cellules sont destinées aux objets qui seraient écrasés par la pression de la lamelle : certains Infusoires, par exemple. Il est pourtant quelquefois nécessaire pour immobiliser un de ces animaux, de le comprimer légèrement : mais alors on fait usage d'instruments spéciaux, appelés *compresseurs*, qui permettent de limiter la compression et d'empêcher qu'elle ne dégénère en écrasement.

Beaucoup d'objets peuvent être regardés directement au microscope sans nécessiter aucune préparation : les Infusoires, certaines Algues par exemple ; mais souvent aussi il est nécessaire de faire des coupes minces dans les objets que l'on se propose d'examiner, par exemple une tige ou une racine de plante, coupes qui doivent être quelquefois précédées de dissection.

II

COUPES ET DISSECTIONS MICROSCOPIQUES

Les coupes microscopiques se font avec un rasoir bien affilé et d'une structure spéciale. Il est en effet plan sur une de ses faces, au lieu d'être excavé sur les deux comme un rasoir ordinaire. Les coupes peuvent se faire soit à la main, soit avec un instrument spécial qui porte le nom de *microtome*.

Pour faire des coupes à la main, coupes qui, quand il s'agit de petits objets sont souvent les meilleures quand on a une certaine habitude, on tient d'une main l'objet où l'on doit faire la coupe, de l'autre, le rasoir. Après avoir donné un premier coup destiné à obtenir une surface plane, on fait des coupes successives aussi minces que possible. Le rasoir dont on se sert, doit avoir été plongé dans l'alcool. Certains corps se laissent ainsi couper sans préparation : ce sont ceux d'une dureté moyenne ; ceux qui sont très mous sont d'abord durcis par des réactifs spéciaux dont nous parlerons plus loin ; quand au contraire le corps est très dur, il faut le scier en plaques minces qu'on use ensuite sur une meule : c'est ainsi qu'on procède pour les dents, les os, etc.

Quand les objets sont d'un trop petit diamètre pour être tenus commodément, on les *inclut*, comme l'on dit, c'est-à-dire qu'on les enferme dans de la moelle de sureau, de la paraffine ou du collodion.

Les microtomes, dont l'usage est particulièrement utile pour faire des coupes d'une certaine largeur, mais surtout d'une épaisseur déterminée, sont tous dans le principe des instruments identiques. L'objet à couper est inclus dans une masse quelconque, masse supportée par une vis. Cette vis, en tournant dans un écrou fixe, fait peu à peu avancer l'objet qui vient présenter ainsi au rasoir, soit tenu à la main, soit mû automatiquement, une épaisseur nouvelle à trancher ; épaisseur variant du reste avec la quantité dont on a fait tourner la vis.

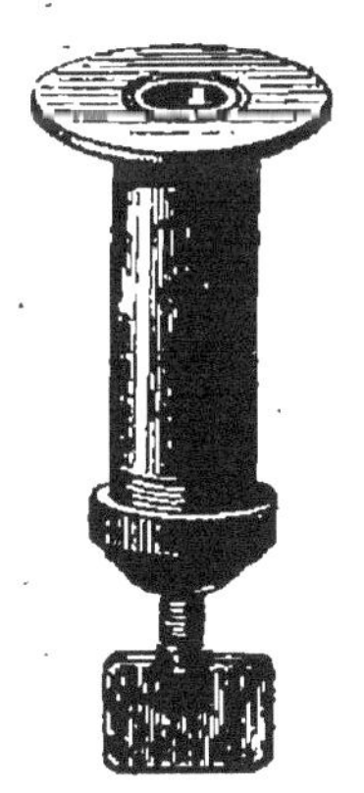

Fig 5. — Microtome de Ranvier.

La figure 5 représente le microtome de Ranvier, l'un des plus simples. Le rasoir est tenu à la main, il glisse sur le plateau supérieur en verre bien dressé, tandis que

FIG. 6. — Microtome de Rivet, grand modèle.

la vis inférieure sert à faire avancer peu à peu l'objet placé dans la cavité qu'on voit creusée au centre du plateau. La tête de la vis est graduée, on peut donc en la tournant de quantités égales faire des coupes d'une épaisseur constante.

La figure 6 représente un microtome automatique : dans ces instruments le même mouvement fait avancer l'objet à couper et mouvoir le rasoir. Ces microtomes sont souvent fort commodes, mais le prix est excessivement élevé.

On inclut ordinairement dans la paraffine les objets qu'on coupe au microtome : on dissout, ensuite, cette paraffine dans l'éther.

Les dissections microscopiques se font avec les mêmes instruments que les grandes dissections : pinces, ciseaux, scalpels, aiguilles, seulement ces instruments sont très petits et très délicats.

Les dissections ne peuvent se faire qu'à un grossissement relativement faible, car alors seulement la longueur focale de l'objectif est suffisante pour permettre le maniement des instruments : mais on peut ainsi préparer un appareil, une armature buccale d'Insecte par exemple, ou de Crustacé, qu'on examine ensuite sous un grossissement plus fort.

Il est bon d'adapter à l'oculaire du microscope à dissection un *prisme redresseur* de Nachet, sans quoi on serait souvent gêné par le fait que les objets sont vus renversés.

III

RÉACTIFS. LEUR EMPLOI

Nous avons vu que souvent on était obligé de durcir les objets pour pouvoir faire des coupes. Mais ce n'est pas encore tout que d'avoir une bonne coupe : il faut pouvoir l'étudier. Comme l'on cherche souvent des éléments spéciaux, il faut pouvoir isoler ces éléments, les faire ressortir au milieu de la préparation. Tout cela s'obtient au moyen des *réactifs*.

On peut distinguer parmi les réactifs plusieurs catégories : nous adopterons la division de Ch. Robin[1] en réactifs *durcissants, isolants, colorants, altérants*. Nous allons en faire ici seulement une revue rapide, car dans le cours de l'ouvrage, nous indiquerons au lecteur, au sujet de la plupart des préparations, quelles sont les manipulations à faire et les réactifs à employer.

1° RÉACTIFS DURCISSANTS. — Citons d'abord l'*acide chromique* employé en solution aqueuse au 1/1000, et qui convient particulièrement bien pour l'étude du tissu nerveux, puis le bichromate de potasse en solution au 1/100, l'*acide picrique*, et enfin l'*alcool* qui agit comme un déshydratant puissant.

Pour le durcissement, on peut parfois remplacer l'emploi des réactifs par la congélation. Pour cela on pulvérise sur l'objet à durcir un jet de chlorure de méthyle.

2° RÉACTIFS ISOLANTS. — Ces réactifs sont ceux qui ser-

---

[1] Robin, *Traité du microscope*, p. 200.

vent à isoler, au milieu d'autres éléments, l'élément spécial auquel s'attache l'observation, ou à séparer, dans un tissu, les éléments de ce tissu. On peut citer d'abord l'*eau* ; puis l'*acide sulfurique*, très utile dans l'étude des substances cornées (ongles, poils) dont il dissocie les cellules ; l'*acide acétique*, qui sert pour l'étude du tissu conjonctif et des terminaisons nerveuses dans les muscles ; enfin, l'*alcool* au 1/3 (Ranvier).

3° RÉACTIFS COLORANTS. — Ceux-ci sont employés pour donner une coloration spéciale à l'élément étudié. Ces réactifs sont excessivement nombreux ; citons :

1° L'*acide chromique*, qui colore en jaune presque tous les éléments.

2° Le *chlorure d'or*, employé surtout pour l'étude des éléments nerveux auquel il communique une coloration violette. Voici comment on procède pour obtenir cette coloration : On place le tissu à étudier dans une solution à 1 à 2 pour 100 de bichromate d'ammoniaque ; on l'y laisse trois à six semaines. On le découpe alors en tranches minces qu'on place dans une solution de 1 partie de chlorure double d'or et de potassium pour 10 000 parties d'eau acidulée avec de l'acide acétique. Après 10 ou 12 heures on voit la substance blanche nerveuse prendre une coloration lilas ; la substance grise ne se colore pas. On peut, pour rendre les cellules plus visibles, ajouter au chlorure d'or une faible solution d'azotate d'urane ou de chlorure de palladium (Gerlach).

3° L'*acide osmique* (solution au 1/1000), qui colore en noir les corps gras et particulièrement la myéline des fibres nerveuses à double contour.

4° Le *carmin*. — Ce dernier s'emploie sous des formes bien différentes : carmin acétique, carmin aluné, carmin glycériné, carmin oxalique. Voici la formule du carmin oxalique d'après Ranvier :

$$\left.\begin{array}{lr}\text{Carmin.} & 1 \\ \text{Ammoniaque.} & 1 \\ \text{Eau.} & 3\end{array}\right\}1$$

$$\left.\begin{array}{lr}\text{Acide oxalique.} & 1 \\ \text{Eau.} & 22\end{array}\right\}8$$

5° Le *picrocarminate d'ammoniaque* — Ce réactif, comme le précédent et le suivant, s'emploie surtout pour colorer les noyaux des cellules. Voici. d'après Ranvier, le moyen de le préparer. On verse dans une solution saturée d'acide picrique du carmin dissous dans l'ammoniaque jusqu'à saturation, puis on évapore dans une étuve. Après réduction des 4/5, la liqueur refroidie abandonne un dépôt peu riche en carmin, qui est séparé par filtration. Les eaux mères évaporées donnent le picrocarminate solide, sous la forme d'une poudre cristalline de la couleur de l'ocre rouge. Cette poudre doit se dissoudre entièrement dans l'eau distillée. On en fait des solutions au 1/100.

6° L'*hématoxyline*. — Cette substance colorante, qu'on retire du bois de campêche, se trouve dans le commerce en cristaux. Pour préparer le réactif, on dissout $0^{gr},35$ d'hématoxyline dans 10 grammes d'alcool absolu ; et $0^{gr},10$ d'alun dans 30 grammes d'eau distillée ; on verse quelques gouttes de la première solution dans la deuxième jusqu'à ce qu'on ait obtenu un liquide d'un beau violet. La coloration donnée par l'hématoxyline pâlit dans le baume de Canada, ce qui est un inconvénient pour les préparations à conserver ; de plus la solution s'altère rapidement et il faut la préparer seulement au moment de s'en servir.

7° Le *bleu de quinoléine*, qui se prépare par la dissolution de la quinoléine dans l'alcool à 35° ; on étend ensuite d'eau. Les préparations colorées au bleu de quinoléine doivent se monter dans la glycérine.

8° Les *couleurs d'aniline*. — Ce sont la *fuchsine*, la *safranine*, la *mauvéine*, etc. Nous verrons leur emploi plus tard, ainsi que du *violet* et du *vert de méthyle*. On les emploie spécialement en botanique.

9° Citons encore pour terminer la liste de ces colorants : la *teinture d'iode*, si utile pour reconnaître l'amidon ; le *chloroiodure de zinc*, pour reconnaître la cellulose ; le *nitrate d'argent*, pour l'étude des épithéliums, etc.

4° RÉACTIFS ALTÉRANTS. — Ces réactifs trouvent leur principal emploi dans l'ablation de telle ou telle substance qui gênait l'étude ; citons les *acides* en général, les *alcalis* et même parfois l'*eau*.

IV

MONTAGE DES PRÉPARATIONS

Un mot maintenant sur la façon de monter les préparations que l'on veut observer, qu'elles soient *extemporanées*, c'est-à-dire destinées à être jetées ensuite, ou *définitives* et destinées à être gardées.

1° *Préparations extemporanées*. — La préparation, qui peut être excessivement simple et n'avoir nécessité l'emploi d'aucun réactif, doit être examinée (sauf de rares exceptions) non à sec, mais baignée dans un liquide. Ce liquide sera très souvent de l'eau. Il faut se rappeler cependant que l'eau souvent n'est pas un simple véhicule, c'est aussi un réactif : en effet, elle gonfle beaucoup d'éléments, notamment les globules sanguins, en dissocie d'autres et, enfin, peut tuer certaines cellules, qu'on ne pourra pas alors étudier vivantes (cellules lymphatiques). On se sert souvent aussi de la salive, des liquides amniotiques, du sérum naturel ou artificiel. Voici la composition de ce dernier, d'après Schultze :

Eau. . . . . . . 200 grammes
Blanc d'œuf.. . . . 30 —
Chlorure de sodium. . $0^{gr},40$

Un véhicule également très employé est la *glycérine* pure ou étendue d'eau : ce liquide a la propriété de rendre les préparations excessivement transparentes[1].

2° *Préparation définitive*. — Pour ces dernières préparations, il faut d'abord choisir des véhicules spéciaux, qui n'altèrent pas la préparation avec le temps et ne fassent pas pâlir sa coloration, si elle est colorée; il faut, enfin, fermer la préparation, pour qu'on puisse la transporter sans danger et éviter l'évaporation.

Les deux véhicules que l'on emploie le plus souvent comme liquide conservateur sont le *baume de Canada* et la *glycérine*.

Le *baume de Canada* est une résine qui se trouve dans le commerce. On l'emploie en dissolution dans la térébenthine, la benzine ou le chloroforme, et on fait la dissolution de sorte qu'elle ait à peu près l'indice de réfraction du verre : une baguette en verre plongée dedans paraîtra donc invisible. Les pièces microscopiques con-

---

[1] Certaines coupes un peu épaisses ont en effet besoin d'être éclaircies. Pour les coupes de botanique il faut citer à côté de la glycérine le chloral et l'eau de Javelle.

servées dans le baume doivent être absolument privées d'eau : on arrive à ce résultat en les plongeant dans de l'alcool de plus en plus fort et terminant par l'alcool absolu. Ceci fait, on chasse l'alcool à son tour par de l'essence de girofle. On n'a plus alors, pour monter la préparation, qu'à bien nettoyer une lame et une lamelle : on pose sur la lame une goutelette de baume (il faut un assez long apprentissage pour déposer une goutte qui ne soit ni trop grosse ni trop petite), on introduit dans le baume, à l'aide d'une aiguille plate, la pièce à conserver et on recouvre avec la lamelle, en ayant bien soin qu'il n'y ait pas de bulles d'air interposées. Il ne reste plus qu'à laisser sécher la préparation, ce qui est très long et demande souvent plus d'un mois. Il est inutile de fermer la préparation, le baume soude solidement la lame et la lamelle. Comme le baume rend les objets excessivement transparents, on n'y conservera que des objets colorés : la coloration, d'ailleurs, sauf celle obtenue par l'hématoxyline, se conserve fort bien, et ne pâlit pas.

La *glycérine* s'emploie aussi très fréquemment, soit pure, soit étendue d'eau. Elle a le défaut de faire pâlir les colorations assez rapidemment ; on peut retarder la décoloration en acidulant légèrement le liquide (1 goutte d'acide acétique pour 30 grammes de glycérine).

La glycérine ne séchant jamais, il faut fermer les préparations qui y sont conservées. On peut border la préparation avec de la paraffine, du bitume de Judée, ou, enfin, de la cire à cacheter dissoute dans l'alcool.

Les préparations, une fois fermées, sont conservées dans des boîtes spéciales divisées en petits compartiments. Chaque préparation doit porter une étiquette indiquant la nature de cette préparation.

TROISIÈME PARTIE

OBSERVATIONS MICROSCOPIQUES

I

CHOIX D'UN MICROSCOPE. SOINS A LUI DONNER
INSTALLATION

Lorsqu'on veut faire l'achat d'un microscope, il faut toujours s'adresser à un bon constructeur. Sans cela, on n'aurait qu'un instrument de pacotille, qui, si peu qu'il coûte, vaudrait toujours moins que ce qu'on l'aurait payé. On peut recommander en France les maisons Prasmowzki, Nachet, Verick : nous donnons même la préférence à ce dernier constructeur. Ses instruments sont remarquables par leur netteté et par le grand éclairage de leur champ, peut-être un peu restreint. Si l'on veut avoir un excellent instrument, on peut prendre le modèle n⁰ 4, à platine tournante et corps inclinant, qui, avec les oculaires 1, 2 (à micromètre), 3, et les objectifs 0, 1, 4, 7, coûte, avec crémaillère pour les mouvements rapides, 440 francs, et sans crémaillère (fig. 7), 390 francs. Ce modèle a l'avantage de pouvoir recevoir une chambre claire et un condensateur d'Abbé, qu'on pourra acheter plus tard.

Si l'on désire un instrument meilleur marché, on peut prendre le modèle n° 6, dit *microscope de laboratoire*, qui est souvent très suffisant. Avec les oculaires 1 et 2, et les objectifs 2 et 6, il coûte 165 francs. Il donne des

FIG. 7. — Microscope petit modèle de Verick.

grossissements de 50 à 570 diamètres. On pourra avec le temps compléter son instrument par l'achat d'objectifs à immersion toujours très chers (le 10 à immersion à eau de Verick coûte 200 francs), mais parfois nécessaires, pour l'étude des Bactéries, par exemple.

Pour conserver son instrument en bon état, il faut le mettre à l'abri de la poussière; pour cela, on l'installe sur un morceau de drap ou de feutre et on le recouvre d'une cloche. Lorsque, malgré ces précautions, les lentilles sont sales, on les essuie avec un vieux linge fin, soit sec, soit très légèrement imbibé d'alcool. Il faut se garder de dévisser les lentilles qui composent un système objectif, on pourrait compromettre le centrage. Il faut faire aussi bien attention, lorsqu'on examine une préparation, à ne pas laisser toucher l'objectif par les réactifs, qui souvent attaqueraient soit la monture, soit le verre lui-même, ou bien dissoudraient le baume de Canada qui réunit les deux verres de crown et de flint, qui composent chacune des lentilles de l'objectif.

Lorsqu'on a fini de se servir de l'instrument, on l'essuie bien, particulièrement la platine, et on le recouvre de sa cloche.

Pour travailler commodément, il faut installer son instrument sur une table de hauteur telle que, lorsqu'on est assis, on n'ait qu'à incliner légèrement la tête pour avoir l'œil à l'oculaire de l'instrument. On installe cette table en face d'une fenêtre, non exposée au soleil; il faut, en effet, toujours travailler à la lumière diffuse : la meilleure lumière est celle d'un ciel nuageux à nuages blancs.

Lorsqu'on est obligé de travailler à la lumière artificielle, on entoure la flamme d'un verre bleu, et on en concentre les rayons sur le miroir du microscope à l'aide d'une grande lentille.

On dispose sur la table du microscope, et à côté de lui, les instruments et les réactifs dont on a besoin. Les réactifs sont généralement réunis tous dans une même boîte, et contenus dans de petits flacons, dont le bouchon d'une structure spéciale (en forme de compte-gouttes), permet de déposer facilement quelques gouttes du réactif sur l'objet à colorer.

II

OBSERVATIONS. DESSINS MICROSCOPIQUES

On peut regarder dans un microscope, indifféremment avec l'un quelconque des deux yeux : il vaut mieux néanmoins s'habituer à regarder avec l'œil gauche, car quand on dessine, on place naturellement le dessin à sa droite, et on suit alors facilement le dessin avec l'œil droit, tandis que l'œil gauche est fixé sur l'instrument. Dans les premiers temps, on est un peu gêné dans son observation par le demi-jour qui règne toujours dans le champ d'un microscope, surtout avec les forts grossissements, mais on s'y habitue assez rapidement, et ce demi-jour, qui fatigue moins l'œil qu'un éclairage éclatant, est au contraire favorable aux longues observations. Si la lumière vive du dehors gêne, on peut se faire un abat-jour d'une de ses mains, ou se fixer sur le front une visière en carton.

Voyons maintenant la manière dont se fait une observation microscopique. La préparation soit extemporanée, soit définitive, est faite. On la place sur la platine du microscope, en faisant correspondre l'objet à examiner et le trou de la platine. On met alors l'œil à l'oculaire, et on fait mouvoir le miroir avec les doigts jusqu'à ce que le champ du microscope apparaisse comme un cercle lumineux. Il faut alors mettre l'objet *au point*. En effet, pour qu'une image apparaisse nette dans un microscope, il faut qu'elle vienne se former précisément au point où on mettrait un objet qu'on voudrait examiner avec la loupe de l'oculaire ; mais on sait que la position de l'image réelle que donne une lentille convergente dépend de la position de l'objet par rapport à la lentille ; il faut donc mettre l'objet à une distance déterminée de l'objectif.

Pour cela, on commence par mettre l'objectif assez loin de la préparation en faisant glisser le corps du microscope dans le manchon qui le soutient, soit avec la main, soit à l'aide d'une crémaillère appropriée. Mettant alors l'œil à l'oculaire, on rapproche de la même manière l'objectif jusqu'à ce qu'on aperçoive une image trouble de l'objet. On commence alors à agir sur la vis micrométrique qui donne un mouvement très lent à l'objectif. Si en la faisant tourner dans un sens, on voit l'image se troubler davantage, on change le sens de la rotation : on voit alors l'image devenir de plus en plus nette. On s'arrête quand l'image a acquis son maximum de netteté. Pour s'éviter dans la suite des tâtonnements toujours désagréables, on note la distance où se trouve l'objectif pour l'oculaire que l'on a employé, et on fait cette même observation pour toute la série des objectifs, combinés avec la série des oculaires.

On sait que le microscope ne nous donne nettement l'image que d'un plan mathématique. Or, tous les objets que l'on examine au microscope, si petits et si minces soient-ils, ont néanmoins une certaine épaisseur. Un grain d'amidon, par exemple, et surtout à un fort grossissement, ne pourra être vu tout entier au point. Aussi, pour étudier la structure intime de ce grain, le décomposer pour ainsi dire en tranches élémentaires excessivement minces, est-on obligé sans cesse, dans le cours de l'observation, d'avoir la main sur la vis micrométrique, de façon à faire monter ou descendre l'objectif de quantités très petites. On reconnaît de suite quelqu'un qui a l'habitude du microscope à ce que, à peine l'œil à l'oculaire, il porte aussitôt la main à la vis micrométrique, qu'il fait tourner de quantités très légères dans l'un ou dans l'autre sens, pour scruter la préparation dans toute son épaisseur. Pendant que l'on fait ce mouvement d'une main, de l'autre on fait courir la préparation sur la platine du microscope, de façon à rencontrer le point le plus avantageux à l'étude, car il est bien rare que toute la préparation soit également bonne : même dans ce cas, un point montre mieux telle particularité, un autre telle autre. Il faut une certaine habitude pour acquérir la sûreté de main suffisante : on est surtout gêné, dans les débuts, par ce fait que les microscopes renversent les objets, et on fait marcher la préparation dans un sens inverse à celui que l'on voulait ; mais c'est un défaut dont on se corrige rapidement ; on arrive même bientôt à une telle précision, que pour retrouver un point donné dans une préparation, on préfère la main aux diverses dispositions mécaniques adaptées aux platines dont nous avons parlé plus haut.

La mise au point, qui n'est pas une opération bien délicate avec les objectifs à longs foyers, devient assez minutieuse avec les objectifs à immersion. Pour mettre au point avec ces objectifs, on commence par mettre sur la lamelle qui recouvre la préparation une petite goutte du liquide à immersion, puis on rapproche lentement le corps du microscope jusqu'à ce que la lentille frontale de l'objectif vienne toucher le liquide. On met alors l'œil à l'oculaire et très lentement on tourne la vis micrométrique. Il faut beaucoup de précautions, car on pourrait briser la préparation et même l'objectif; il est vrai que la plupart des objectifs à immersion sont montés sur ressort, de façon à pouvoir rentrer dans le corps, quand la lentille frontale vient toucher la préparation.

Dans les observations microscopiques, il faut savoir se mettre en garde contre tous les objets étrangers à la préparation que l'on peut apercevoir. Certains ont leur source dans notre œil lui-même ; on leur donne le nom de *mouches volantes*. Ce sont des filaments, des globules brillants, qui viennent traverser tout d'un coup le champ de la vision, et restent en repos quand l'œil est immobile. Ces apparences sont dues à des corpuscules, soit de l'humeur aqueuse, soit de l'humeur vitrée, et qui viennent se peindre sur le fond vivement éclairé de l'œil. On les reconnaît facilement à ce qu'on peut remuer la préparation et le corps du microscope sans qu'elles changent de position ni de nature.

Les corps étrangers que l'on peut encore apercevoir sont, en majorité, des poussières. Ces poussières peuvent être sur l'objectif, sur l'oculaire, sur la préparation. On reconnaît facilement ces dernières, à ce qu'elles se déplacent quand on déplace la préparation : les autres, dans ce cas, restent immobiles ; elles se déplacent les unes et les autres quand on fait tourner le corps du microscope, mais seules celles de l'oculaire se déplacent quand on fait tourner celui-ci. Quand on sait où les poussières se trouvent, il est facile de s'en débarrasser en essuyant les lentilles.

Citons enfin les bulles d'air : ces dernières présentent à une mise au point moyenne, un point central petit, arrondi et clair, avec une zone périphérique large et sombre, gris foncé vers l'intérieur, noire vers l'extérieur et interrompue par des anneaux clairs. On est d'ailleurs bien vite renseigné sur ce qui appartient à la préparation elle-même et sur ce qui lui est étranger.

Il est bon de dessiner les objets que l'on examine au microscope ; un bon dessin vaut mieux qu'une bonne description, il est souvent à la fois plus clair et plus complet : il faut donc s'habituer à faire des dessins. On peut dessiner, soit directement, en regardant d'un œil dans le microscope, et en suivant de l'autre son crayon, soit à la chambre claire.

Le deuxième procédé est plus exact, mais le premier est souvent plus clair : on peut accentuer les détails importants, laisser de côté ceux qui ne le sont pas et enfin, surtout, réunir dans un même dessin des particularités qui se trouvent souvent dans des points très éloignés de la préparation. Cependant, le dessin à la chambre claire étant plus exact, puisqu'il est la reproduction fidèle de la préparation qu'on a sous les yeux, il convient de nous y arrêter quelque temps et de revenir sur cette chambre claire, dont nous n'avons dit plus haut que quelques mots, nous réservant de compléter ici l'étude de sa description et de son mode d'emploi.

La chambre claire est un instrument qui permet à l'œil de recevoir à la fois les rayons venant de l'intérieur du microscope et ceux venant de l'extérieur, qui permet par conséquent de projeter sur une feuille de papier l'image qui vient se peindre sur la rétine. Il y en a de bien des modèles, mais une des meilleures est celle de

Nachet, dont la figure 8 fait comprendre la théorie : c'est peut-être celle qui montre le mieux à la fois la pointe du crayon et le contour de l'objet. L'œil, placé en A, reçoit à la fois les rayons venant de C, et ceux qui ont traversé l'oculaire D.

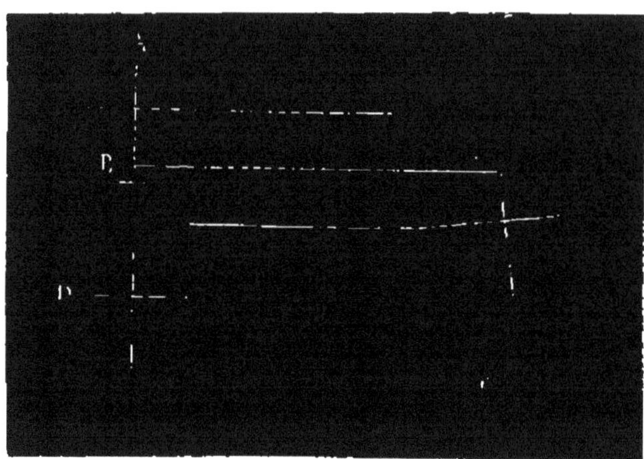

Fig. 8 — Chambre claire de Nachet. Théorie.

Il faut d'ailleurs une certaine habitude pour dessiner à la chambre claire : l'une des images, dans les débuts, absorbe souvent l'autre. On doit se rappeler aussi, que comme la grandeur de l'image sur le papier augmente avec la distance de l'œil à ce papier, si l'on veut faire des dessins comparables, il faut que la distance soit toujours la même. On dispose généralement son papier sur un pupitre élevé à la hauteur de la platine du microscope : certains micographes recommandent un pupitre incliné pour éviter la déformation de l'image, mais cette déformation est si faible (1/2 cent. pour un cercle de 20 cent. de diamètre) qu'on peut parfaitement dessiner sur un pupitre horizontal.

Maintenant que nous nous sommes familiarisés avec l'instrument, la manière de faire les coupes, les monter

et les observer, nous pouvons passer à l'étude des applications du microscope. Le lecteur sera à même de les con-
trôler par ses propres observations, car avec ces notions
élémentaires il pourra facilement aborder l'étude de la
micographie, et on ne saurait trop recommander d'observer par soi-même ; c'est ainsi, bien plus que dans un
livre, que l'on prend une idée exacte des choses.

LIVRE II

APPLICATIONS DU MICROSCOPE A L'ÉTUDE DES VÉGÉTAUX

PREMIÈRE PARTIE

BOTANIQUE GÉNÉRALE

La première découverte que l'on fit, lorsqu'on appliqua le microscope à l'étude des végétaux, fut que le corps des plantes était formé par la juxtaposition d'un grand nombre de petits éléments auxquels on donna le nom, consacré maintenant par l'usage, bien qu'il soit inexact, de *cellules*. Toutes les études faites depuis amènent à montrer dans ces cellules des organismes élémentaires, de l'organisation et de la vie desquels dépendent l'organisation et la vie de la plante entière. C'est donc par une étude de la cellule qu'il convient de commencer l'histologie végétale.

I

LA CELLULE

a. Protoplasma. — *b.* Noyau. — *c.* Membrane. — *d.* Produits de la cellule.
— *e.* Multiplication des cellules.

Lorsqu'on examine une coupe mince d'une tige, par exemple, l'œil est frappé de l'aspect particulier, comme en mosaïque, qu'elle présente. On voit une foule de polygones contigus qui sont les sections d'autant de cellules

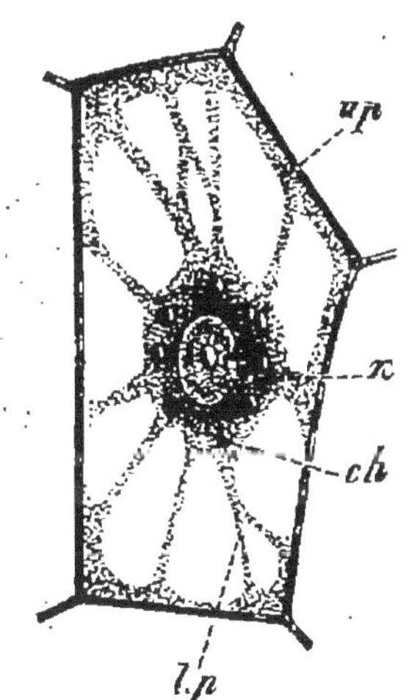

Fig. 9. — Cellule végétale.

végétales. Quelle que soit la direction où l'on fait la coupe, les cellules ont toujours une forme plus ou moins nettement polygonale, on en conclut que la forme d'une cellule végétale est celle d'un polyèdre. Examinons maintenant un peu plus attentivement dans la coupe, que nous supposons faite dans une partie jeune, une de ces cellules. Nous voyons d'abord (fig. 9) une ligne de contour plus ou moins épaisse : c'est la *membrane de la cellule* ; puis, dans l'intérieur de cette membrane, une substance amorphe, remplie de granulations : c'est le *protoplasma* ; au milieu de ce protoplasma, on distingue, surtout après l'action d'un colorant (vert de méthyle, par exemple) un petit corps ovoïde, le *noyau* ou *nucléus*, renfermant lui-même souvent une ou plusieurs petites taches claires, *le* ou *les nucléoles*.

Protoplasma, noyau, membrane, tels sont donc les

éléments d'une cellule complète : dans les tissus très jeunes, la membrane est très mince et le protoplasma remplit entièrement la cavité de la cellule ; dans les tissus un peu plus âgés, le protoplasma, comme dans la figure 9, commence à se creuser de vacuoles pleines d'un suc particulier, le *suc cellulaire*; enfin, dans les tissus très âgés le protoplasma a complètement disparu, la membrane alors est souvent très épaissie.

a. Protoplasma.

Nous devons maintenant étudier d'un peu plus près chacune des parties constituantes de la cellule. Nous commencerons par le protoplasma, qui est l'élément essentiel, puisque certaines cellules incomplètes (anthérozoïdes, par exemple) se bornent à ce protoplasma sans noyau ni membrane. Disons en passant que ces cellules portent le nom de *nucléodes*. Quant à celles qui sont pourvues d'un noyau, ce sont des *cytodes : gymnocytodes* si la membrane manque, *lépocytodes* si elle existe.

Pour étudier le protoplasma à l'état de vie, on peut s'adresser à des plantes bien différentes. On peut prendre, par exemple, et c'est un des meilleurs sujets d'étude, les poils staminaux de *Tradescantia*. On place ces poils dans l'eau pure à 15 ou 20°, on recouvre d'une lamelle et on observe à un grossissement de 300 diamètres au moins. On voit alors : 1° que le protoplasma est constitué par une substance hyaline parsemée de granulations plus ou moins opaques ; 2° que ces granulations sont animées de mouvements et que la couche pariétale de protoplasma, comme les trabécules jetés d'une face à l'autre de la cellule, sont le siège d'un courant continu, dont le sens varie d'ailleurs de temps à autre.

Les courants protoplasmiques s'observent également bien dans certaines Algues de la famille des Characées : les *Nitella*. Il suffit de placer sous l'objectif une partie de la tige comprise entre deux verticilles de feuilles ; on voit alors très bien se mouvoir les granulations du protoplasma ; le sens du courant varie suivant que l'on met au point une face, ou l'autre de la tige.

Dans les *Chara*, Algues voisines des *Nitella*, on peut faire des observations analogues, mais plus difficilement, car il faut enlever la croûte calcaire qui recouvre la tige et la rend opaque, pour faire l'observation.

Ces mouvements du protoplasma sont arrêtés, comme on le constate facilement sous le microscope, par le froid ou par une chaleur trop vive. Le mouvement est surtout rapide pour un certain optimum de température, qui varie suivant les plantes ; en ne s'écartant pas trop de cet optimum, on peut suspendre le mouvement et le faire reprendre ensuite, mais si l'on s'en écarte trop, soit en plus, soit en moins, le mouvement est définitivement arrêté, le protoplasma est tué. L'électricité, les acides, les alcalis, arrêtent aussi les mouvements du protoplasma.

Nous n'avons étudié jusqu'ici que les mouvements du protoplasma à l'intérieur d'une membrane, les mouvements internes. Quand le protoplasma est libre, il a des mouvements de déplacement, dus soit à une contractilité générale, soit à une contractilité localisée dans de petits prolongements ou cils. Comme exemple du premier cas, on peut citer les Myxomycètes ; comme exemple du second, les anthérozoïdes des Fougères, ou les zoospores des Algues (fig. 10). Parfois même, quand le protoplasma est enfermé, il se produit des mouvements externes encore inexplicables : par exemple, les mouvements d'oscillation que présentent les filaments de petites Algues vert bleuâtre, qu'on trouve fréquemment dans les ruisseaux, et nommées pour cette raison Oscillariées.

Quelques mots pour terminer sur les réactions du pro-

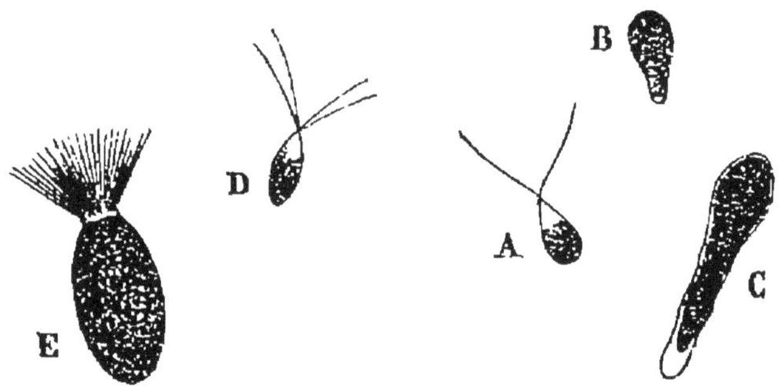

FIG. 10. — Zoospores d'Algues.

toplasma. Il se coagule par la chaleur et l'alcool, se colore en jaune par l'iode, et en rouge par le nitrate acide de mercure.

b. Noyau.

La plupart des cellules[1] renferment au sein du protoplasma, soit au milieu même de la cellule, soit collé contre une de ses parois, un corps ovoïde, dicernable surtout après l'action des colorants, qu'il fixe avec avidité : c'est le *noyau*. A un faible grossissement sa constitution ne se révèle pas très nettement, mais avec l'emploi d'un objectif fort, et en examinant des noyaux relativement volumineux, ceux de l'albumen des Liliacées, par exemple, on voit que sa structure est assez compliquée. Cette structure n'a d'ailleurs été élucidée que dernièrement, par les beaux travaux de Strassburger, Guignard, Treub, etc. On voit alors qu'il se compose :

---

[1] Certaines Algues, certains Champignons font exception.

1° d'une sorte de membrane excessivement fine, et formée sans doute par le protoplasma ambiant de la cellule ou *cytoplasma* ; 2° d'un filament enroulé sur lui-même et formant un peloton ; 3° de corpuscules arrondis, les *nucléoles*, qui sont sans doute des dépendances de ce filament. Le filament nucléaire est lui-même formé de deux substances : une substance amorphe et transparente, le *nucléoplasma*, et des granulations disposées à la file et constituées par une substance particulière, la *nucléine*. Ce filament est plongé dans le suc nucléaire.

On ne peut reconnaître tout cela que par un examen très attentif : en particulier, le filament nucléaire est souvent tellement pelotonné sur lui-même, qu'on croit avoir affaire à un réseau. Les granulations de chromatine ou nucléine s'aperçoivent assez bien, car elles se colorent avec une très grande intensité. Ce sont ces granulations qui constituent la matière fondamentale du noyau.

Ce qu'il y a de plus intéressant à étudier dans le noyau, ce sont ses phénomènes de division. L'examen en est fort difficile, mais les faits sont si singuliers qu'on ne saurait les passer sous silence.

Autrefois, on croyait que dans les tissus en multiplication, le noyau s'étranglait simplement, et que cet étranglement s'accentuant, on avait bientôt deux noyaux au lieu d'un. Ce mode de division, ou division directe, existe bien, mais il est assez rare, et le plus souvent la division est indirecte. On donne à ce mode de division le nom de *karyokinèse*.

Les différents stades en sont représentés dans la figure 11, et, en examinant un tissu en voie de multiplication active, on pourra rencontrer tous ces stades.

Indiquons d'abord les faits que l'on constate, nous

dirons ensuite quelles sont les manipulations très délicates qu'il faut faire subir aux coupes pour faire les
observations.

Quand un noyau va se diviser, son filament nucléaire
écarte ses spires, se raccourcit et s'épaissit (A). Bientôt
il se segmente en un nombre de parties qui paraît asse

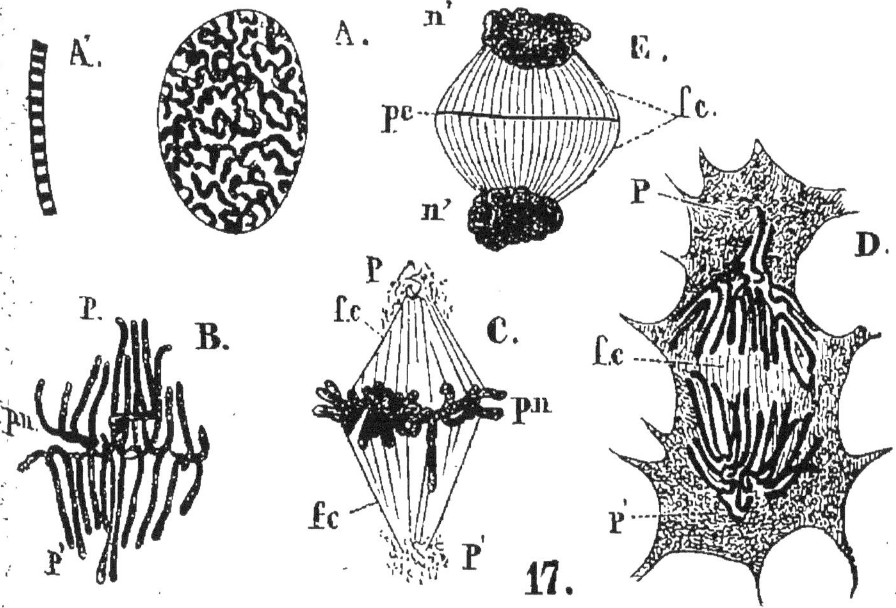

FIG. 11. —- Division de noyau (albumen de Frétillaire).

constant pour une même plante et un même tissu (B)
Dans chacun des segments, les granulations de chromatine se dédoublent ; à ce moment, les nucléoles disparaissent ainsi que la membrane du noyau ; le protoplasma
cellulaire peut alors pénétrer dans son intérieur. Il y
pénètre, en effet, et se dispose en filaments allongés en
même nombre que les segments, et qui forment par
leur ensemble une sorte de *fuseau* ou de *tonnelet* (C).
Sur chacun des filaments du tonnelet, et à son équateur,
viennent alors se fixer, par une de leur extrémité et fai-

sant un angle droit avec le filament, les segments du filament nucléaire. C'est le stade de la *plaque nucléaire* ou de l'*aster*. Bientôt chacun des segments, dont, on se rappelle, les granulations chromatiques sont déjà dédoublées, se fend longitudinalement, et chacune des moitiés remonte vers un des pôles du tonnelet *(amphiaster)*. Elles finissent par y arriver toutes (D) et se soudent en un filament unique qui ne tarde pas à se pelotonner et à s'entourer d'une membrane ; les nucléoles apparaissent, et on a ainsi, à chacun des pôles du tonnelet, un nouveau noyau (E). A ce moment, dans la plupart des tissus, on voit se disposer à l'équateur du tonnelet des amas de granulations cellulosiques qui finissent par se souder à une plaque, *plaque cellulaire* : c'est une membrane qui se forme ainsi, membrane dont la formation achève la division de la cellule, précédée comme on le voit par celle du noyau.

Pour faire des préparations qui montrent ce que nous venons d'exposer, on prend, par exemple, une anthère en voie de développement. On laisse séjourner l'objet pendant trois jours dans l'alcool absolu : on fait alors les coupes, aussi minces que possibles, et on les plonge dans une solution de safranine dans l'alcool absolu dédoublé avec son volume d'eau ; on laisse séjourner douze à vingt-quatre heures et on lave à l'alcool absolu. On porte alors dans le baume de Canada. Les segments nucléaires sont alors fortement colorés ; les filaments protoplasmiques le sont faiblement.

Pour terminer ce qui a trait à l'étude du noyau, ajoutons que, quand on examine une cellule vivante, on voit fréquemment le noyau changer de place et aussi subir certaines déformations. La position du noyau dans l'intérieur de la cellule varie d'ailleurs souvent avec l'âge de celle-ci. Ainsi, dans les cellules jeunes, il est au milieu, entouré de toutes parts de protoplasma ; dans les cellules plus âgées, il est encore au milieu, mais retenu seulement par quelques brides protoplasmiques comme une Araignée au milieu de sa toile ; enfin, dans les cellules vieilles, par suite de la rupture de ces brides, il vient occuper une position pariétale, noyé dans l'épaisseur de l'utricule qui existe seule en ce moment.

c. Membrane.

L'étude de la *membrane* est une des plus intéressantes en histologie végétale. Les membranes, en effet, peuvent présenter des ornements très variés, dus à des épaississements inégaux, suivant les végétaux et la nature du tissu qu'on examine.

Disons de suite que certaines cellules végétales manquent de membranes, les unes seulement pendant une partie de leur existence (zoospores des Algues), les autres pendant toute leur vie (anthérozoïdes).

Les membranes jeunes n'offrent pas grand intérêt : elles sont, en effet, fort minces à cette époque, et constituées uniquement par de la cellulose $(C^6H^{12}O^6)^n$, comme on s'en assure facilement par l'action de l'acide sulfurique et l'iode qui donne une coloration bleue. Mais avec le temps, la membrane s'épaissit et, de plus, s'incruste de différentes substances. Il en résulte des modifications très intéressantes à étudier, et que révèle soit le microscope seul, soit le microscope aidé de réactifs.

L'épaississement de la membrane peut être généralisé, il n'y a alors aucune espèce d'ornement, mais on distingue facilement dans l'épaisseur de la membrane des stries d'accroissement, stries que l'on explique par des alternatives de réfringence forte ou faible, dans les couches successives qui composent la membrane. Le tissu que l'on nomme *sclérenchyme* présente de semblables apparences; la cellule est entourée d'une série de cadres, emboîtés les uns dans les autres et alternativement clairs et foncés.

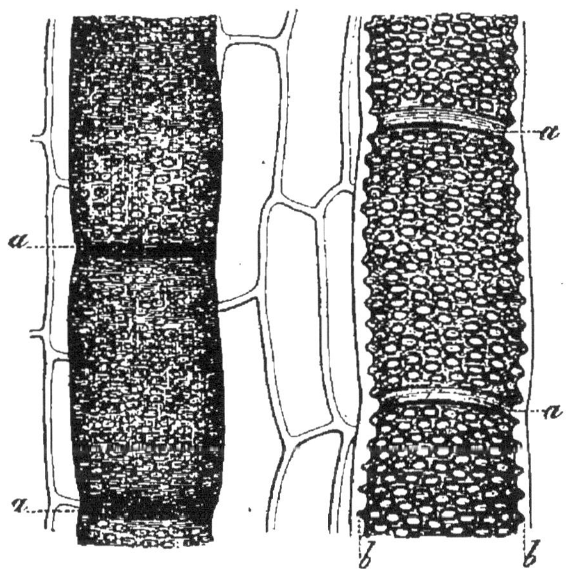

FIG. 12. — Membrane ponctuée.

Mais le plus souvent (fig. 12), l'épaississement de la membrane n'est pas général : elle reste mince en certains points; il en résulte des sculptures particulières, soit en creux, soit en relief, sculptures dont nous parlerons avec détail quand nous nous occuperons des tissus qui les possèdent (bois, liber, etc.).

La membrane, dans le cours de son existence, se pénètre souvent, comme nous l'avons dit, de substances étrangères; elle subit différentes modifications *(cutinisa-*

tion, *subérification*; *gélification*, etc.), toutes modifications dont nous parlerons plus à propos en étudiant les tissus qui les présentent.

Disons, pour achever, que l'accroissement de la membrane en épaisseur se fait par dépôts successifs internes, par *apposition*. On peut s'en convaincre facilement par l'examen de certaines membranes très épaisses et qui ont englobé des corps étrangers, celles des fibres de *Torreya*, par exemple, qui renferment de petits cristaux. On voit que les couches internes se sont moulées sur ces cristaux. Nous avons vu d'ailleurs, à propos de la division des noyaux, que la nouvelle membrane séparant les deux cellules ainsi formées apparaissait par dépôt de granulations qui se soudent; il est donc naturel que l'accroissement se fasse comme la naissance. De plus, certains auteurs ont vu sur des membranes en voie d'épaisissement se faire des dépôts de granulations protoplasmiques (*microsomes*), qui se transforment ensuite en cellulose en suivant un processus encore inconnu. Pour ce qui est de la constitution intime de la membrane, nous avons vu qu'en coupe elle présentait une série de stries; vue de face, elle présente souvent deux séries de stries se croisant; ces trois séries délimitent des parallélépipèdes, des prismes, de réfringence différente, suivant la nature des couches qui se coupent. De cette structure résulte, que les membranes offrent le phénomène de la double réfraction, comme on peut s'en assurer avec un microscope polarisant dont les nicols sont croisés.

d. Produits de la cellule.

Tous prennent naissance aux dépens du protoplasma,

mais tandis que les uns restent englobés dans le protoplasma même, les autres se rassemblent dans le suc
cellulaire. Occupons-nous d'abord des premiers.

Produits se rencontrant dans le protoplasma.

1° PLASTIDES. — Ces éléments sont les plus importants, car d'eux dérivent ceux que nous étudierons ensuite.

Quand on examine une cellule jeune et en pleine
activité, on trouve dans l'intérieur de son protoplasma
des corps également protoplasmiques, mais individua-
lisés, les uns fort petits, les autres d'une taille relativement considérable, les uns colorés, les autres incolores, et qui ont reçu le nom générique de *plastides* ou
de *leucites*. On comprendra de suite leur importance, si
l'on pense que ce sont eux qui constituent les *corps chlorophylliens* et qui donnent naissance à l'*amidon* et à l'*a-
leurone*.

Suivant que les plastides sont colorés ou incolores,
on a affaire aux *chromoplastides* ou aux *leucoplastides*.

Parmi les premiers les plus importants sont les *chloro-
plastides*, plus généralement connus sous le nom de grains
de chlorophylle chez les plantes supérieures ; certaines
Algues *(Chlorophycées)* renferment aussi des chloroplasti-
des, mais on leur donne alors le nom de *chromatophores*,
désignation générique de tous les chromoplastides chez
les Algues qui renferment souvent, outre la chlorophylle,
un pigment particulier, brun ou rouge.

Lorsqu'on fait une coupe dans une feuille (fig. 13), on
remarque que la plupart des cellules, *pr, pr'*, sont remplies de granulations verdâtres. Ces granulations ne sont

autre chose que les grains de chlorophylle, qui sont formés de protoplasma différencié, servant de substratum à un pigment particulier, la *chlorophylle*. Cette chlorophylle est formée elle-même de deux substances, la *phyllocyanine* bleue et la *phylloxanthine* jaune.

Les grains de chlorophylle changent de position dans la cellule, suivant l'intensité de la lumière : à une lumière modérée, ils viennent sur les faces éclairées (position épistrophe), à une lumière trop vive ils se réfugient sur les côtés (position apostrophe) : on peut constater cela facilement sur des feuilles qui n'ont qu'une assise de cellules, comme certaines feuilles de Mousses.

Le mode de naissance des grains de chlorophylle est encore douteux : pour les uns, les

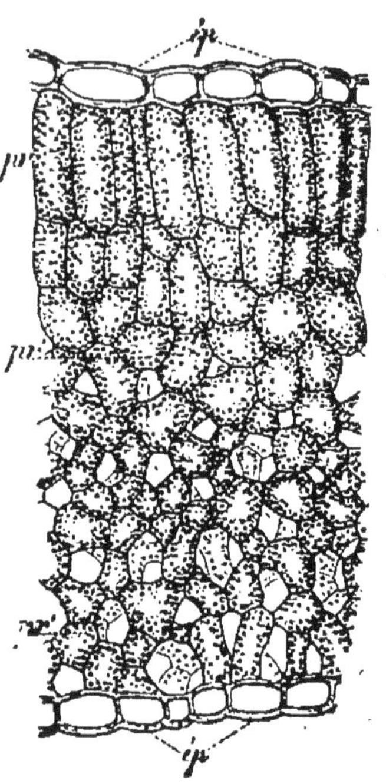

Fig. 13. — Coupe transversale d'une feuille de *Pelargonium*.

grains peuvent apparaître spontanément ; pour les autres, ils résulteraient toujours de la bipartition d'un grain primitif. Quoi qu'il en soit, en examinant une préparation de tissu chlorophyllien, on trouve toujours des grains en voie de bipartition, plus ou moins étranglés.

Les préparations de tissu chlorophyllien peuvent s'examiner dans l'eau ou dans la gycérine, mais non dans l'alcool, qui dissoudrait le pigment.

Si l'on examine une Algue confervacée quelconque, on verra que là, au lieu d'avoir plusieurs grains de chlorophylle, on a souvent un seul corps chlorophyllien :

ainsi, dans un *Spirogyra* (fig. 14) le corps chlorophyllien unique forme une bande enroulée en spirale à tours plus ou moins serrés, suivant l'espèce que l'on examine : c'est là le *chromatophore*; ce chromatophore est de forme très variée, suivant l'Algue qu'on considère;

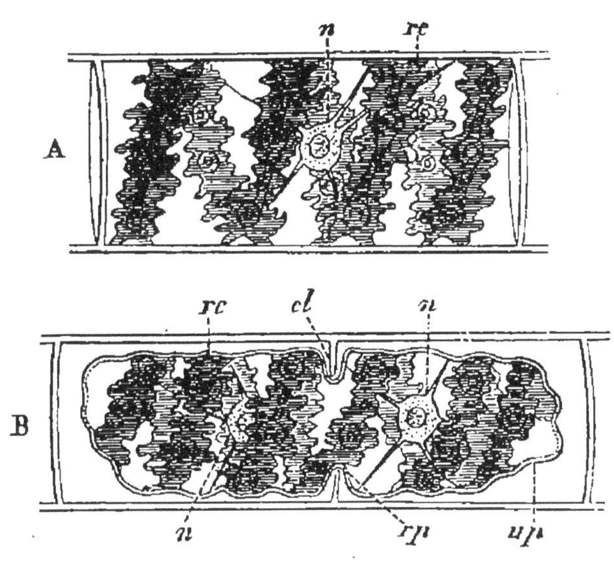

FIG. 14. — *Spirogyra.*

il est en étoile dans les *Micrasterias*, en croissant chez les *Closterium*, etc. Si l'on examine non plus une Algue verte, mais un *Fucus*, par exemple, le chromatophore n'est plus vert, il est brunâtre ; la couleur de la chlorophylle est masquée par un pigment brun particulier, la *phycophéine*; si l'on examine une Floridée, le chromatophore est rouge, par suite de la présence de la *phycoérythrine*.

Passons maintenant à l'étude des leucoplastides. Ils sont assez difficiles à apercevoir le plus souvent ; cependant, dans les *Phajus*, où ils sont assez gros, et en forme de navette, on les distingue assez nettement. Ces leucites n'ont d'ailleurs rien de bien particulier : ce sont de petits corps arrondis, ovoïdes ou allongés, qui n'ont guère d'importance que par les formations auxquelles ils donnent naissance : ils se transformeraient parfois, d'après certains auteurs, en chromoplastides.

2° AMIDON. — Lorsqu'on fait une coupe dans un tubercule de Pomme de terre, on voit, encore renfermés dans les cellules et nageant dans la préparation, un grand nombre de corps ovoïdes : ce sont des grains *d'amidon* (fig. 15).

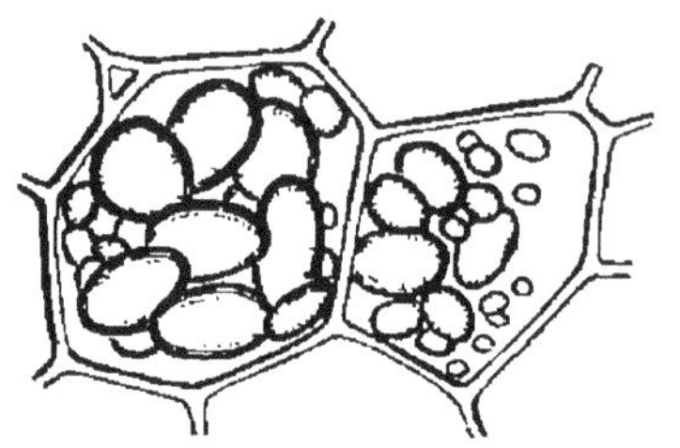

Fig. 15. — Deux cellules du tubercule de la Pomme de terre.

Fig. 16. — Grain d'amidon de la Pomme de terre.

A un fort grossissement (3 à 400 diamètres) on voit (fig. 16) que ces grains ont une structure encore assez compliquée. Ils sont, en effet, formés de couches concentriques alternativement claires et obscures, disposées autour d'un point clair, *b*, occupant une position généralement excentrique et auquel on donne le nom de noyau ou *hile* du grain. Cette apparence stratifiée est due à ce que le grain est composé de couches alternativement denses et molles, renfermant plus ou moins d'eau. On le prouve facilement soit en desséchant le grain, soit en l'hydratant par la potasse : dans un cas comme dans l'autre on voit les striations disparaître.

Outre les grains tels que ceux que nous venons de décrire, on en trouve souvent dans la Pomme de terre qui ont deux ou trois hiles et qui, indépendamment des couches entourant chaque hile, présentent un système de couches englobant toutes les autres : ce sont des grains *demi-composés*.

Les dimensions des grains d'amidon de la Pomme de terre sont assez élevées, 90 μ environ ; il y a des grains d'amidon qui sont au contraire fort petits : ceux du *Bromus confertus* n'ont que 2 μ. Dans ces cas-là, on ne voit pas d'ordinaire les couches si caractéristiques des gros grains, et pour être sûr qu'on a affaire à de l'amidon, on traite la coupe par l'eau iodée ; les grains prennent alors une coloration bleu foncé.

Outre les grains d'amidon simples et demi-composés, il existe des grains *composés* de forme généralement polyédrique et réunis en amas : c'est le cas pour le Riz.

Le hile qui est généralement arrondi, a parfois une forme bizarre : ainsi, dans l'amidon du haricot, il est étoilé.

L'amidon ne se rencontre pas seulement dans les tubercules farineux et dans les graines des Céréales : c'est là qu'il est le plus abondant, mais presque tous les tissus en renferment ; on en trouve jusque dans les laticifères des Euphorbes, où les grains ont une forme spéciale en tibia ; le réactif caractéristique est l'eau iodée.

La constitution intime des grains d'amidon est assez difficile à établir, mais comme examinés au microscope polarisant, ils présentent la double réfraction, offrant l'image d'une croix noire dont le point de croisement est au hile, on semble autorisé à les regarder comme des *sphérocristaux* formés par la juxtaposition en séries radiales de prismes biréfringents.

La manière dont se forment les grains d'amidon a été

longtemps obscure, mais grâce aux travaux de Schimper, on sait maintenant à quoi s'en tenir sur cette formation (fig. 17). Les grains sont formés par des leucites qui, après les avoir nourris, finissent par disparaître. On voit en A dans la figure comment les grains d'amidon grossissent de plus en plus aux dépens du leucite p; B montre

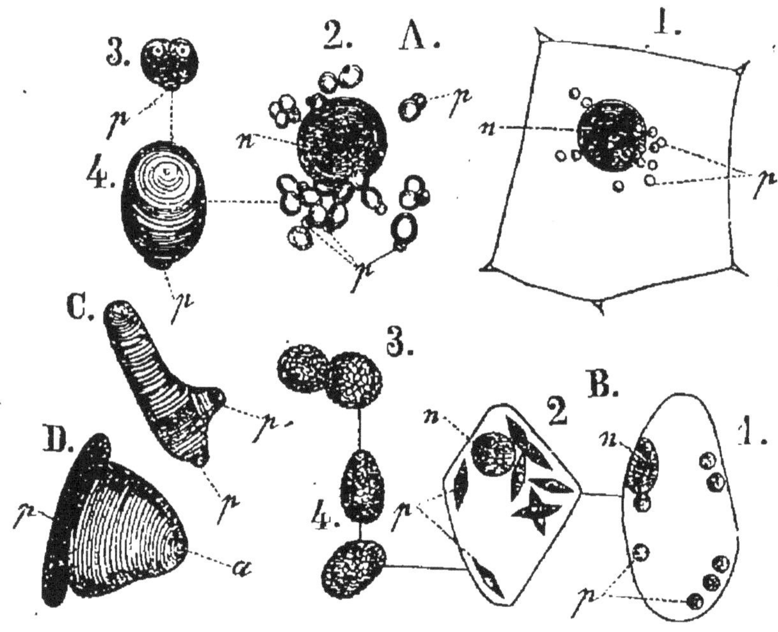

FIG. 17. — Production de l'amidon : A, *Solanum tuberosum*; B, *Melandrium macrocarpum*; C, *Dieffenbachia Seguine*; D, *Phajus grandifolia*.

une formation analogue dans une autre plante; C permet de comprendre la forme toute particulière des grains du *Dieffenbachia*, qui naissent comme l'on voit aux dépens de deux plastides; enfin D montre, à un fort grossissement, les rapports du grain d'amidon et de son leucite formateur. On peut se demander, puisque les grains d'amidon grossissent ainsi par apposition extérieure, comment il se fait qu'on y rencontre des couches alternativement denses et molles, la dernière couche étant toujours dense. Cette question pouvait se poser déjà à propos de la membrane. Il suffit d'admettre, pour la résoudre, qu'il se dépose sans cesse à la surface du grain des couches dures, qui se dédoublent ensuite en deux, avec apparition d'une couche molle intermédiaire.

Le mode de formation a d'ailleurs été bien constaté dans certains cas, et il est fort probable qu'il est général. Il permet d'expliquer la formation des grains simples par un seul plastide ; des grains demi-composés, par un seul plastide également, mais qui produit un grain en plusieurs points de sa surface ; enfin des grains composés par un grand nombre de plastides : les plastides en effet étant très nombreux, les grains isolés formés par chacun d'eux se compriment mutuellement et s'accolent forcément les uns aux autres.

Ce mode de formation permet encore d'expliquer pourquoi le hile est excentrique, car c'est naturellement la partie du grain directement en contact avec le leucite nourricier qui s'accroît le plus, et dont les couches d'apposition sont le plus épaisses. Enfin, une dernière preuve, s'il en était besoin, viendrait confirmer cette théorie de l'accroissement du grain par apposition. Il y a souvent des grains d'amidon qui sont corrodés par des Bactéries, et qui reprennent plus tard leur accroissement interrompu. Les derniers systèmes de couches de ces grains sont absolument intacts.

La formule de l'amidon est $(C^6H^{10}O^5)^n$; il est d'ailleurs composé de deux substances diverses : la *granulose*, qui se colore en bleu par l'iode, et l'*amylose* qui se colore en jaune par le même réactif. Les proportions des deux éléments varient avec l'amidon que l'on considère. Ainsi celui de certaines Algues, appelé encore *paramylon*, est presque entièrement formé d'amylose.

L'amylose, sous l'action de l'acide sulfurique, se transforme en granulose ; celle-ci, sous l'action des diastases, se transforme successivement en un certain nombre de *dextrines* avec formation de *maltose* ; enfin le dernier degré de la transformation est la *glycose*.

3° ALEURONE. — Lorsqu'on fait une coupe dans l'albumen d'une graine de *Ricin*, et qu'on examine cette coupe dans la glycérine, on voit que les cellules renferment un grand nombre de corps ovoïdes : ces corps, de nature albuminoïde, sont les grains d'*aleurone* qui, comme les grains d'amidon, sont des réserves qui servent à la nutrition de la plante. Lorsqu'on examine la coupe dans l'huile ou l'eau alcoolisée, on voit (F, fig. 18) que chacun des grains renferme deux corps particuliers, les *enclaves:* l'un, arrondi, est appelé *globoïde* ; l'autre, à arêtes vives, est le *cristalloïde*.

Le Ricin n'est pas la seule plante qui renferme de l'aleurone ; on en trouve dans les cotylédons de nombreuses plantes, mais la nature des grains varie beaucoup. Les uns ont des enclaves, les autres n'en ont pas. Quand il y a des enclaves, ce peuvent être des globoïdes seuls, des cristalloïdes seuls, parfois aussi des cristaux, le plus souvent d'oxalate de chaux, enfin il y a des combinaisons très variées de globoïdes, de cristalloïdes et de cristaux (fig. 18). Dans cette figure, en A, on voit une cellule de *Tragopogon*, dont chaque grain ne renferme qu'un globoïde ; en B, deux cellules d'*Æthusa* dont les grains renferment les uns des cristalloïdes *cr* et des globoïdes, les autres des cristalloïdes et des cristaux *cr'*; D nous montre une cellule de *Lupin* renfermant de nombreux grains d'aleurone sans enclaves, et un qui contient un gros cristal d'oxalate de chaux. En résumé, les grains d'aleurone peuvent être constitués uniquement de matière aleurique, ou bien renfermer des globoïdes, des cristalloïdes, des cristaux diversement groupés. On trouve rarement les trois sortes d'enclaves dans un même grain,

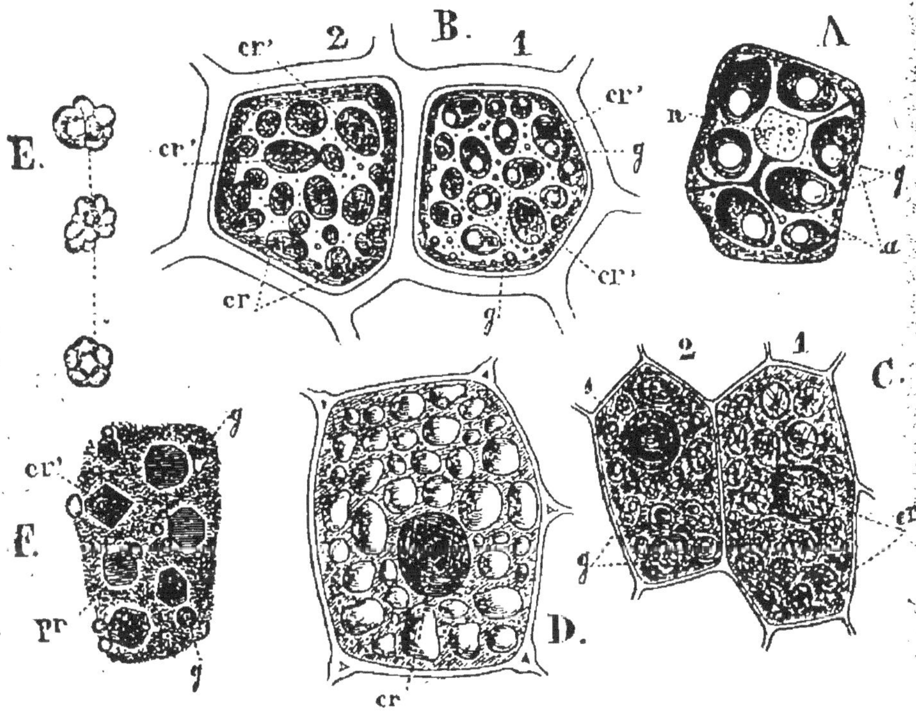

FIG. 18. — Grains d'aleurone.

et même rarement associés un cristalloïde et un cristal, un globoïde et un cristal. La combinaison la plus habituelle est celle d'un globoïde et d'un cristalloïde. Les cristaux sont le plus souvent de l'oxalate de chaux; les cristalloïdes, de nature albuminoïde, appartiennent le plus souvent au système cubique, rarement au système rhomboédrique; les globoïdes, amorphes, sont constitués probablement par du *phosphoglycérate de magnésie.*

Quant à l'aleurone elle-même, elle est amorphe, soluble dans l'eau, ordinairement incolore, parfois cependant colorée : en bleu *(Cheiranthus)*, en jaune *(Lupin)*, en vert *(Pistache)*.

La formation des grains d'aleurone est assez compliquée ; mais cette formation se fait, comme pour l'amidon, aux dépens de leucites. Quand il y a des enclaves, ce sont les enclaves qui se forment les premiers, l'aleurone se dispose ensuite autour. Quand les grains se détruisent, au moment où ils sont utilisés, ce sont les enclaves qui disparaissent les derniers.

4° AUTRES PRODUITS. — L'amidon, l'aleurone, sont les principaux produits du protoplasma par l'intermédiaire des leucites ; il nous faut cependant citer encore les *cristaux protéiques* qu'on rencontre souvent fixés encore à leur leucite formateur, et les *cristaux colorés*, que l'on rencontre par exemple dans le parenchyme libérien de la *Carotte*.

Produits se rencontrant dans le suc cellulaire.

1° CRISTAUX. — On trouve souvent dans l'intérieur des cellules (fig. 19) des cristaux qui, comme le montre la figure, sont fréquemment mâclés. Ils sont parfois aciculaires et réunis en amas, on leur donne alors le nom de *raphides* ; enfin ils peuvent être isolés. Ces cristaux sont le plus souvent calcaires (oxalate, sulfate, carbonate, phosphate de chaux) ; on les reconnaît d'après leur forme cristalline.

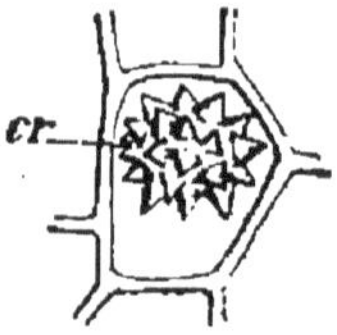

FIG. 19.
Cristal.

2° INULINE. — Lorsqu'on fait une coupe dans un tubercule de *Dahlia* ou d'*Inula* longtemps conservé dans l'alcool, on voit accolées aux parois des cellules (fig. 20) des masses mamelonnées, formant ce qu'on appelle des *sphérocristaux*. Ces sphérocristaux sont constitués par de l'*inuline*, corps ayant une composition identique à

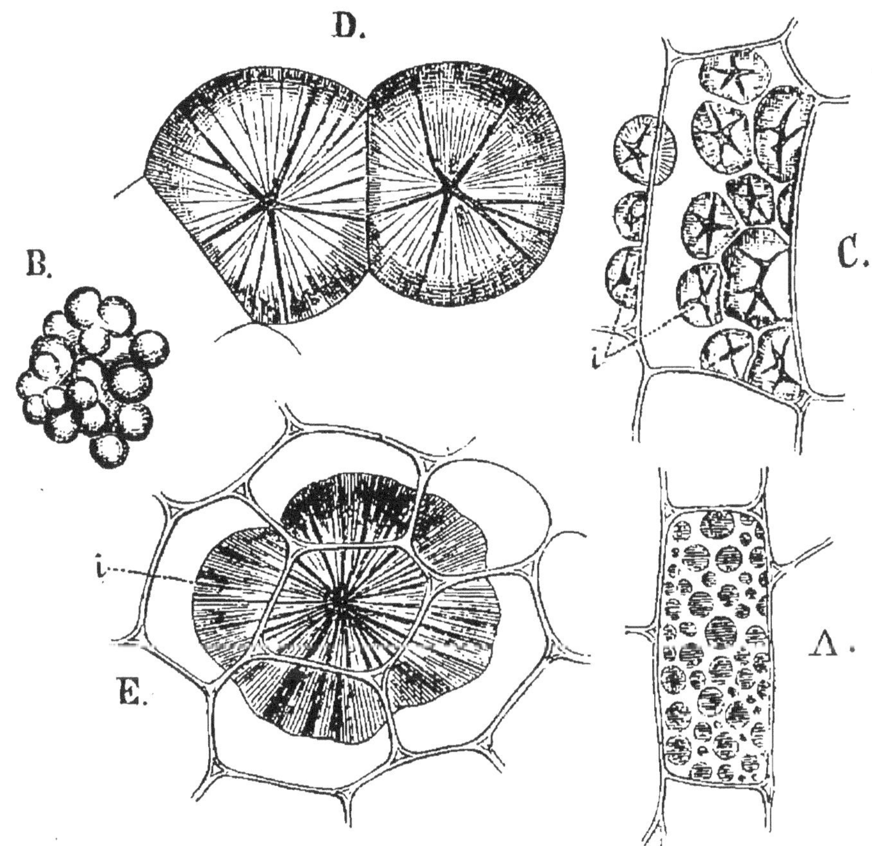

FIG. 20. — Sphérocristaux d'inuline.

celle de l'amidon, mais soluble dans l'eau[1] et déviant à gauche le plan de polarisation.

3° ASPARAGINE. — L'asparagine existe dans la plupart des jeunes pousses, mais particulièrement les pousses d'asperges, d'où son nom. Pour l'apercevoir, comme elle

---

[1] C'est même pour cela qu'il faut traiter les tubercules par l'alcool pour faire former les cristaux.

est en dissolution, on place la coupe à examiner dans une solution saturée d'asparagine : on voit alors se former des cristaux caractéristiques.

4° MATIÈRES GRASSES. — Les matières grasses abondent dans les cellules végétales, surtout dans les fruits oléagineux ; il suffit, pour voir d'abondantes gouttelettes huileuses, reconnaissables à leur forte réfrangibilité et leur solubilité dans l'éther, de faire des coupes dans la pulpe de l'*olive* ou la graine de l'*Amandier*, par exemple.

5° MATIÈRES DIVERSES. — Signalons enfin les *huiles essentielles*, le *caoutchouc*, les *résines*, les *gommes*, les *sucres*, les *acides organiques*, etc.

c. Multiplication des cellules.

A propos de la division des noyaux, nous avons vu comment se forment beaucoup de cellules ; elles se forment d'autres fois par simple bipartition du noyau et du protoplasma, et il y a encore d'autres modes de formation que nous avons actuellement à examiner.

Faisons pourtant remarquer tout d'abord que les deux modes que nous venons de signaler sont, avec le bourgeonnement, les seuls qui interviennent dans la genèse ordinaire des tissus ; les autres modes de formation sont absolument spéciaux à certaines cellules, particulièrement les cellules reproductrices. Ces modes sont :

1° Le *rajeunissement* ou la *rénovation*. Ce fait se présente lorsque le protoplasma sort d'une cellule pour constituer une cellule nouvelle. La rénovation est *totale* quand tout le protoplasma est employé ; *partielle*, quand une partie seulement se trouve utilisée. Un exemple de rénovation totale nous est fourni dans la formation des zoospores de l'*Œdogonium*, Confervacée qu'on pourra facilement se procurer et étudier. La rénovation partielle nous est offerte par la formation des anthérozoïdes dans leur cellule mère. Le noyau de cette cellule constitue le corps de l'anthérozoïde, et une faible partie seulement du cytoplasma est employé à la formation des cils. La formation des spores de nombreux Champignons, de l'oosphère des Mucorinées donne encore des exemples faciles à constater de rénovation partielle.

2° La *fusion*. Dans ce mode, deux ou plusieurs cellules se fusionnent en une seule ; ces cellules reçoivent alors le nom particulier de *gamètes* : si elles sont égales, ce sont des *isogamètes* ; inégales, des *hétérogamètes* ; mobiles, des *planogamètes* ; immobiles, des *aplanogamètes*. La naissance des œufs est un exemple de cette formation : la cellule mâle et la cellule femelle se fusionnent en une cellule unique qui est l'œuf.

II

LES TISSUS

a. Parenchyme. — *b*. Collenchyme — *c*. Sclérenchyme. — *d*. Liége.
e. Épiderme. — *f*. Bois. — *g*. Liber. — *h*. Tissu sécréteur.

Les cellules végétales, en s'accolant les unes aux autres, forment les *tissus*, dont l'ensemble constitue les *organes* ; il faut donc, avant de commencer l'étude de l'anatomie proprement dite, apprendre à reconnaître ces tissus individuellement. Nous parlerons d'abord du *parenchyme*, qui est pour ainsi dire le tissu fondamental d'où dérive tous les autres, puisqu'en effet tous les organes jeunes sont formés d'un parenchyme homogène, dit *méristème*, qui se différencie peu à peu.

a. Parenchyme.

On donne le nom de *parenchyme* à un tissu formé de cellules à parois relativement minces, et sensiblement isodiamétriques, si l'on en excepte le parenchyme spécial dit *en palissade*, dont les cellules sont très hautes. Ce tissu constitue la presque totalité de la moelle et de l'écorce des tiges et des racines. Les cellules du parenchyme sont souvent polyédriques et intimement unies les unes aux autres, mais elles peuvent être arrondies et laisser entre elles des méats; le parenchyme est dit alors lacuneux : on rencontre ce parenchyme dans la moelle et dans l'écorce de nombreuses plantes aquatiques.

Au point de vue des fonctions, on peut distinguer deux sortes de parenchyme : le parenchyme *incolore*, tel que celui de la moelle, et le parenchyme *chlorophyllien*, dont les cellules sont remplies de grains de chlorophylle, et qui est surtout spécialisé dans les feuilles.

b. Collenchyme.

Le *collenchyme* est formé de cellules parenchymateuses qui ont épaissi leurs parois surtout aux angles. Ce tissu se rencontre dans les tiges des Labiées, par exemple, où il joue le rôle de tissu de soutien ; il est surtout spécialisé aux angles de ces tiges, qui sont carrées. Dans le collenchyme comme dans le parenchyme, la membrane reste cellulosique, mais elle acquiert souvent une épaisseur très considérable *(Begonia)*.

c. Sclérenchyme.

Ce tissu (fig. 21), véritable tissu squelettique, se rencontre très abondamment. Il forme des gaines solides à la plupart des faisceaux de la tige des Monocotylédones. Les cellules de sclérenchyme ont des parois très épaisses, si épaisses que souvent la lumière de la cellule disparaît presque. Outre son épaississement, la membrane a subi des modifications chimiques : elle s'est imprégnée de *vasculose*, aussi se colore-t-elle en rouge vif par l'action de la fuchsine ammoniacale. Pour obtenir cette coloration, on fait une coupe dans un

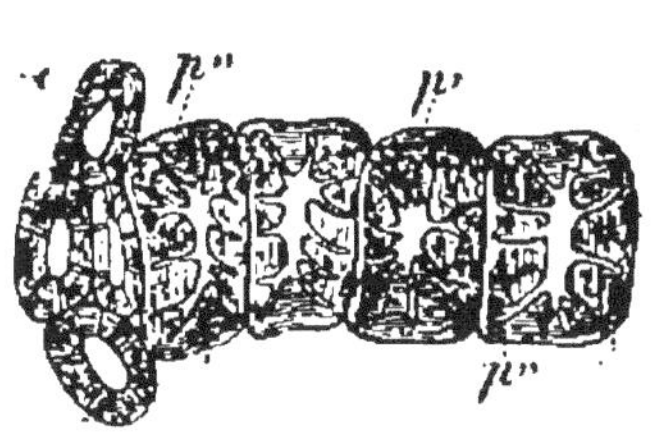

Fig. 21 — Sclérenchyme.

tissu scléreux (la région pierreuse d'une poire par exemple), on met la coupe dans l'alcool, puis on la plonge pendant 30 secondes environ dans une solution de fuchsine ammoniacale ; on porte alors la coupe dans l'eau : le sclérenchyme se colore rapidement ; on peut l'examiner ensuite dans l'eau ou dans la glycérine.

La moelle et l'écorce des tiges et des racines âgées sont souvent partiellement sclérifiées ; il en est de même de certaines assises de liber secondaire. La tige des Magnoliacées, entre autres, offre un bel exemple d'assises de liber scléreux alternant avec des assises de liber mou.

On distingue ordinairement deux sortes de sclérenchyme : le sclérenchyme court, formé de cellules à peu près isodiamétriques, et qu'on rencontre dans les fruits pierreux, et le sclérenchyme long, formé de cellules allongées en forme de fibres. C'est lui qui constitue les gaines scléreuses des faisceaux de nombreuses Monocotylédones et Cryptogames vasculaires.

Les cellules de sclérenchyme offrent fréquemment des ponctuations très nettes, dues à des inégalités d'épaississement de la membrane.

d. Liège.

Le *liège* est un tissu, soit cicatriciel, soit de protection, que l'on rencontre entre autres à la surface de toutes les tiges ou racines âgées. Il est composé de cellules tabu-

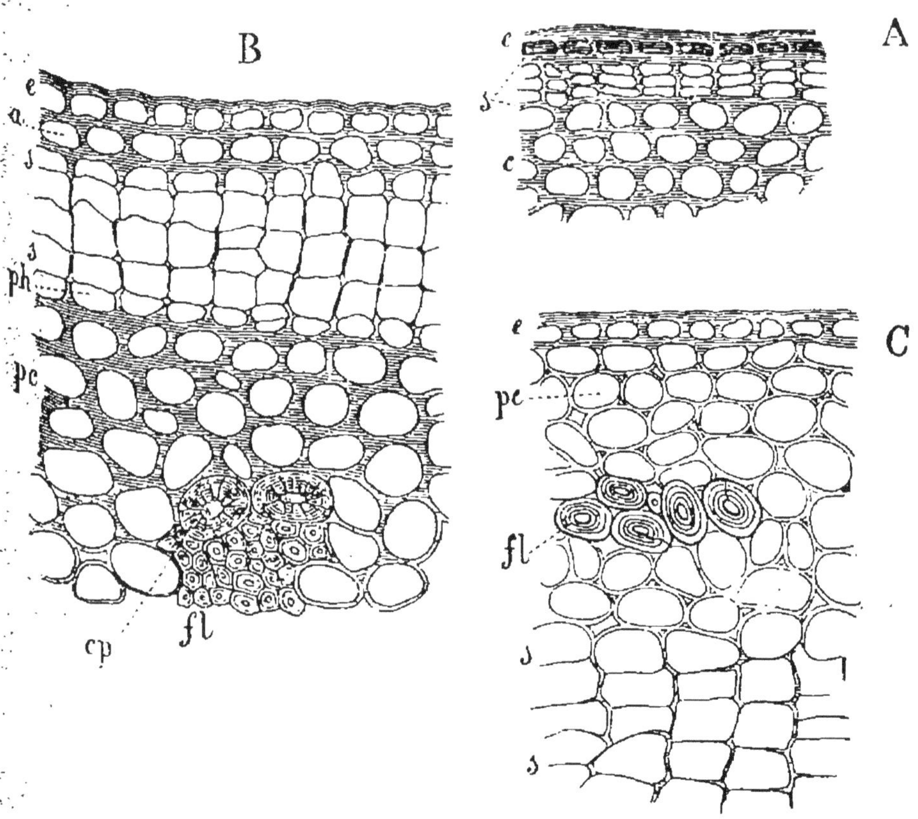

Fig. 22. — Liège : A, épidermique ; B, C, profond.

laires, serrées les unes contre les autres sans laisser de méats et disposées en séries à la fois radiales et tangen-tielles. La membrane des cellules de liège est chargée de *subérine*, substance qui est saponifiée par les alcalis éten-dus et dont l'acide gras est l'acide stéaro-cutique.

Le liège prend souvent naissance aux dépens de l'épi-derme, cependant il y a des lièges *hypodermiques* et même des lièges *profonds*, qui prennent naissance aux dépens des assises les plus externes du parenchyme cortical et même parfois dans le liber secondaire. La figure 22 montre en A un liège épidermique *s*, en B et C un liège profond ; en A on voit en même temps un bel exemple de collenchyme *c*.

L'assise aux dépens de laquelle le liège prend naissance porte le nom d'assise *phellogène*. On distingue ordinairement deux sortes de liège : le *liège mou*, dont les membranes restent minces, et le *liège dur*, dont les membranes s'épaississent beaucoup et s'imprègnent même partiellement de *vasculose* ou *lignine*. Dans l'écorce du *Chêne-liège*, on peut trouver, en assises alternes, les deux espèces de liège.

C'est à un développement particulier de liège, né aux dépens d'une cellule stomatique de l'épiderme, que sont dues les petites taches blanchâtres connues sous le nom de *lenticelles* que l'on trouve à la surface de la tige des *Sureaux*. Ce liège est tout particulier, ses cellules arrondies laissent entre elles des méats, comme on peut s'en assurer par une coupe transversale dans une lenticelle. Grâce à cette disposition, l'air peut pénétrer par la lenticelle, dans la profondeur du végétal, comme il le faisait par le stomate. Mais cette disposition ne dure qu'un temps ; bientôt l'apparition d'une assise de liège profond tabulaire et sans méats vient boucher la lenticelle.

On peut rapprocher du liège un tissu analogue, mais à cellules irrégulières, dit *subéroïde,* que l'on rencontre dans la racine de certaines Monocotylédones, les Asperges, par exemple.

e. Épiderme.

On donne le nom d'*épiderme* au revêtement superficiel, composé d'une ou plusieurs assises de cellules, qui recouvre les tiges et les feuilles. L'épiderme est caractérisé par l'absence presque générale de chlorophylle, et par la présence de stomates.

Le plus souvent l'épiderme n'est formé que d'une assise, mais parfois on en trouve plusieurs *(Ficus)*. On rencontre souvent au-dessous de l'épiderme une couche qui ne s'en distingue que par l'alternance des cellules ; on lui donne le nom d'*hypoderme*.

L'étude de l'épiderme des plantes est très intéressante, d'abord à cause de la forme très variée des cellules épidermiques qui, vues de face peuvent être rectangulaires, *(Jacinthe)* ou sinueuses *(Sedum)*, mais surtout à cause des stomates et des poils.

Pour bien étudier l'épiderme, il faut l'examiner de face et en coupe transversale. Pour le voir de face, il suffit d'en détacher un lambeau, ce qui est surtout commode sur les feuilles un peu épaisses, lambeau que l'on examine ensuite dans l'eau ou la glycérine. Pour étudier la structure en coupes, il suffit de faire des coupes minces dans un organe encore pourvu de cette assise superficielle et par conséquent pas trop âgé.

Dans une coupe de cette espèce (fig. 23) qui représente

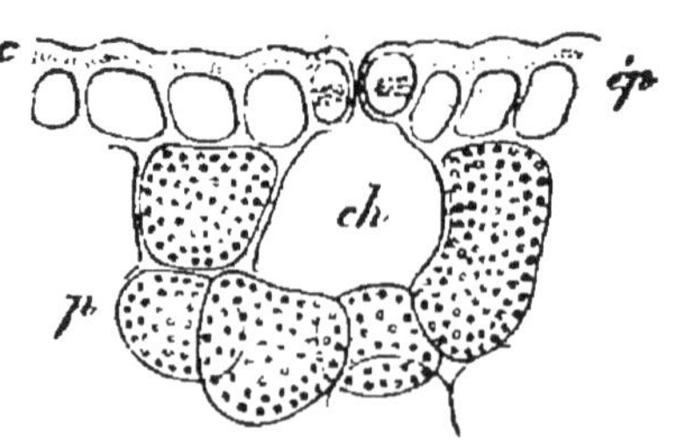

FIG. 23. — Épiderme de Jacinthe.

un épiderme de *Jacinthe*, on voit que la face supérieure de l'épiderme est très épaissie, et qu'elle est même recouverte d'une couche particulière, surtout visible après l'action de la fuchsine, et qu'on nomme la *cuticule (c)*. Cette cuticule n'est autre qu'une portion de la membrane transformée en *cutine :* cutine qui, d'ailleurs, imprègne plus ou moins fortement les couches inférieures de la membrane, qui se colorent faiblement.

La cuticule est parfois excessivemenl épaisse, dans les feuilles de *Houx*, par exemple, surtout dans les parties de l'épiderme qui recouvrent la nervure médiane.

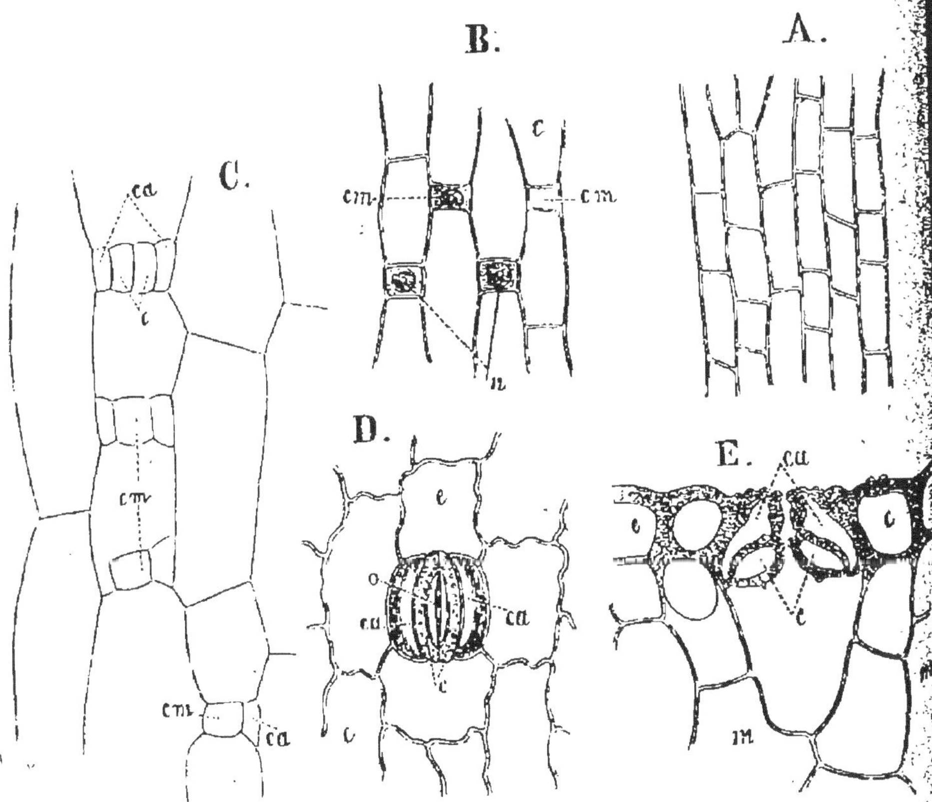

FIG. 24. — Stomates à différents stades, de face et en coupe.

Stomates. — Une des productions les plus importantes de l'épiderme sont les *cellules stomatiques.* On dénomme ainsi les cellules qui, associées par deux, présentent entre elles une fente permettant les échanges gazeux nécessaires à la plante ; ces cellules sont ordinairement réniformes. C'est sur les feuilles que l'on étudie le mieux les stomates qui existent aussi d'ailleurs sur les tiges, et nous prendrons comme exemple une feuille d'*Iris*. On trouve généralement sur la même feuille des stomates à différents stades de leur formation ; nous pouvons donc étudier en même temps, non seulement les stomates parvenus à leur forme définitive, mais encore leur genèse. La figure 24 montre en A, B, C, D les stades successifs de la formation vus de face, et en E, la coupe d'un stomate adulte.

Détachons un lambeau de l'épiderme d'une feuille d'*Iris* : en certains points nous trouverons, A, des cellules épidermiques pures et simples ; en d'autres, B, nous verrons entre les cellules épidermiques de petites cellules reconnaissables à leur protoplasma granuleux : ce sont les cellules mères des stomates ; ces cellules mères, en C, se sont découpées en trois d'abord, puis en quatre : les deux cellules du milieu sont les cellules stomatiques proprement dites ; les deux autres, *ca*, sont les *cellules annexes*. Les cellules stomatiques ne tardent pas à se remplir de chlorophylle, à prendre leur forme caractéristique, et à s'écarter de façon à laisser entre elles une fente ou *ostiole o* : c'est l'aspect représenté en D. En E, on a la coupe transversale d'un stomate ; on y voit que les cellules stomatiques sont enfoncées assez profondément et recouvertes presque complètement par les cellules annexes. Il en résulte que l'ostiole est précédé d'une antichambre. Il vient déboucher dans une cavité creusée dans le parenchyme sous-épidermique et qui porte le nom de chambre stomatique.

La forme des stomates est excessivement variable (fig. 25), il peut ne pas y avoir de cellules annexes (*Orchis*, A, B) ; il peut au contraire y en avoir plus de deux (*Plantes grasses*). Le stomate peut se placer dans un enfoncement

de l'épiderme ou *puits (Cycas*, D) ou au contraire être
soulevé *(Aneimia*, C), enfin, (B) l'ostiole peut être non

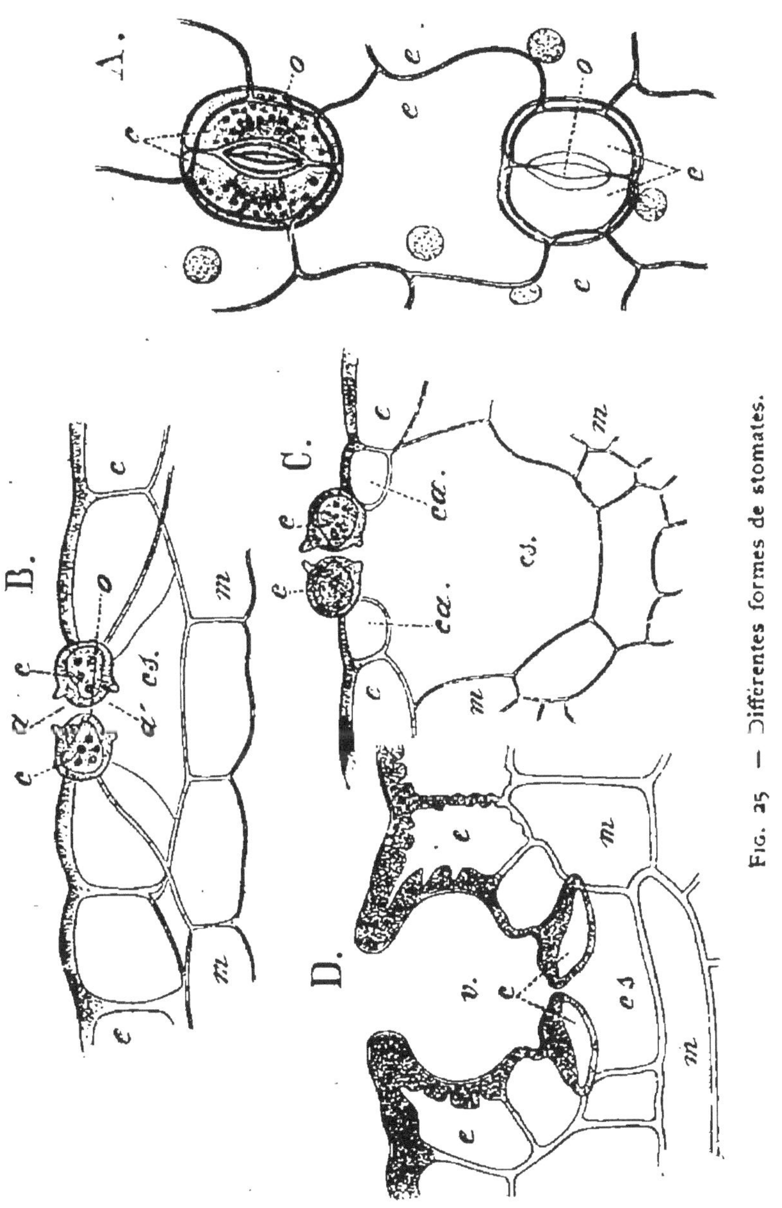

Fig. 25 — Différentes formes de stomates.

seulement précédé d'une antichambre, *a*, mais encore
suivi d'une arrière-chambre, *a'*. En faisant de nombreuses
coupes de stomates de différentes plantes, on s'assurera

d'ailleurs de la multiplicité des formes, et on en prendra une bien meilleure idée qu'avec de simples descriptions.

On peut assister sous le microscope à l'ouverture et à la fermeture des stomates, par écartement ou rapprochement des cellules qui circonscrivent l'ostiole.

Outre les stomates que l'on vient d'observer et qui, servent à l'entrée et à la sortie des gaz, il y a des stomates, dits *aquifères*, qui servent à la transpiration. Ces stomates, que l'on rencontre à l'extrémité des nervures des feuilles et qui sont en particulier très nets chez la Capucine, ont une structure analogue à celle des stomates aérifères; ils se trouvent à la face supérieure des feuilles. Quand aux autres stomates, leur situation est très variée : ils existent tantôt sur la face inférieure seule de la feuille, tantôt sur la face supérieure seule (feuilles nageantes), tantôt, enfin, sur les deux faces à la fois.

Poils. — Les cellules épidermiques se prolongent souvent en *poils* (fig. 26). Ces poils sont excessivement variés de forme : ils peuvent être unicellulaires, pluricellulaires unisériés (articulés), pluricellulaires multisériés; enfin, ils peuvent être massifs, auquel cas ils sont souvent glandulaires; leur étude relève alors de celle du tissu sécréteur. Les formes sont trop diverses pour qu'on puisse entrer dans leur détail : citons seulement les poils en cône des Borraginées, les poils en navette du *Malpighia*, les poils étoilés du *Deut-*

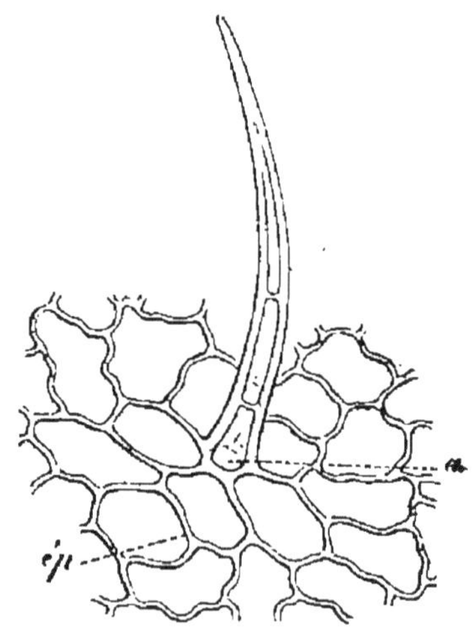

FIG. 26. — Poil.

ʒia; la simple étude en dit plus que toutes les descriptions.

f. Bois.

On donne le nom de *bois* au tissu formé par l'ensemble des vaisseaux, soit ouverts *(vaisseaux proprement dits),* soit fermés *(trachéides),* et du parenchyme et des fibres qui les accompagnent.

Le bois est facilement reconnaissable dans une coupe; il se colore, en effet, en rouge par la fuchsine ammoniacale ou la safranine (les vaisseaux et les fibres du moins). Si on peut parfois le confondre avec du sclérenchyme dans les coupes transversales, il n'en est plus de même dans les coupes longitudinales, où les vaisseaux présentent des ornements caractéristiques.

Vaisseaux. — Occupons-nous d'abord des vaisseaux proprement dits : pour les étudier, faisons une coupe

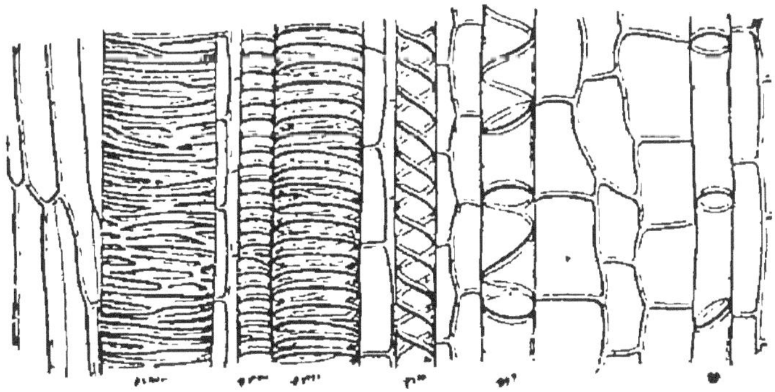

Fig. 27. — Bois de Balsamine. Coupe longitudinale.

longitudinale dans une tige de Balsamine, par exemple (fig. 27). Nous apercevrons en l'examinant une série de tubes diversement ornés, ce sont les vaisseaux. *v* est un vaisseau annelé, *v′* spiroannelé, *v″ v‴ v⁗* sont des vaisseaux spiralés, et *v⁗′* un vaisseau réticulé. Tous ces noms s'expliquent d'eux-mêmes; il y a encore des vais-

seaux rayés, ponctués, etc. On rencontrera des échan-
tillons de toutes ces variétés, en faisant des coupes longitudinales dans le bois de plantes diverses. Dans tous
ces vaisseaux, les cellules constituantes ont à peine laissé
de traces, par un étranglement qu'on voit de loin en
loin, les cloisons transversales ont disparu. Il n'en est
pas de même dans les vaisseaux fermés ou *trachéides*, où
chaque cellule, assez longue d'ailleurs, a conservé son

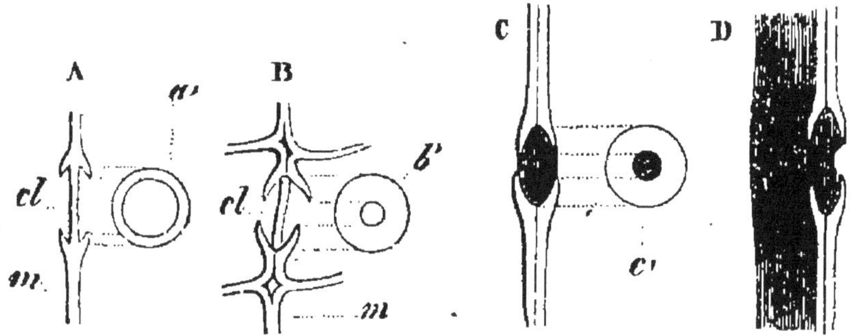

FIG. 28. — Ponctuations aréolées.

indépendance : les cloisons de séparation ne sont pas
d'ailleurs horizontales, mais très obliques. Citons comme
exemple de trachéides les trachéides *scalariformes* des
Fougères, ainsi nommés parce que les épaississements
de la paroi sont disposés comme les barreaux d'une
échelle; et les trachéides à ponctuations *aréolées* des
Conifères, dont la figure 28, qui représente ces ponctuations sous différents aspects, donne une idée suffisante.

Parenchyme et fibres. — Le parenchyme ligneux ressemble à tous les tissus parenchymateux; les fibres sont
des cellules très allongées et très épaissies. Notons que
ces deux productions manquent dans le bois primaire.

g. Liber.

Le liber est un tissu formé par l'ensemble de vaisseaux particuliers ou *tubes criblés*, de parenchyme et de fibres (ces dernières productions manquent d'ailleurs dans le liber primaire). On reconnaît immédiatement ce tissu dans une coupe à son aspect blanchâtre et brillant; ses cellules ne se colorent pas par la fuchsine. Dans les racines primaires, il forme des faisceaux qui alternent avec ceux du bois; dans les tiges primaires, il est superposé au bois.

Tubes criblés. — Ces vaisseaux, en coupe transversale, offrent un aspect grillagé caractéristique, mais c'est en coupe longitudinale que leur étude est surtout intéressante. Il faut, pour se faire une idée bien exacte des tubes criblés, en faire la coupe en été et en hiver; la préparation sera traitée par le chloroiodure de zinc.

Soit (fig. 29, A, B, C) des coupes longitudinales de liber en hiver. On voit que les tubes criblés présentent de distance en distance des cloisons épaisses, colorées en jaune par le chloroiodure; elles sont constituées par une substance particulière, le *cal*. Avec un fort grossissement, on distingue au milieu de ce cal une série de petits îlots non colorés, qui va d'un bord de la cellule à l'autre (R *c*) : cette série d'îlots représente les restes d'une cloison cellulosique, continue d'abord, mais qui a été ensuite perforée et recouverte par le cal.

Soit maintenant (D) une coupe en été. Le cal a disparu, il ne reste que la cloison cellulosique perforée, ou crible qui permet une communication d'une cellule à l'autre.

Ces deux examens et celui d'un tube criblé très jeune

nous permettront d'en établir l'histoire complète. Au
début, le tube criblé est formé, comme les vaisseaux, de
cellules superposées; mais, alors que dans les vaisseaux

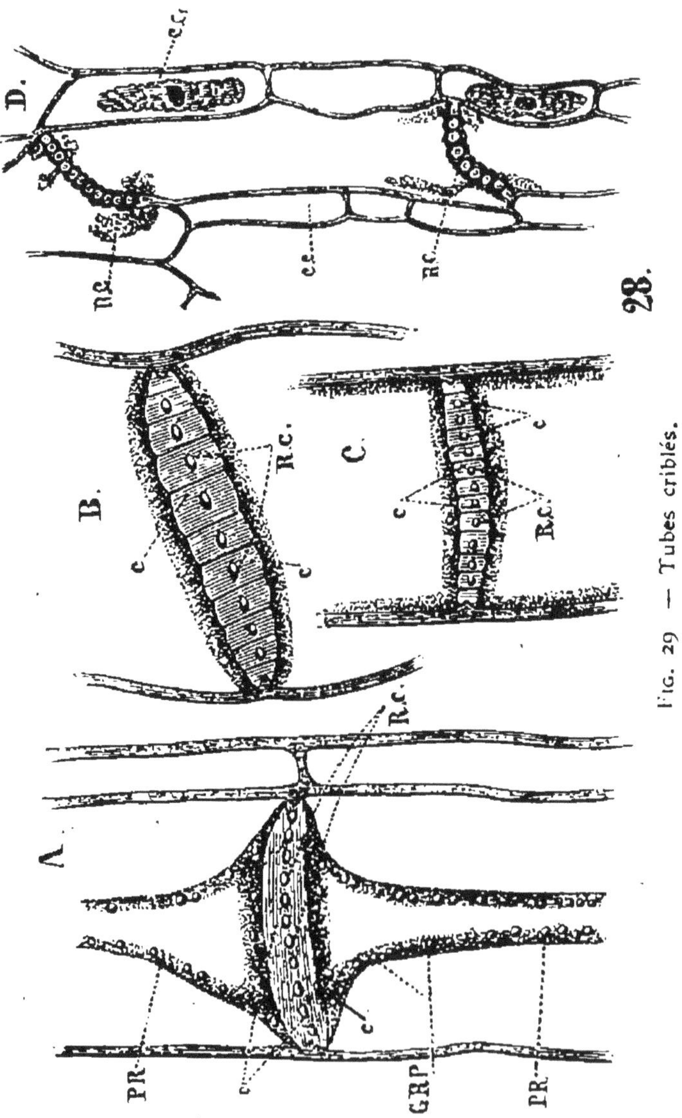

Fig. 29 — Tubes criblés.

les cloisons disparaissent plus ou moins complètement,
ici elles s'épaississent d'abord en certains points, par dépôt de matière cellulosique, de manière à présenter
bientôt l'aspect d'un grillage. Les points où l'épaississement ne se fait pas ne tardent pas à se perforer et, en

même temps, commence à se déposer sur la cloison le cal, qui non seulement remplit les perforations causées par la destruction partielle de la membrane cellulosique, mais encore recouvre les restes de la membrane. Un bouchon de cal vient ainsi obstruer le tube; cet état persiste tout l'hiver. Au printemps suivant, le cal disparaît : deux cellules superposées sont alors en communication, ce qui permet le passage de la sève descendante, qui, on le sait, suit la voie des tubes criblés. L'hiver suivant, le cal reparaît, il redisparaît au printemps, et ainsi de suite souvent pendant plusieurs années; chez les Conifères cependant, quand le cal a disparu, il ne se reforme plus, et les tubes criblés restent sans cesse ouverts.

Les plantes qui se prêtent le mieux à l'examen des tubes criblés sont les *Cucurbitacées*, la *Vigne*, l'*Aristoloche*. Il faut noter, dans la Vigne, que chaque cloison présente plusieurs cribles. Les cribles sont très difficiles à étudier chez les Conifères, où ils sont très petits; là on les rencontre sur les faces latérales des cellules. Certaines plantes n'ont pas de véritables cribles, les Cryptogames vasculaires, par exemple : les cloisons sont simplement grillagées, car elles ne se perforent jamais complètement.

Parenchymes. Fibres. — Le parenchyme libérien a ceci de particulier, que souvent ses membranes s'incrustent de cristaux (*Torreya*). Les fibres libériennes, parfois très longues, sont tellement épaissies, que la lumière de la cellule disparaît presque.

b. Tissu sécréteur.

Ce tissu comprend : les *poils glandulaires*, les *glandes*, les *laticifères* et les *canaux sécréteurs*.

1° *Poils glandulaires*. — Si l'on racle avec un scalpel une tige de Labiée, ou une feuille de *Pelargonium*, par exemple, et que l'on examine les débris qu'on a enlevés, on voit un certain nombre de poils, qui comprennent d'abord une tige, formée d'une file dè cellules, puis une tête renflée. C'est cette tête soit unie, soit pluricellulaire, qui constitue la partie glandulaire du poil, et qui, dans le cas particulier, sécrète une huile essentielle spéciale.

2° *Glandes*. — Si l'on fait une coupe dans la peau d'une orange ou d'un citron, on aperçoit, à peu de distance de l'épiderme, des massifs arrondis de cellules. Ce sont autant de glandes qui servent à produire l'essence de citron, qui n'est autre, on le sait, qu'un carbure d'hydrogène, $C^{10}H^{16}$.

Signalons encore en passant les glandes monocellulaires de l'écorce du *Magnolia* dont le produit se colore en rouge par la fuchsine, ce qui permet de les reconnaître aisément dans une coupe.

3° *Laticifères*. — Certaines plantes laissent couler, quand on les coupe, un liquide assez abondant; ce liquide était contenu dans des vaisseaux spéciaux auxquels on a donné le nom de *laticifères*, le liquide portant le nom de *latex*. Lorsqu'on fait une coupe longitudinale d'une tige d'*Euphorbe*, ou d'une racine de *Salsifis*, on voit ces laticifères très nombreux, qui serpentent dans la préparation. Les laticifères de l'Euphorbe ont ceci de particulier, qu'ils sont unicellulaires *(inarticulés)*. Ils ont des parois blanches et épaisses, et renferment dans leur intérieur, en suspension dans le latex, de nombreux grains d'amidon en bâtonnets, facilement reconnaissables par l'eau iodée. Ceux du *Salsifis*, au contraire, et des Composées en général d'ailleurs, ceux des Papavéracées également-

ment, sont pluricellulaires et, comme l'on dit, *articulés.*
On aura une belle préparation de laticifères articulés, en
faisant une coupe mince dans une tête de Pavot, dont
le latex, comme on sait, fournit l'opium.

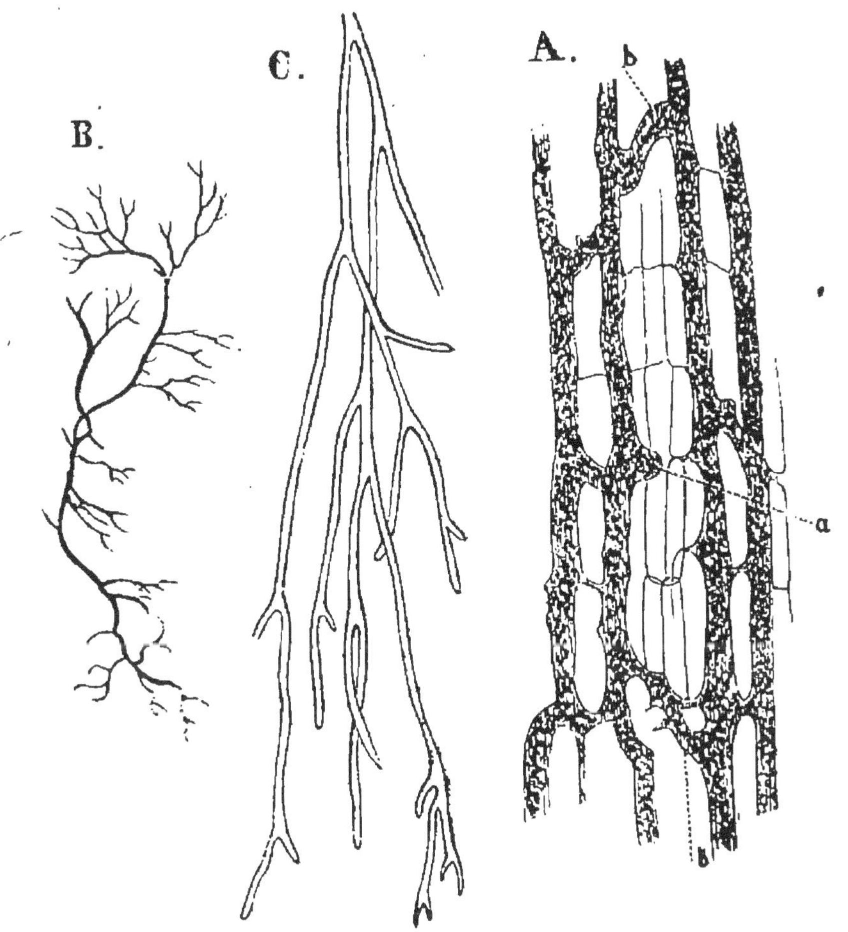

Fig. 30 — Laticifères : articulés, A; inarticulés, B, C.

La figure 30 montre en A les laticifères pluricellulaires
d'une Composée, le *Sonchus ;* en C des laticifères unicellulaires, mais, comme on le voit, très ramifiés.

Le latex est souvent incolore *(Ficus)*, il est parfois
jaune *(Chélidoine)* ou rouge *(Sanguinaire)*. Il renferme
en suspension des globules protoplasmiques, et en dis-

solution de nombreuses substances (*gommes*, *caoutchouc*, *gutta-percha*). Il renfermerait toujours, d'après Schwendener, un ferment particulier, ferment parfaitement isolé, sous le nom de *papaïne*, dans le latex du *Carica papaya*.

Les vaisseaux laticifères accompagnent ordinairement le liber, c'est dans ce tissu qu'il faut les chercher dans une coupe.

4° *Canaux sécréteurs*. — Faisons la coupe d'une Ombellifère, le *Silaüs*, par exemple : nous trouverons dans l'écorce et dans la moelle, et aussi dans le liber, des méats entourés de quelques cellules de bordure. C'est la coupe d'autant de canaux sécréteurs. Ceux de la moelle et de l'écorce, qui ont un nombre de cellules de bordure assez considérable, et dont la lumière est assez large, sont faciles à voir, mais ceux du liber, très étroits, et ayant seulement quelques cellules de bordure, sont difficiles à apercevoir, d'autant plus qu'on peut rarement les colorer, la coupe ouvrant les canaux, qui laissent alors échapper le produit de leur sécrétion.

Pour étudier les canaux sécréteurs, on pourra s'adresser non seulement aux Ombellifères, mais encore aux Composées dont on prendra soit la tige, soit la racine. Ces canaux sont d'ailleurs en général d'une étude assez difficile.

Les canaux sécréteurs les plus faciles à apercevoir sont ceux des Conifères. Dans une coupe transversale de tige de *Pin*, on trouvera dans le bois et dans l'écorce des canaux sécréteurs fort larges, facilement reconnaissables à ce qu'ils possèdent deux rangs de cellules de bordure : l'un interne, formé de cellules à parois très minces, et souvent déchirées; l'autre externe, formé de cellules sclérifiées et très résistantes.

Les canaux sécréteurs sont des méats dus à l'écartement des cellules, et cela les distingue nettement des laticifères, qui sont formés, eux, de cellules spéciales. Leurs produits de sécrétion sont des *huiles essentielles* (Composées), des *oléorésines* (Ombellifères), des *résines* (Conifères).

III

LES ORGANES

a. Racine. — *b*. Tige. — *c*. Feuille. — *d*. Fleur.

Maintenant que nous sommes assez familiarisés avec l'étude des tissus, pour les reconnaître là où ils se présenteront, nous pouvons aborder l'étude des organes, l'anatomie proprement dite. Nous étudierons d'abord la *racine*, la *tige*, la *feuille*, en passant en revue brièvement, devant y revenir plus tard, leurs diverses modifications dans tout le règne végétal ; nous étudierons ensuite la *fleur* des Phanérogames, nous réservant d'étudier le mode de reproduction des végétaux inférieurs et des Cryptogames vasculaires en traitant à part ces végétaux qui demandent une étude spéciale.

a. Racine.

La *racine* est un organe qui existe chez tous les végétaux (à de rares exceptions près), sauf dans les deux embranchements inférieurs des Thallophytes et des Muscinées. Son rôle est de fixer le végétal au sol et d'y puiser les matériaux nécessaires à sa nutrition.

Le plan de sa structure est toujours le même, qu'on

s'adresse à une Dycotylédone, une Monocotylédone, une Gymnosperme ou une Cryptogame vasculaire : on peut donc prendre une plante au hasard pour l'étude de cet organe. Nous choisirons le *Ranunculus acris*, quitte à indiquer ensuite quelques modifications de détails.

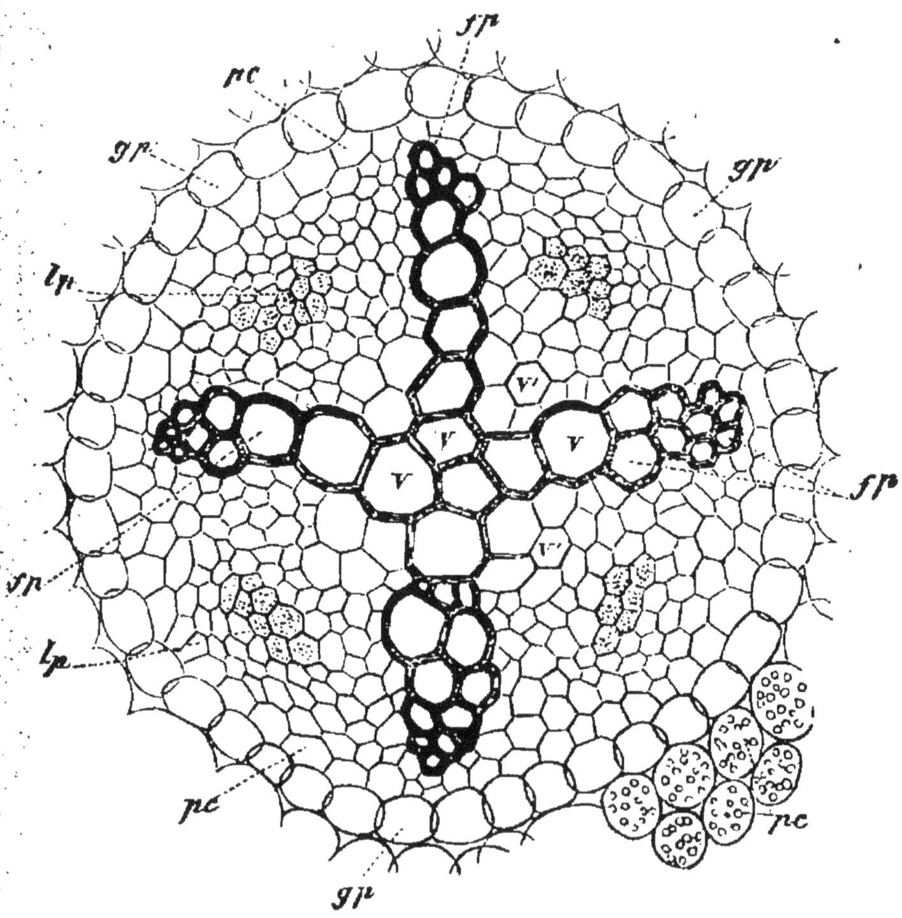

Fig. 31. — Cylindre central d'une racine jeune de *Ranunculus acris*.

Cette racine, si on l'examine à l'état jeune, se compose des tissus suivants (fig. 31), en allant de la périphérie d'une coupe transversale au centre (la partie centrale la plus importante est seule représentée dans la figure). On trouve d'abord une première assise extérieure, dont certaines cellules sont prolongées en poils : c'est l'*assise pilifère*, analogue à l'épiderme, mais qui en est différenciée par l'absence de stomates. Au-dessous est une deuxième assise dont les cellules alternent avec celles de la première : c'est l'*assise subéreuse*, ainsi appelée parce qu'elle donnera naissance à un liège protecteur, lorsque l'assise pilifère sera tombée.

Viennent alors une série d'assises parenchymateuses qui constituent l'*écorce :* on y peut distinguer une première série, dont les cellules vont en grandissant de la périphérie au centre, et qui constitue l'*écorce externe*, et une deuxième série, dont les cellules disposées en séries radiales et tangentielles, et laissant entre elles des méats, constituent l'*écorce interne*. Ces dernières cellules, à l'inverse des premières, vont en diminuant de la périphérie au centre.

La dernière assise de cette deuxième série (*gp*, fig. 31) est l'*endoderme*. Il est caractérisé par des plissements que présentent les faces radiales des cellules, plissements qui se colorent en rouge par la fuchsine, grâce à une subérification partielle de la membrane.

En dedans de l'endoderme, commence ce qu'on appelle le *cylindre central*. Il débute par une assise dont les cellules alternent avec celles de l'endoderme et que l'on nomme *assise rhizogène*, *assise périphérique*, ou mieux *péricycle* (dans certaines racines, en effet, le péricycle comprend plusieurs assises). Touchant cette assise, on voit en alternance un certain nombre de *faisceaux ligneux fp* et *libériens lp*. Il y en a quatre dans la figure. Le bois est coloré en rouge, si on a traité la coupe par la fuchsine ; les vaisseaux y vont en augmentant de diamètre de la périphérie au centre. Les faisceaux ligneux dans la figure se rejoignent au centre, mais parfois ils laissent entre eux un espace central occupé par du parenchyme : la *moelle*. Le liber est reconnaissable à ses tubes criblés, offrant les ponctuations caractéristiques. L'espace compris entre les faisceaux ligneux et les faisceaux libériens est rempli par des cellules de parenchyme dit *parenchyme conjonctif*.

Quelle que soit la racine jeune que l'on examine, on trouvera toujours la même structure : l'écorce peut être plus ou moins épaisse, les faisceaux plus ou moins nombreux et plus ou moins développés, mais ce ne sont là, on le voit, que des modifications de détail. Quelques racines offrent bien une structure plus ou moins anormale : certaines racines d'*Ophioglosse*, par exemple, mais nous y reviendrons plus tard.

Signalons ici pourtant quelques particularités. Dans les racines des Ombellifères les cellules péricycliques situées en face des faisceaux ligneux et des faisceaux libériens donnent naissance à des canaux sécréteurs. Dans celles des Composées, ce sont les cellules endodermiques. Dans les racines des Graminées le péricycle est fréquemment interrompu en face des faisceaux ligneux, qui alors touchent directement l'endoderme. Enfin, dans les racines des *Prêles*, il n'y a pas de péricycle, l'endoderme est double.

La structure que nous venons d'examiner dans une racine jeune, et qui porte le nom de structure primaire, est quelquefois persistante (Monocotylédones, Cryptogames vasculaires), mais chez les Dicotylédones et les Gymnospermes la racine s'accroît en épaisseur, par suite de formations dites secondaires.

A un certain moment, l'assise parenchymateuse qui

double à l'intérieur les faisceaux libériens se cloisonne activement, et vient se rattacher au péricycle en arrière des faisceaux ligneux. Cette portion du péricycle se cloisonne également, et il en résulte bientôt un anneau continu méristémateux, dit *couche cambiale* ou *cambium*, en dedans duquel sont les faisceaux ligneux primaires, les faisceaux libériens étant en dehors. Cet anneau donne naissance, soit par toute sa circonférence, soit en des points particuliers seulement (généralement en alternance avec les faisceaux primaires), à des productions libéroligneuses secondaires.

Pour cela, une des cellules de la couche cambiale se divise en deux : la cellule interne donne du bois par cloisonnement centrifuge, la cellule externe, du liber par cloisonnement centripète. L'assise fonctionne pendant un certain temps, puis s'arrête pour reprendre l'année suivante, car il reste toujours une couche méristémateuse non différenciée entre le bois et le liber produits. Au bout d'un certain nombre d'années on a ainsi en dedans de l'assise cambiale de nombreuses couches de bois ; en dehors, de nombreuses couches de liber, dont les plus anciennes sont d'ailleurs méconnaissables, écrasées qu'elles sont par le développement des couches nouvelles qui les compriment contre l'écorce.

Lorsque toute l'assise cambiale ne se différencie pas en bois et en liber proprement dits, et qu'au lieu d'avoir un cercle libéroligneux, on n'a que des faisceaux épars, les parties non employées ne restent cependant pas inactives : elles donnent naissance à du parenchyme ligneux et libérien secondaire qui réunit les faisceaux.

Ce ne sont pas là toutes les modifications secondaires qui surviennent dans la racine ; pendant que la couche cambiale produit de nouveaux faisceaux, le péricycle, de son côté, donne naissance, par le cloisonnement de ses cellules, d'une part, en dedans, à de l'écorce secondaire, d'autre part, en dehors, à du liège secondaire,

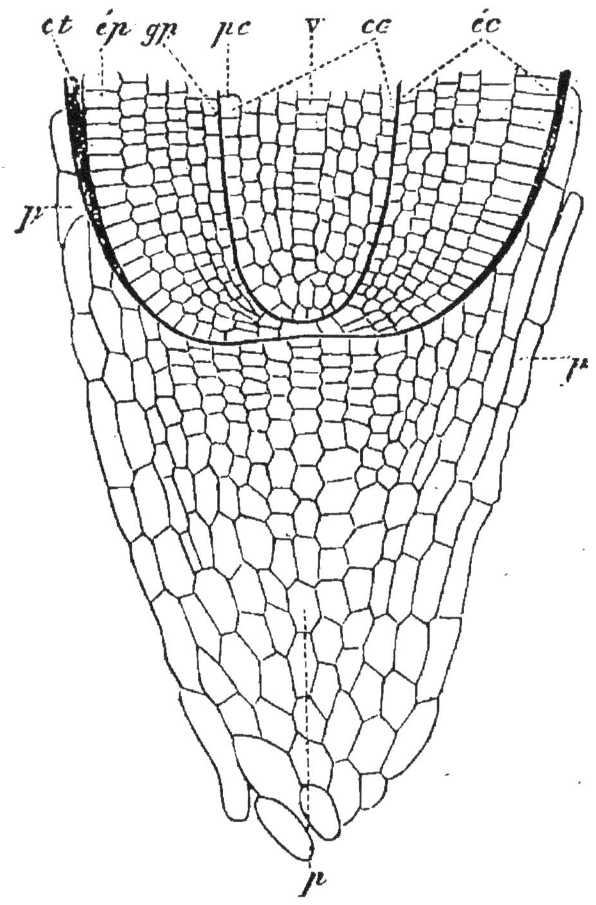

Fig. 32. — Coupe longitudinale de l'extrémité d'une racine.

liège qui exfolie toute l'écorce primaire et forme désormais les couches les plus externes de la racine.

Quelquefois les modifications s'arrêtent là ; mais de même qu'on a vu apparaître dans les tissus primaires un méristème donnant naissance à des productions se-condaires, on voit parfois apparaître dans les tissus secondaires un méristème donnant naissance à des productions tertiaires. Ainsi, par exemple, dans la racine de *Bryone*, certaines parties du parenchyme ligneux secondaire deviennent méristémateuses, et donnent au milieu du parenchyme de petits faisceaux ligneux tertiaires.

Du reste, les productions secondaires et tertiaires sont très variables suivant les végétaux.

Nous avons jusqu'ici examiné la racine en coupe transversale, faisons maintenant une coupe longitudinale de son extrémité. Ceci nous apprendra à connaître un organe très important, qui recouvre l'extrémité de la racine comme un doigt de gant, et auquel on donne le nom de *coiffe*. La figure 32, qui représente une racine d'Orge, donne une idée de cet organe ; p est la coiffe. Cette figure nous montre également la manière dont se différencient les tissus dans une jeune racine : ep représente l'assise pilifère avec sa cuticule ct, gp est l'endoderme, pc le péricycle, cc le cylindre central. Tous ces tissus prennent naissance aux dépens de cellules spéciales auxquelles on donne le nom d'*initiales*, et situées à l'extrémité de la racine.

Dans cette racine d'Orge, comme dans toutes celles des Monocotylédones, il y a des initiales spéciales pour la coiffe, tandis que chez les Dicotylédones la coiffe et l'assise pilifère ont toujours des initiales communes.

Chez les Gymnospermes tous les tissus prennent naissance dans un méristème confus où l'on ne peut reconnaître d'initiales spéciales ; chez les Cryptogames vasculaires, au contraire, tous les tissus se forment aux dépens d'une cellule terminale unique, dans la majorité des cas du moins, car certaines Filicinées, certaines Lycopodinées, ont plusieurs initiales pour la racine.

Radicelles. — Les racines donnent souvent naissance à des radicelles. Chez les Phanérogames, ces radicelles naissent aux dépens de l'assise périphérique, et il n'est pas rare, dans une coupe de racine, de voir une radicelle s'échapper du cylindre central. C'est généralement en face des faisceaux ligneux qu'elles naissent ; mais dans les Graminées, à cause de l'interruption du péricycle en ces points, elles naissent en face des faisceaux libériens. Chez les Ombellifères, elles naissent dans les intervalles des faisceaux, à cause de la présence des canaux sécréteurs.

Chez les Cryptogames vasculaires, les radicelles naissent aux dépens de l'endoderme. Leurs faisceaux, dans une racine binaire, sont orientés à angle droit de ceux de la racine mère, tandis qu'ils sont parallèles chez les Phanérogames.

Modifications de la racine. — Lorsque la racine est destinée à jouer un rôle spécial, sa structure est modifiée. Nous parlerons seulement des racines-suçoirs et des racines tuberculeuses.

Dans la *Cuscute,* par exemple, les racines-suçoirs n'ont ni coiffe ni cylindre central distincts. Leur écorce, réduite à l'assise pilifère, prolonge ses cellules en longs poils, qui s'enfoncent dans les tissus de la plante nourricière.

Dans le *Gui,* les racines-suçoirs manquent de coiffe.

Les racines tuberculeuses, qui jouent, comme l'on sait, le rôle de réservoirs, sont caractérisées par l'abondance tout à fait spéciale de leur parenchyme, soit ligneux (*Betterave*), soit libérien (*Carotte*).

b. Tige.

La *tige* est un organe qui, sauf de rares exceptions, existe chez tous les végétaux, si l'on en excepte les

Thallophytes (*Algues*, *Champignons*, *Lichens*). C'est comme la racine un organe axile, elle lui fait suite quand celle-ci existe. Elle est caractérisée par la présence d'un épiderme véritable, muni de stomates; c'est elle qui porte les feuilles. La tige a une structure moins universellement identique que la racine : aussi pour en donner une idée exacte, faut-il prendre plusieurs types. Nous examinerons successivement : 1° la tige des Dicotylédones et des Gymnospermes; 2° celle des Monocotylédones; 3° celle des Cryptogames vasculaires ; 4° celle des Muscinées.

1° TIGE DES MONOCOTYLÉDONES ET DES GYMNOSPERMES. — Si l'on examine une jeune tige, de *Ronce* par exemple, en coupe transversale, on trouve de dehors en dedans : 1° un *épiderme* portant quelques stomates; 2° une *écorce* assez épaisse dont la dernière assise ou *endoderme* présente les plissements déjà signalés. En dedans de l'endoderme commence le *cylindre central* comprenant : 1° un *péricycle* dont les cellules alternent avec celles de l'endoderme; 2° des *faisceaux libéroligneux* à bois interne et liber externe appliqués contre le péricycle ; 3° du *parenchyme conjonctif* et *médullaire* remplissant l'espace laissé entre les faisceaux.

La plupart des tiges jeunes de Dicotylédones présentent cette structure ; cependant, quelquefois, les faisceaux libéroligneux, au lieu de présenter seulement du liber externe du côté du péricycle, présentent aussi du liber interne du côté de la moelle; c'est le cas des Cucurbitacées : les faisceaux sont alors dits *bicollatéraux*. Quelquefois le péricycle (Ombellifères) ou l'endoderme (certaines Composées) renferme des canaux sécréteurs; enfin, le péricycle a parfois plusieurs assises.

La structure de la tige primaire des Gymnospermes est analogue; l'écorce quelquefois renferme des canaux sécréteurs.

La structure que nous venons d'étudier ne se conserve que pendant un an. Dès la deuxième année, on

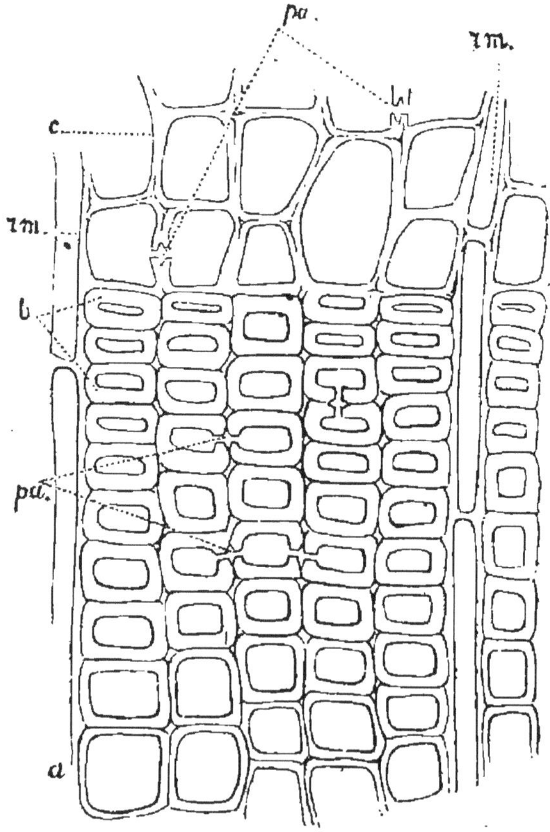

FIG. 33. — Bois secondaire de l'Épicéa. Coupe transversale.

voit naître des formations secondaires. Il apparaît une couche cambiale aux dépens d'éléments parenchymateux existant entre le bois et le liber des faisceaux; cette couche cambiale, se continuant d'un faisceau à l'autre, forme bientôt un anneau continu, anneau qui donne naissance, comme dans la racine, soit à un cercle continu libéroligneux, soit à des faisceaux libéroligneux isolés.

La couche cambiale fonctionne un certain temps, s'arrête, puis reprend son fonctionnement l'année suivante.

Pendant ce temps le péricycle, comme dans la racine, donne naissance à une écorce et à un liège secondaire.

C'est ainsi que si l'on fait une coupe dans une tige un peu âgée d'*Epicea*, par exemple, on trouve : 1° quelques assises de liège ; 2° une écorce assez peu épaisse, et renfermant quelques canaux résineux; 3° le liber, dont les assises les plus externes, qui sont les plus anciennes, sont très aplaties, et dont les éléments sont disposés en séries radiales; 4° le bois secondaire (fig. 33), reconnaissable à la régularité de ses éléments qui présentent des *ponctuations aréolées*, et qui renferme des canaux sécréteurs; 5° le bois primaire à éléments très petits ; 6° une moelle parenchymateuse.

De même que dans la racine, il se forme quelquefois dans la tige des formations tertiaires, mais elles sont trop variables pour que nous nous y arrêtions.

2° TIGE DES MONOCOTYLÉDONES. — Faisons, par exemple, la coupe d'une tige de *Muguet;* nous allons avoir un aspect tout autre que dans les cas précédents. Nous avons toujours une écorce et un endoderme assez nets ; mais ensuite nous trouvons, noyés dans un parenchyme central, une foule de faisceaux de structure assez variable ; les uns collatéraux à liber externe, les autres concentriques à liber central. Cet aspect vient de la course toute particulière des faisceaux chez les Monocotylédones; au lieu d'être rectilignes, ils sont curvilignes, et s'enfoncent plus ou moins profondément dans le cylindre central. Il en résulte comme structure générale, qu'au lieu d'avoir un cercle unique de faisceaux avec un péricycle commun, on en a plusieurs, parfois en très grand nombre (Palmiers). Chaque faisceau a souvent son péricycle, peut-être même son endoderme propre ; il faut dire pourtant que, dans la majorité des cas, on ne trouve plus de traces bien nettes ni de l'endoderme, ni du péricycle.

En général, la tige des Monocolylédones ne s'accroît pas en épaisseur ; les faisceaux sont, comme l'on dit, *fermés*, c'est-à-dire qu'il ne reste pas d'éléments méristémateux interposés entre le bois et le liber ; dans certains cas pourtant *(Dracæna)*, la tige s'épaissit ; mais ce n'est pas par le procédé indiqué plus haut. Il apparaît des faisceaux isolés, dans une écorce secondaire due au cloisonnement de l'endoderme, et dont certaines cellules donnent de petits îlots de méristème qui se différencient ensuite en faisceaux.

Une particularité de la tige des Monocotylédones, c'est que, la plupart du temps, les faisceaux sont entourés d'un cercle de sclérenchyme, ou du moins présentent des arcs scléreux qui les accompagnent. On suppose que ces arcs scléreux dérivent du péricycle.

Beaucoup de tiges de Monocotylédones sont aquatiques ; le système vasculaire est alors très réduit, et beaucoup de faisceaux sont remplacés par des lacunes, le faisceau s'étant détruit à peine formé ; il en est ainsi chez certains *Potamogeton*.

3° TIGE DES CRYPTOGAMES VASCULAIRES. — La structure en est essentiellement variable : aussi faut-il donner plusieurs exemples.

Pteris aquilina. — Cette Fougère, ou Aiglière, est très commune en France ; lorsqu'on fait une coupe de la tige, on trouve : d'abord un épiderme; puis une écorce fortement sclérifiée dans sa zone externe, parenchymateuse dans ses dernières couches; puis deux grands arcs de sclérenchyme en dedans desquels est un premier cercle de faisceaux; enfin deux nouveaux arcs de sclérenchyme et un deuxième cercle de faisceaux. Un faisceau considéré isolément comprend d'abord un endoderme et un péricycle propres, puis il présente une bande ligneuse transversale, entourée d'un anneau de liber, dont il est séparé par une assise riche en amidon, *l'assise amylifère*. Le faisceau est donc concentrique à bois central : parfois, aux deux bouts de la bande ligneuse, le liber est interrompu et le faisceau est bicollatéral.

Microlepia. — Dans cette Fougère, les faisceaux ne sont plus séparés, on a un cercle libéroligneux continu. Il y a deux libers, un externe et un interne, et chacun d'eux présente, l'un en dehors, l'autre en dedans, un endoderme et un péricycle. Au centre de la tige se trouve du parenchyme conjonctif. On peut expliquer théoriquement cette structure en partant de celle du *Pteris* : il suffit de supposer qu'on n'a qu'un seul cercle de faisceaux, et que ces faisceaux se soudent latéralement.

Trichomanes. — La structure de cette Fougère est analogue à la structure primaire d'une *Dicotylédone*, on a un endoderme et un péricycle uniques, un cercle libéroligneux à liber externe et une moelle centrale.

Les *Prêles*, vulgairement nommées *Queues-de-cheval*, qui sont très répandues et faciles à étudier, vont nous fournir encore quelques types de structure.

Equisetum arvense. — Dans la coupe transversale d'une tige souterraine ou rhizome, on trouve : 1° un épiderme; 2° une écorce à couches externes sclérifiées;

3° un endoderme ondulé, doublé d'un péricycle en alternance avec lui. A chaque vallée de l'endoderme correspond un faisceau, dont le bois en forme de V, et très réduit, embrasse entre ses branches le liber. La pointe du V que forme le bois est remplacée par une lacune qui résulte de la destruction des premiers vaisseaux. Tous les faisceaux sont plongés dans du parenchyme qui présente au centre de la tige une grande lacune.

Dans la coupe transversale des tubercules que présente souvent le rhizome, la structure est différente; là les faisceaux plongés dans du parenchyme fondamental ont chacun leur endoderme et leur péricycle propres. Ils sont collatéraux à liber externe.

Equisetum variegatum. — Si l'on coupe la tige aérienne, cannelée, de cette espèce, on trouve, en dessous de l'épiderme, une couche épaisse de collenchyme, surtout dans les saillies de la tige. L'écorce qui est en dedans présente des îlots de parenchyme chlorophyllien en palissade, qui viennent toucher l'épiderme dans les creux des cannelures, où sont situés les stomates. L'endoderme est double, ses deux assises étant séparées par un péricycle en alternance avec lui. De distance en distance (en face des cannelures de la tige), les deux couches de l'endoderme s'écartent, le péricycle se dédouble, et dans l'espace qui en résulte, on trouve un faisceau constitué comme celui que nous avons décrit dans le rhizome de l'*Equisetum arvense.*

Au centre de la tige est une moelle lacuneuse.

Les quelques exemples que nous venons de citer suffisent pour donner une idée de la variété de la structure de la tige des Cryptogames vasculaires; nous reviendrons plus tard, en nous occupant spécialement de ces végétaux, sur d'autres types de structure très particulière *(Lycopodes, Sélaginelles,* etc.).

4° TIGE DES MUSCINÉES. — La tige, à peine différenciée, ne renferme pas de faisceau proprement dit. Si l'on fait la coupe d'une tige de *Polytric,* qui est une des plus parfaites, on trouve : 1° un épiderme ; 2° un parenchyme, dont les cellules externes sont un peu épaissies, et les centrales sclérifiées, et c'est là tout. Comme on voit, la tige n'est pas bien compliquée.

Formation de la tige. — La tige naît chez les Angiospermes et les Gymnospermes, comme on s'en assure par une coupe longitudinale de l'extrémité, par un groupe de cellules ; groupe parfois confus (Gymnospermes), mais où l'on distingue le plus souvent des *initiales* spéciales pour l'épiderme, l'écorce et le cylindre central. Chez les *Cryptogames vasculaires,* la tige naît aux dépens d'une cellule unique, dite cellule terminale *(s,* fig. 34), dans la majorité des cas du moins. Chez les Muscinées, la naissance se fait aux dépens d'une cellule unique.

Ramification de la tige. — Les ramifications peuvent se former non loin du sommet végétatif *(bourgeons normaux),* par apparition, aux dépens d'une des cellules du méristème, de nouvelles initiales ou d'une nouvelle cellule terminale ; la ramification commence par différencier ses tissus à part, et ce n'est que plus tard que son système de faisceaux vient se souder à celui de la tige centrale. On voit encore se former, outre les bourgeons normaux, des *bourgeons adventifs;* ceux-ci apparaissent loin du sommet végétatif et prennent naissance souvent quand on blesse ou quand on coupe une tige.

Racines adventives. — Ces racines, qui sont parfois les seules persistantes(Monocotylédones), la racine embryon-

naire disparaissant, se forment sur les tiges, comme les
radicelles sur les racines mères; elles prennent naissance
aux dépens du péricycle chez les Phanérogames, et de
l'endoderme chez les Cryptogames vasculaires.

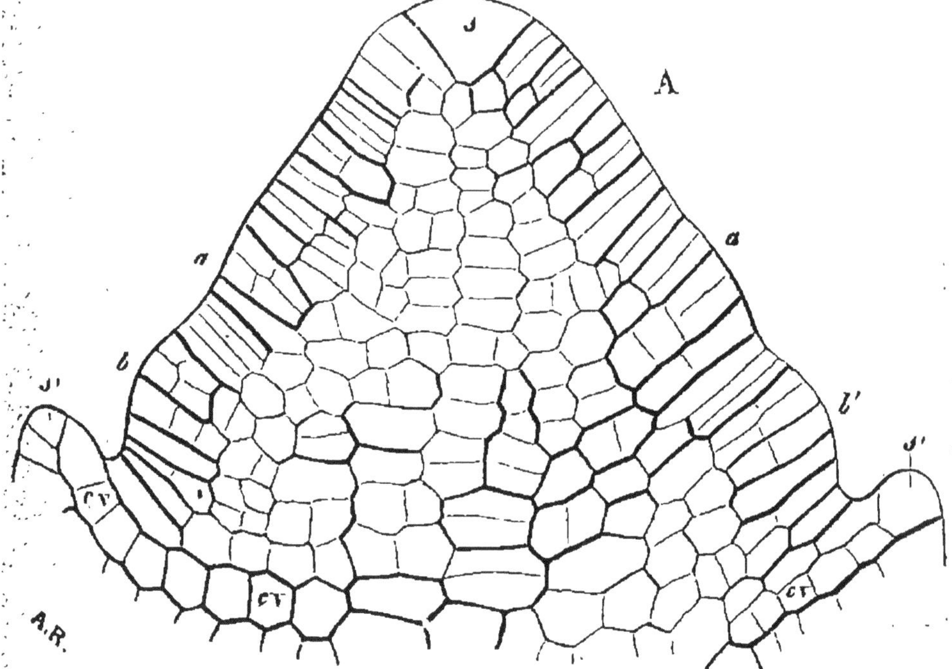

FIG. 34. — Coupe longitudinale du sommet de la tige d'un *Equisetum*.

Modifications de la tige. — Ces modifications consistent particulièrement dans la tubérisation, lorsque la tige
se transforme en organe de réserve. Cette tubérisation
peut avoir la même origine que pour les racines *(Navet,
Carotte)*, mais parfois aussi elle est due à un développement considérable du parenchyme cortical *(Pomme de
terre)*.

c. Feuille.

La *feuille* est un organe appendiculaire que porte la
tige. Sa symétrie n'est plus axile, comme chez les organes que nous venons d'étudier; elle est bilatérale, c'est-

à-dire qu'au lieu d'avoir un axe, elle possède seulement un plan de symétrie. Ses parties constituantes sont la *gaine*, le *pétiole*, le *limbe*, les *stipules*.

Les deux parties dont l'anatomie est la plus intéressante à étudier sont le pétiole et le limbe.

Pétiole. — Le pétiole, en section transversale, a une forme à peu près circulaire ; il est cependant généralement légèrement excavé en gouttière sur la face supérieure. On trouve dans une coupe transversale du pétiole : 1° un épiderme ; 2° un parenchyme fondamental ; 3° des faisceaux libéroligneux à bois supérieur, plongés dans la masse du parenchyme, et dont l'ensemble forme un arc. Les plus gros faisceaux occupent la partie centrale de cet arc, les plus petits en occupent les pointes. L'endoderme, le péricycle, sont rarement discernables dans le pétiole ; on les retrouve cependant assez facilement, lorsque les faisceaux, au lieu d'être séparés, comme dans le cas précité, sont réunis en une masse libéroligneuse unique.

La disposition des faisceaux dans le pétiole est d'ailleurs assez variable. Au lieu d'avoir un seul arc de faisceaux, cas relativement rare, mais que nous avons cité d'abord, parce que c'est la structure type, on peut en avoir plusieurs (nombreuses Fougères). Au lieu d'un arc, les faisceaux peuvent former un cercle *(Quercus, Ricinus, Tropæolum)*, et la symétrie bilatérale ne se reconnaît alors qu'à la taille diverse des faisceaux ; ils peuvent former encore des figures assez compliquées, un Ω renversé dans le *Cycas*, un Aigle à deux têtes dans le *Pteris aquilina*, d'où le nom de cette Fougère ; enfin, ils peuvent être semés sans ordre dans le parenchyme, (Palmiers).

Dans toutes les plantes dont la tige subit un accroissement en épaisseur dû à des formations secondaires, le pétiole participe à ces formations, et, en général, les faisceaux du pétiole ont la même structure que ceux de la tige.

Il existe cependant une exception chez les *Cycas* : alors que les faisceaux de la tige ne présentent des formations que d'une espèce, les faisceaux du pétiole présentent des formations primaires et secondaires.

Limbe.—Soit une section transversale dans une feuille de *Pelargonium* (fig. 35), section que l'on fait facilement en enfermant le limbe entre deux fragments de moelle de Sureau. Nous trouvons d'abord à la face supérieure un épiderme *ép*, à membranes assez épaisses ; au-dessous deux ou trois assises de grandes cellules chlorophyliennes sans méats et formant ce qu'on appelle le parenchyme en palissade *pr* ; puis de nouvelles assises de parenchyme chlorophyllien lacuneux, *pr*, et, enfin, un épiderme inférieur muni de stomates (on n'en voit pas dans la figure).

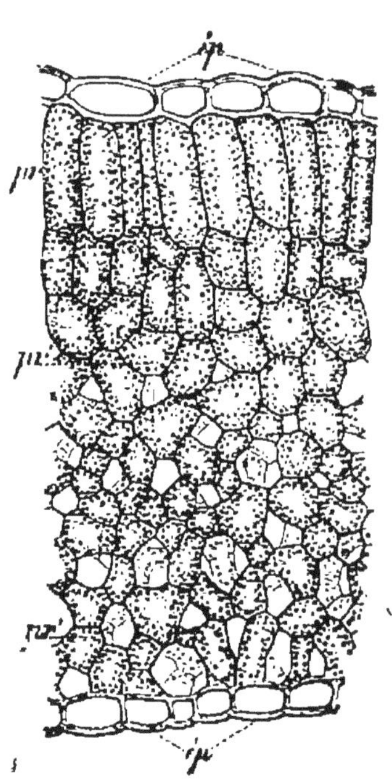

Fig. 35. — Coupe dans le limbe d'une feuille de *Pelargonium*.

Au milieu du parenchyme de la feuille, sont disséminés des faisceaux libéroligneux, qui constituent les nervures de la feuille. Ils sont, comme ceux du pétiole, à bois supérieur ; ils présentent rarement des formations secondaires.

La feuille que nous venons de prendre pour type est une des plus compliquées, elle est à deux épidermes et à structure hétérogène ; dans ce seul groupe on pourrait déjà signaler quelques variétés (stomates sur l'épiderme supérieur, stomates sur les deux épidermes). A côté du type hétérogène, il faut citer le type homogène où tout le parenchyme est lacuneux (Fougères), et le type symétrique ou centrique, qui présente sur ses deux faces du parenchyme en palissade.

Les faisceaux de la feuille ont une structure assez variable ; ils sont souvent accompagnés d'une gaine de sclérenchyme, chez les Graminées, par exemple. Cette gaine atteint son maximum de développement chez les *Phormium* où elle s'étend d'un épiderme à l'autre, divisant ainsi la feuille en un certain nombre de compartiments chlorophylliens. Cette conformation constitue un véritable appareil de soutien, ce qui nous amène à parler des cellules scléreuses en forme de double T, qui s'étendent d'un épiderme à l'autre dans les feuilles de *Thé* et de *Magnolia*.

Enfin l'épiderme des feuilles est souvent fort intéressant à étudier. Signalons en particulier le revêtement cireux qu'il présente dans la *canne à sucre*, revêtement formé de petits bâtonnets serrés les uns contre les autres, et les *cystolithes* du *Ficus elastica* ou *Caoutchouc* (fig. 36) A, B, C montrent les stades successifs de la formation de de ces cystolithes, stades qu'on pourra rencontrer dans une même coupe. D, E, F montrent des cystolithes d'autres plantes.

Ces cystolithes, tout formés, ont un aspect mûriforme ; ils sont retenus par un petit pédicelle à la cellule épidermique qui leur a donné naissance. Ce sont des productions cellulosiques dues à un épaississement de la membrane et qui s'imprègnent plus tard de calcaire, au fur et à mesure qu'elles grossissent.

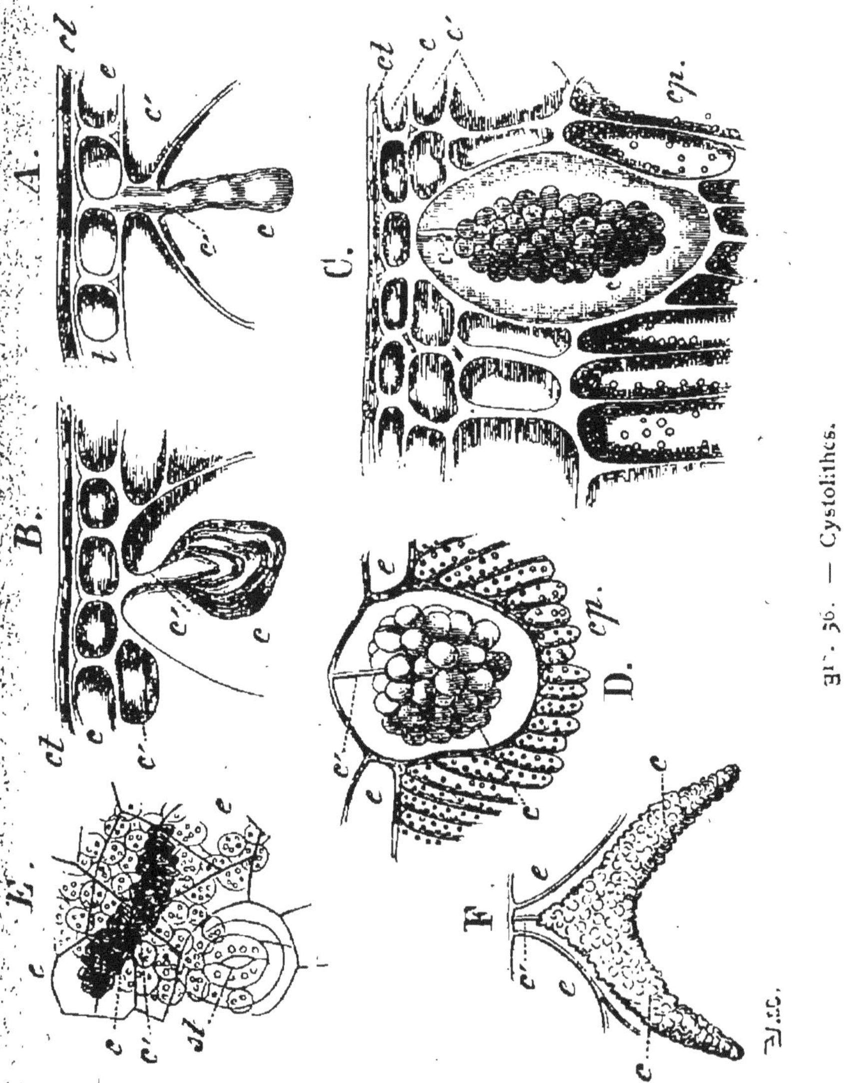

Fig. 56. — Cystolithes.

Les feuilles ont parfois d'ailleurs une structure beaucoup moins compliquée, par exemple la feuille des *Mousses* que nous avons laissée de côté jusqu'ici. La structure de ces feuilles est excessivement simple : elles ne renferment jamais de faisceaux, et sont parfois réduites à une seule assise de cellules, qui sont alors toutes chlorophylliennes On a parfois deux assises *(Sphagnum)*, une assise de grandes cellules incolores et perforées, une assise de petites cellules chlorophylliennes ; parfois enfin on a un nombre d'assises assez considérable *(Polytrichum)* : dans ce cas, seule l'assise supérieure est chlorophylienne, ses cellules sont allongées perpendiculairement au limbe en forme de poils.

Formation des feuilles. — La feuille apparaît aux dépens d'une éminence qui se forme sur la tige ; cette éminence est parfois formée uniquement par l'assise superficielle qui se cloisonne (Mousses, Cryptogames vasculaires); parfois aussi les assises profondes concourent à sa formation (Phanérogames).

Chute des feuilles. — Un point intéressant à étudier dans la feuille, c'est le mécanisme de la chute. On sait en effet que, sauf chez les Conifères où les feuilles sont persistantes, les feuilles ne durent qu'une saison. Elles tombent le plus souvent à la fin de l'automne ; parfois (feuilles *marcescentes*), elles durent un peu plus longtemps. Le mécanisme de la chute est un peu différent dans ces deux cas.

1er cas. Prenons comme exemple la feuille composée du *Gymnocladus* qui comprend un pétiole principal attaché sur la tige, et des pétioles secondaires attachés sur le pétiole principal. Deux mois environ avant la chute, on constate, par des coupes, qu'il apparaît à la surface de la tige, dans le voisinage de l'insertion du pétiole, une couche de liège. Ce liège s'arrête au pourtour du pétiole. Si l'on examine ensuite des feuilles, dont la chute est imminente, on voit que, d'abord, il se développe du liège dans le pétiole, liège qui va jusqu'aux vaisseaux, et qu'ensuite le liège de la tige envahit aussi le pétiole, jusqu'aux vaisseaux également. A ce moment, en dehors du liège formé dans le pétiole, apparaît un méristème de cellules molles et amylacées : c'est ce méristème, qui, en se détruisant, provoque la chute de la feuille qui, n'étant plus retenue que par ses vaisseaux, qui cassent bientôt, ne tarde pas à tomber. Les vaisseaux se cicatrisent rapidement, grâce au liège du pétiole.

Pendant que ceci s'effectue dans le pétiole primaire, les pétioles secondaires se sont détachés, par le même mécanisme, sauf que, le pétiole primaire étant lui-même destiné à tomber, et la cicatrisation étant inutile, il ne se forme pas de liège.

2e cas. — La chute se fait simplement par gélification des tissus.

d. Fleur.

La *fleur* est l'organe spécialisé pour la reproduction chez les Phanérogames : deux types se distinguent immédiatement pour l'étude : le type des Angiospermes et celui des Gymnospermes.

1° FLEUR DES ANGIOSPERMES. — Chez les Angiospermes une fleur complète, hermaphrodite, se compose : 1° de ses enveloppes ou *périanthe* ; 2° des *étamines* ou organes mâles ; 3° du *pistil* ou organe femelle.

Le périanthe ne nous arrêtera pas, ce sont des feuilles à peine modifiées qui le composent, mais l'étamine et le pistil demandent une étude toute particulière.

Étamine. — L'étamine est, on le sait, une feuille modifiée, dont le *filet* représente le pétiole, le *connectif*, la nervure, et l'*anthère*, le limbe : l'anthère est seule vraiment intéressante, car c'est elle qui renferme les grains de pollen.

Prenons une anthère mûre d'une fleur quelconque, de *Lis* par exemple, et coupons-la transversalement : nous trouvons qu'elle renferme deux loges, subdivisées chacune en deux logettes ; ce sont ces logettes qui contiennent les grains de pollen, qui ont à peu près l'aspect de la figure 37. Toutes les coupes d'anthère sont à peu près analogues, mais la forme des grains de pollen est

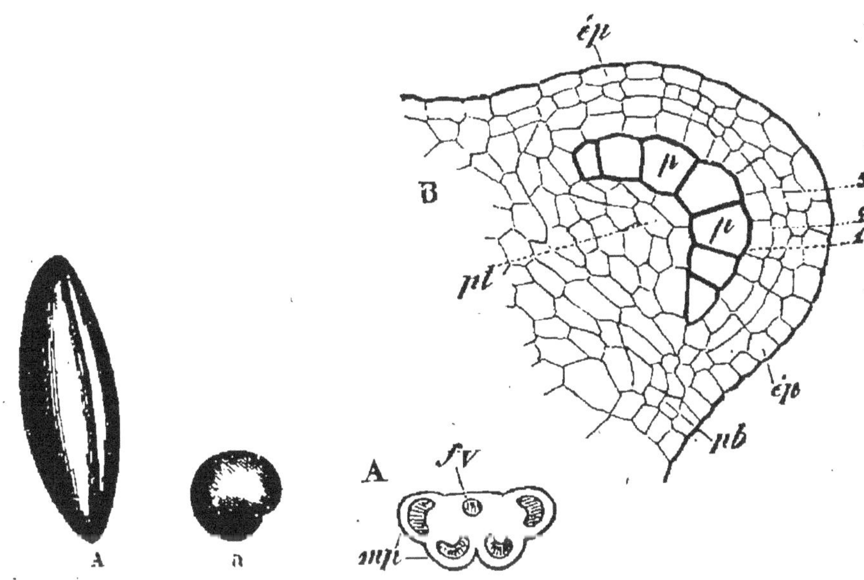

FIG. 37. — Grain de pollen
du Lis.

FIG. 38. — Formation des grains du pollen
dans la Menthe.

excessivement variable ; ils présentent à leur surface des ornements variés, piquants, perforations, dans le détail desquels il serait trop long d'entrer ; qu'il suffise de dire que l'on trouve dans un grain de pollen : 1° une membrane extérieure ou *exine*, souvent fortement cutinisée ; 2° une membrane intérieure ou *inline* ; 3° une masse protoplasmique qui remplit la membrane et qui renferme deux noyaux parfois séparés par une ébauche de membrane. Pour prendre un exemple, examinons un pollen particulier, celui de la Courge. L'exine, munie de piquants, est fortement cutinisée ; l'intine, cellulosique, est renflée de place en place. Plaçons un de ces grains de pollen dans l'eau, nous allons voir l'intine se gonfler, et repousser au dehors un fragment de l'exine, qui se détache comme un clapet. Bientôt nous verrons sortir par l'orifice ainsi constitué, un boyau allongé, où pénètre le protoplasma du grain, et dont l'intine forme la membrane : c'est là le *boyau pollinique*. C'est lui qui, quand un grain de pollen est déposé sur le stigmate d'une fleur, chemine à travers le style pour venir féconder l'ovule.

Avant de terminer cette étude rapide, arrêtons-nous un moment sur la formation des grains de pollen. La figure 38, qui représente la coupe d'une jeune anthère de *Menthe* (A, section complète faiblement grossie ; B, fragment plus amplifié) aidera à comprendre cette formation. Dans cette coupe, nous trouvons d'abord un épiderme *ép*, puis au-dessous quelques assises, qui sont les parois de l'anthère, et enfin des cellules spéciales, qui ne sont autres que les *cellules mères primordiales* des grains de pollen *(p)*.

Ces cellules découpent bientôt chacune un segment externe, qui est ce qu'on appelle une cellule de *tapis*, cellule à gros noyau et riche en protoplasma granuleux, qui servira à la nutritition des grains de pollen. Le segment interne est la *cellule mère ;* elle se divise bientôt en quatre, ce sont là autant de grains de pollen : cette division se fait par karyokinèse. Chaque cellule mère donne ainsi une *tétrade* de grains ; ces tétrades ne tardent pas à s'isoler, puis les grains eux-mêmes (à l'intérieur desquels a eu lieu une nouvelle bipartition). Les loges, qui résultent de la destruction des parois des cellules mères, sont alors pleines d'un pollen pulvérulent, qui s'échappe au dehors lors de la déhiscence de l'anthère. Cette déhiscence se fait aux dépens d'une couche particulière de cellules, en partie sclérifiées, dites *cellules fibreuses*. Cette couche est interrompue dans les intervalles des loges[1].

Quelquefois les grains de pollen, au lieu de s'isoler, restent unis en tétrades *(Listera)* où même les tétrades restent unies entre elles *(Orchis)* : il en résulte alors les masses de pollen connues sous le nom de *pollinies*.

Pistil. — Le pistil se compose de l'*ovaire* et du *style*. Le style n'offre rien de particulier, si ce n'est les papilles du stigmate, et le tissu conducteur, mais l'ovaire est très important à étudier.

L'ovaire est formé par la réunion de feuilles modifiées, *feuilles carpellaires* ou *carpelles*. Ces feuilles portent les *ovules* dont nous nous occuperons seulement.

Un ovule se compose : 1° d'un pédicelle dit *funicule*, qui le relie à la feuille carpellaire; 2° d'une portion renflée qui lui fait suite, et qui lui est plus ou moins accolée, suivant la nature de l'ovule, et qui se compose du *nucelle* et des *téguments*.

Il y a souvent deux téguments, un externe et un interne, — l'externe persiste seul chez quelques ovules, — enfin il y a des ovules nus (Santalacées).

Le nucelle est la partie la plus importante de l'ovule. Supposons d'abord un ovule mûr, comme celui de la figure 39 : nous trouvons le nucelle creusé d'une grande cavité, dite *sac embryonnaire*. Cette cavité renferme en haut trois cellules : l'une, *ve*, est l'*oosphère* qui, fécondée,

---

1 Pour le mécanisme de la déhiscence, voir le mémoire de Leclerc du Sablon.

se développera en embryon ; les deux autres, *ve'*, ont reçu le nom de *synergides* ; en bas on trouve encore trois cellules, qui sont les *antipodes, va*: Au milieu du sac, on voit une grosse cellule (non représentée ici) : c'est la *cellule mère de l'albumen*.

Nous allons revenir plus en détail sur tout ceci, en étudiant le développement du sac embryonnaire, qui, à quelques modifications de détail près, se forme ainsi.

Quand le nucelle est à peine formé et que les téguments n'ont pas encore fait leur apparition, bref, quand l'ovule se présente

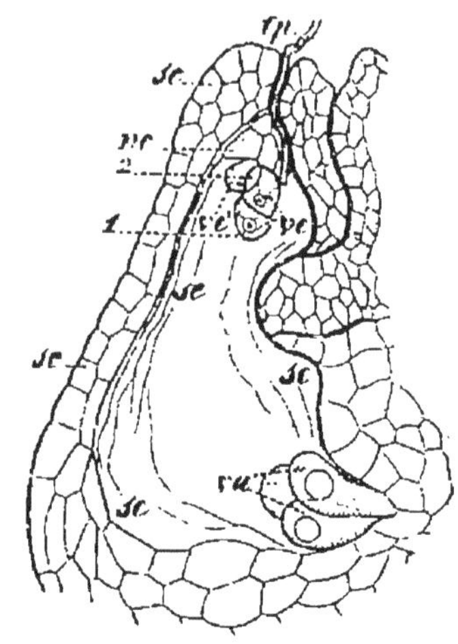

Fig. 39. — Coupe d'un ovule mûr.

encore comme une simple éminence sur la feuille carpellaire, on distingue déjà une cellule sous-épidermique spéciale, reconnaissable à son protoplasma granuleux : c'est la *cellule mère primordiale* du sac embryonnaire: Cette cellule se découpe bientôt en deux : la supérieure est la *calotte* ; l'inférieure, la *cellule mère du sac embryonnaire*. Celle-ci se divise bientôt en trois ou quatre cellules superposées, et c'est la plus inférieure qui est le *sac embryonnaire*, souvent, comme l'on voit, enfoncé assez profondément dans le nucelle.

Le noyau de cette cellule ne tarde pas à se diviser activement ; il subit trois bipartitions successives ; il en résulte huit cellules : trois supérieures sont l'oosphère et les synergides ; trois inférieures sont les antipodes ; les deux intermédiaires se soudent bientôt en une seule qui est la cellule mère de l'albumen.

2° FLEUR DES GYMNOSPERMES. — 1° *Fleur mâle. Exemple : Pin.* — La fleur mâle est représenté par un *cône,* dont chaque écaille est une étamine. Cette écaille porte en effet sur sa face *supérieure* (ce qui est une différence fondamentale avec les Angiospermes) deux sacs polliniques, dont le développement et la structure sont identiques à ceux des loges d'anthère des Angiospermes. Les grains de pollen ont ici une structure spéciale ; l'exine présente deux renflements remplis d'air, ce qui favorise la dissémination du pollen par le vent ; de plus la cellule pollinique présente trois ou quatre noyaux séparés par autant de cloisons. De ces trois ou quatre noyaux, un seul, comme chez les Angiospermes où il n'y en a que deux, est fécondant ; nous verrons plus tard la signification des autres.

2° *Fleur femelle. Exemple : Abies.* — Là le cône est une inflorescence, et chaque écaille représente une fleur. L'écaille porte à sa face supérieure deux ovules : ces ovules n'ont qu'un seul tégument qui recouvre d'ailleurs presque complètement le nucelle ; une ouverture étroite, le *micropyle,* permet seul l'accès des tubes polliniques. Ce micropyle existe fréquemment d'ailleurs aussi chez les Angiospermes.

Si nous examinons un ovule mûr, nous trouvons dans le nucelle un sac embryonnaire très grand, rempli d'un tissu appelé *endosperme.* On distingue à la partie supérieure de ce tissu des conformations particulières ou *corpuscules* qui se composent d'une cellule inférieure renfermant l'oosphère, et couronnée par une *rosette* de cellules. Nous reviendrons plus en détail sur ces conformations dans l'étude spéciale des Gymnospermes.

ε. Fruit.

Quand on examine des ovules à l'état de maturité, il n'est pas rare de voir des tubes polliniques traversant le nucelle. L'extrémité du tube renferme le noyau fécondant. Celui-ci ne tarde pas à se fragmenter et les fragments à passer dans le sac embryonnaire. Là le noyau se reconstitue et se fusionne avec l'oosphère : c'est ce qui constitue

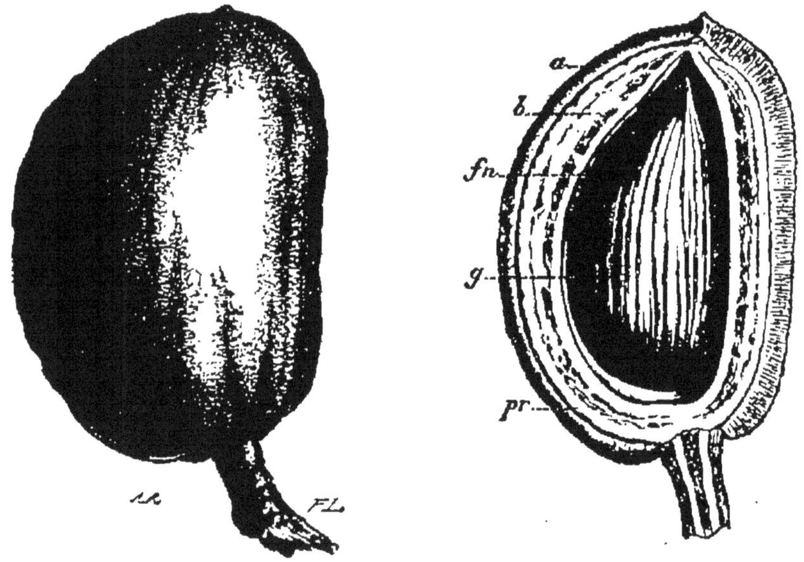

FIG. 40. — Fruit de l'Amandier.

la *fécondation*. La cellule qui résulte de cette fusion ou œuf, ne tarde pas à se diviser, et à constituer l'*embryon*, sur la formation duquel nous reviendrons plus tard. En même temps, le nucelle, le tégument, subissent des modifications concomitantes, d'où résulte la *graine* ; le carpelle lui-même se transforme à son tour, et le *fruit* se constitue. L'étude du fruit ne manque pas d'intérêt ; il y en a de bien des espèces : la figure 40 représente le fruit de l'*amandier* : *g* est la graine (nucelle et téguments modifiés) ; *a*, *pr*, *b*, sont les parois du fruit ; *a*, qui est une mince peau duvetée, correspond à l'épiderme inférieur de la feuille carpellaire : c'est l'*épicarpe; pr*, le *mésocarpe*, est une couche parenchymateuse qui correspond au parenchyme du carpelle; enfin, *b*, l'*endocarpe*, qui est du tissu ligneux, correspond à l'épiderme supérieur.

Nous terminons ainsi l'étude de la *botanique générale*, qui nous a permis de prendre déjà connaissance des organes les plus importants de la plante. Nous allons maintenant aborder l'étude de la *botanique spéciale* et passer en revue les différents embranchements : nous compléterons ainsi les connaissances déjà acquises sur les Phanérogames, les Cryptogames vasculaires et les Muscinées, et nous étudierons le groupe des Thallophytes que nous avions jusqu'ici laissé complètement de côté.

BOTANIQUE SPÉCIALE

On divise ainsi les végétaux :

Plantes	à racines.	à fleurs. . .	PHANÉROGAMES.
		sans fleurs. .	CRYPTOGAMES VASCULAIRES.
	sans racines	à feuilles.	MUSCINÉES.
		sans feuilles.	THALLOPHYTES.

Ce sont là autant d'embranchements que nous passerons en revue successivement en commençant par le plus inférieur : les *Thallophytes*.

I

THALLOPHYTES

a. Algues. — *b*. Champignons — *c*. Lichen.

Ces végétaux, les plus inférieurs de tous, ne possèdent pas de corps différencié ; ils n'ont ni racines, ni tiges, ni feuilles, ni fleurs. Leur corps, homogène dans toutes ses parties, constitue ce qu'on appelle un *thalle*. On les divise en trois classes : *Algues, Champignons, Lichens*.

a. Algues.

Les Algues sont des Thallophytes chlorophylliens, qui habitent en général les lieux humides. On peut les diviser ainsi qu'il suit, d'après leur coloration : 1° Algues bleues ou *Cyanophycées* ; 2° Algues vertes ou *Chlorophycées* ; 3° Algues brunes ou *Phéophycées* ; 4° Algues rouges ou *Rhodophycées*, encore nommées *Floridées*.

1° CYANOPHYCÉES. — On les divise en deux groupes : les *Cyanophycées* proprement dites, vert bleuâtre, et les *Bactériacées*, incolores. Nous étudierons dans chaque groupe les types les plus remarquables et les plus intéressants : c'est d'ailleurs la marche que nous suivrons généralement dans toute cette deuxième partie.

Cyanophycées proprement dites. — On voit souvent sur le sol qui forme le fond des ruisseaux, et sur les objets submergés, des taches d'un vert bleuâtre. Quand on en examine une partie au microscope, on voit un enchevêtrement de filaments. Ces filaments, formés de cellules placées bout à bout, ne sont autres que des Oscillariées, dont le nom vient du mouvement d'oscillation que présentent les extrémités de leurs filaments. Ces Algues s'accroissent en long par leur extrémité ; quand elles ont acquis une certaine dimension, elles se segmentent : cette mutliplication est le seul mode de reproduction connu.

Lorsqu'on fait une coupe dans le thalle d'une Hépatique fréquente dans les lieux humides, le *Marchantia polymorpha*, on trouve souvent dans des lacunes que présente ce thalle des colonies d'une autre Cyanophycée, le *Nostoc paludosum*. Ces colonies sont formées de filaments constitués par des cellules mises bout à bout, et englobées dans une gaine gélatineuse, qui résulte d'une modification de la membrane de ces cellules. Toutes les cellules du filament ne sont pas semblables : outre les cellules vert bleuâtre et à parois minces, qui constituent la majorité du filament et sont les cellules végétatives, on trouve de distance en distance, divisant le filament en sorte de segments, de grosses cellules jaunâtres à parois épaisses, qui portent le nom d'*hétérocystes* : le segment lui-même porte le nom d'*hormogonie*.

La reproduction de ces Algues se fait d'abord par segmentation : le filament se rompt, au niveau d'un hété-

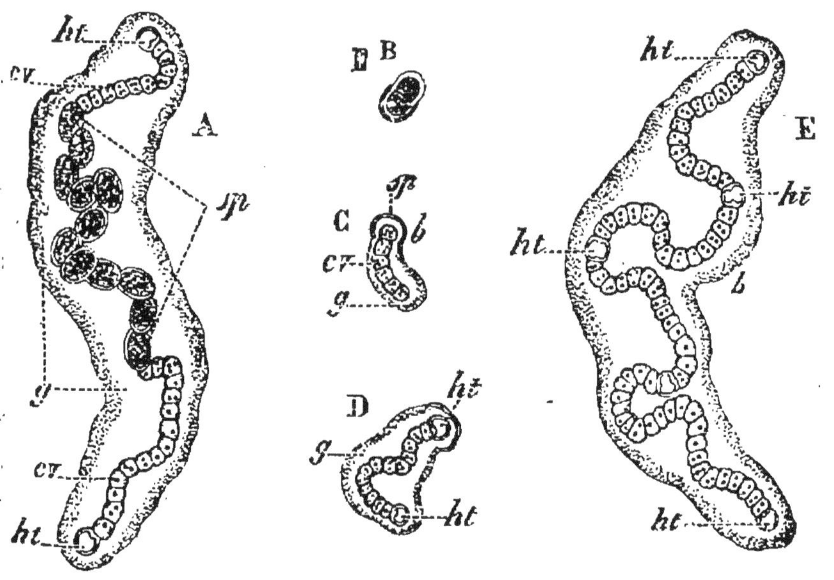

Fig. 41. — *Nostoc paludosum.*
B, C, D, E, phases successives du développement ; A, formation des spores ; *g*, gaine gélatineuse ; *sp*, spores ; *ht*, hétérocystes ; *cv*, cellules végétatives.

rocyste ; mais outre cela, certaines cellules de l'hormogonie condensent leur protoplasma et se transforment en autant de spores qui germent chacune en un filament nouveau (fig. 41).

Les deux exemples précédents suffisent pour donner une idée des Cyanophycées proprement dites, et nous allons passer à l'étude des Bactériacées.

Batériacées. — C'est dans ce groupe que se trouvent les *Bactéries*, nommées encore *Schizophytes* ou *Microbes*, et si intéressantes tant au point de vue de la fermentation (*Bactéries zymogènes*) qu'au point de vue pathologique (*Bactéries pathogènes*).

Avant d'étudier quelques types, il convient d'insister un moment sur les moyens d'étude. Il faut d'abord avoir un objectif très puissant, et un éclairage aussi favorable que possible, aussi emploiera-t-on un objectif à immersion, et un condensateur d'Abbé ; ceci posé, deux cas peuvent se présenter pour l'étude : 1° la Bactérie est dans un liquide ; ce fait est le cas par exemple du *Bacillus amylobacter*, qui abonde dans les infusions de pommes de terre, et est le Microbe de la fermentation butyrique. Dans ce premier cas, on dispose le liquide où vivent les Bactéries en couche mince sur une lamelle ou couvre-objet, et on laisse dessécher à la température ambiante. On dépose alors une goutte du réactif colorant (bleu de méthyle, violet de méthyle, violet de Gentiane), sur le couvre-objet, et on laisse agir pendant 5 ou 10 minutes. Cela fait, on lave le couvre-objet à l'eau distillée, on le laisse sécher, puis déposant à sa surface une goutte d'huile de Cèdre, on examine ; 2° la Bactérie vit dans un tissu, fait qui est le cas de nombreux Microbes pathogènes. Dans ce deuxième cas, on commence par durcir le tissu par une immersion de deux jours au moins dans l'alcool absolu, puis la coupe faite, on la colore au violet de méthyle, on la laisse sécher, et on la lave à l'alcool contenant un peu de potasse. Tout se décolore alors dans la coupe, sauf les Bactéries. On arriverait à un résultat analogue, en lavant à l'acide picrique, mais alors les tissus seraient colorés en jaune.

Les Bactéries sont souvent unicellulaires, parfois filamenteuses, rarement massives, leurs dimensions sont toujours minimes ; faute de mieux, on les classe d'après leurs formes, et voici la classification la plus récente, due à Rabenhorst, et admise par Cornil et Babès dans leur grand ouvrage sur les Bactéries.

				GENRES
Cellules rondes ou ovoïdes	isolées, ou en chapelets, ou en zooglées.			*Micrococcus.*
	formant des zooglées en forme de.	colonies solides remplies de cellules.	en grand nombre, en colonies irrégulières.	*Ascococcus.*
			en petit nombre déterminé et en groupes reguliers.	*Sarcina.*
		une couche simple à la périphérie.		*Clathrocystis*
Cellules cylindriques	courtes, isolées ou en amas ou en zooglées.			*Bacterium.*
	longues, formant des filaments	isolés ou entrelacés ou en faisceaux.	sans ramification. — Filaments droits — courts cloisonnés.	*Bacillus.*
			longs, mal cloisonnés, { minces	*Leptothrix.*
			{ gros.	*Beggiatoa.*
			Filaments en spirale — courts rigides.	*Spirillum (Vibrio).*
			longs flexibles.	*Spirochæte.*
		à fausses ramifications.		*Streptothrix.* / *Cladothrix.*
	en zooglées.			*Myconostoc.*

On voit ainsi que les formes sont excessivement variées, et forment souvent des colonies particulières dites *Zooglées.* Pour l'étude, on peut diviser les Bactéries en trois grands groupes : zymogènes, pathogènes, et celles qui ne sont ni zymogènes, ni pathogènes.

Étude de quelques types zymogènes. 1° *Bacterium termo.* — Ce microbe est celui des eaux corrompues ; si on veut l'examiner, on remplit d'eau un vase quelconque, et on l'y laisse quelques jours. On voit bientôt se former à la surface du liquide une pellicule, pellicule formée par des myriades de Bactéries. Si l'on examine alors une goutte de l'eau à un fort grossissement (500 diamètres au moins), on voit nager dans tous les sens de petits organismes, les uns libres, en forme de bâtonnets, les autres agglomérés en filaments ; malgré cette diversité de formes, on n'a affaire qu'à un seul microbe, le *Bacterium termo.*

Chaque Bactérie se compose d'un protoplasma interne

et d'une membrane cellulosique : cette dernière peut se reconnaître par les réactifs ordinaires de la cellulose (iode et acide sulfurique). Il n'existe pas de noyau, mais la substance du noyau, la nucléine, est dissoute dans le protoplasma.

On peut apercevoir dans le champ du microscope des *Bacterium* en voie de reproduction ; il y a deux procédés : 1° la scission ; les bâtonnets s'étranglent et se divisent ; 2° la sporulation ; on voit apparaître dans le corps du bâtonnet une spore bientôt mise en liberté par la rupture de la membrane, et qui germe en une nouvelle Bactérie.

2° *Micrococcus ureæ*. — On sait que peu de temps après l'émission, l'urine abandonnée à elle-même prend une forte odeur ammoniacale. C'est là le résultat d'une fermentation due à un microbe découvert par Van Tieghem : le *Micrococcus ureæ*. Ce Microbe, de forme arrondie, se présente soit isolé, soit aggloméré en chapelets.

3° *Bacillus amylobacter*. — Ce Microbe, qui est celui de la fermentation butyrique, se rencontre dans les liquides sucrés ou albuminoïdes, abandonnés longtemps à eux-mêmes. Le Bacille est soit seul, soit en chapelet ; chaque bâtonnet isolé a 2 μ de largeur sur 2 à 20 μ de longueur. On voit le Microbe serpenter dans le liquide en ondulant, ce qui le distingue des *Bacterium*, qui restent toujours rigides. La reproduction se fait par scissiparité, ou spores. Il y a généralement plusieurs spores par bâtonnet.

4° *Beggiatoa alba*. — Ces Algues vivent dans les eaux sulfureuses ; elles réduisent les sulfates, qu'elles transforment en sulfures, et pendant ce travail de réduction elles accumulent du soufre dans leurs cellules, où il se dépose, sous forme de petites granulations, reconnaissables à ce qu'elles se dissolvent dans le sulfure de carbone.

Études de quelques types pathogènes. 1° *Bacillus anthracis.* — C'est ce Microbe qui produit la maladie appelée vulgairement charbon, et qui se rencontre en grande quantité dans le sang des animaux atteints de cette maladie ; il est polymorphe[1]. En effet, quand on l'examine en culture dans du bouillon, on voit que la Bactérie, qui dans le sang était courte, s'est changée en un long filament enroulé parfois sur lui-même comme un paquet de cordes. Bientôt les filaments s'emplissent de chapelets de spores, qui, se disséminant, donnent de nouveau naissance à des bâtonnets courts.

2° *Micrococcus Bombycis.* — Ce microbe est celui qui produit la maladie des vers à soie, connue sous le nom de *flacherie*. On en trouve un très grand nombre dans l'intestin des vers morts flats. Ce sont de petites cellules arrondies, isolées ou en chapelets.

3° *Bacillus komma.* — Ce Bacille ou *Bacille virgule*, ainsi nommé à cause de sa forme, se trouve dans les selles des cholériques ; il est regardé par Koch, qui l'a découvert, comme la cause du choléra.

On pourrait citer d'autres exemples de Microbes pathogènes, la plupart des maladies infectieuses étant causée par des Microbes : ainsi, par exemple, le Bacille du rouget du porc, celui de la phtisie, le Micrococcus de la petite vérole, celui de la pneumonie, etc. : mais toutes ces formes ressemblent à celles que nous avons

---

[1] Ce polymorphisme existe chez de nombreuses Bactéries, et cela constitue une difficulté pour la classification.

déjà étudiées. Citons pourtant encore, à côté des Microbes pathogènes proprement dits, les parasites, comme le *Leptothrix buccalis*, qui vit sur les dents et sur la muqueuse de la bouche, et que l'on aperçoit sous la forme de filaments étroits longs et minces, quand on examine au microscope le produit du raclement de la langue ; le *Sarcina ventriculi*, formé d'agglomérations cubiques de cellules, et qu'on trouve dans le sang, l'estomac, les poumons de l'homme.

Étude de quelques autres types. — Signalons pour terminer les Microbes *chromogènes*, comme le *Micrococcus prodigiosus*, d'un rouge de sang, qui vit sur la pâte, le pain, les pains à cacheter ; le *Micrococcus pyocyaneus* qui colore en bleu le pus de certaines plaies ; enfin les Microbes *phosphorescents*, la phosphorescence de certaines viandes gâtées étant due, d'après quelques auteurs, à un micrococcus.

2° CHLOROPHYCÉES. — Les Chlorophycées vont nous offrir bien des types intéressants à étudier, tant au point de vue de la forme qu'à celui du mode de reproduction. Nous aurons une idée assez générale du groupe en prenant quelques exemples : 1° d'Algues unicellulaires *(Desmidiées, Vauchériées)* ; 2° d'Algues filamenteuses *(Zygnémées, Œdogoniées)* ; 3° d'Algues vivant en colonies *(Cénobiées)* ; 4° il faudra joindre à ces études celle des *Characées*, famille tellement spéciale, que certains auteurs la séparent non seulement des *Chlorophycées*, mais encore des *Algues*.

Algues unicellulaires.—*Desmidiées.*—Lorsqu'on examine des Algues pêchées dans un ruisseau, il n'est pas rare que l'on aperçoive, entre les filaments nombreux appartenant pour la plupart à des *Spirogyra* ou à des

Zygnema des cellules isolées en forme de croissant. Ces cellules sont celles d'une Desmidiée, le *Closterium lunula*. La cellule présente au milieu un noyau facilement reconnaissable ; des deux côtés de ce noyau on trouve un chromatophore vert renfermant de nombreux pyrénoïdes entourés de grains d'amidon. Aux deux pointes du croissant, le protoplasma de la cellule présente une vacuole.

Outre les *Closterium*, on aperçoit aussi des cellules en forme de bissac fortement étranglé, ce sont des *Cosmarium*. La membrane de ces Algues est épaissie et ornée. Le protoplasma renferme de nombreux chromatophores filamenteux qui donnent à l'Algue un aspect entièrement vert, et empêchent d'apercevoir le noyau, qui est contenu dans la partie étranglée de la cellule. La reproduction de ces *Cosmarium* est très intéressante à étudier, et si l'eau que l'on examine en renferme un nombre suffisant, on peut en constater sur plusieurs individus les diverses phases. La reproduction se fait, soit par division, ce qui est une simple multiplication, soit par conjugaison.

Dans la division, l'étranglement qui sépare les deux moitiés de la cellule s'accentue de plus en plus, en même temps que la partie étranglée s'allonge. Dans le milieu de l'étranglement il se forme une cloison et les deux cellules se séparent ; la forme primitive se reproduit bientôt pour chacune des deux moitiés.

Dans la conjugaison, deux cellules viennent se placer à côté l'une de l'autre (car les *Desmidiées* sont douées de mouvements) dans des plans perpendiculaires. Chacune des cellules pousse un tube de communication, les deux tubes viennent au contact, la cloison de séparation se résorbe, et les protoplasmas des deux cellules viennent se fusionner au milieu du tube unique provenant de cette résorption. Il en résulte une spore, dite *zygospore*, qui se revêt bientôt d'une membrane épaisse à trois couches, dont la plus externe, cutinisée, est garnie de piquants. Bientôt cette membrane se brise, la membrane moyenne se gélifie, et le protoplasma sort, enveloppé de la membrane interne. La cellule s'étrangle alors, et prend la forme d'un *Cosmarium*, mais il lui manque encore une membrane épaissie et ornée ; elle se divise bientôt, suivant le procédé indiqué plus haut, et lorsque chacune des deux moitiés se complète, la partie qui prend naissance est revêtue d'un ornement ; après une nouvelle division, la moitié déjà ornée se complète d'une autre moitié également ornée, et on a bientôt des *Cosmarium* offrant leur aspect caractéristique.

Vauchériées. — Lorsqu'on examine au microscope les revêtements des murs humides, on aperçoit au milieu des débris de Mousses, de longs filaments unicellulaires de teinte verdâtre ; ce que l'on voit ainsi, c'est une Algue du genre *Vaucheria* (fig. 42). Les filaments sont souvent ramifiés, mais ils restent néanmoins toujours composés d'une cellule unique. Cette cellule renferme de nombreux noyaux et des gouttelettes graisseuses, mais on n'y trouve pas d'amidon, chose assez rare dans une Chlorophycée.

Le tube constitué par la cellule se fragmente parfois, ce qui constitue un mode de reproduction : quand on le brise accidentellement, on en voit sortir une masse de protoplasma qui s'isole, se revêt d'une membrane, et reproduit un nouveau thalle.

On peut rencontrer en faisant l'étude des *Vaucheria*,

des *zoospores* de ces Algues. Ce sont des corps ovoïdes assez volumineux, et munis de nombreux cils vibratiles. Ces cils sont attachés par paires à de petits noyaux situés à la périphérie de l'ovoïde, et qui constituent chacun une zoospore simple. L'ensemble est donc une zoospore composée. Bientôt cette zoospore, qui s'est consti-

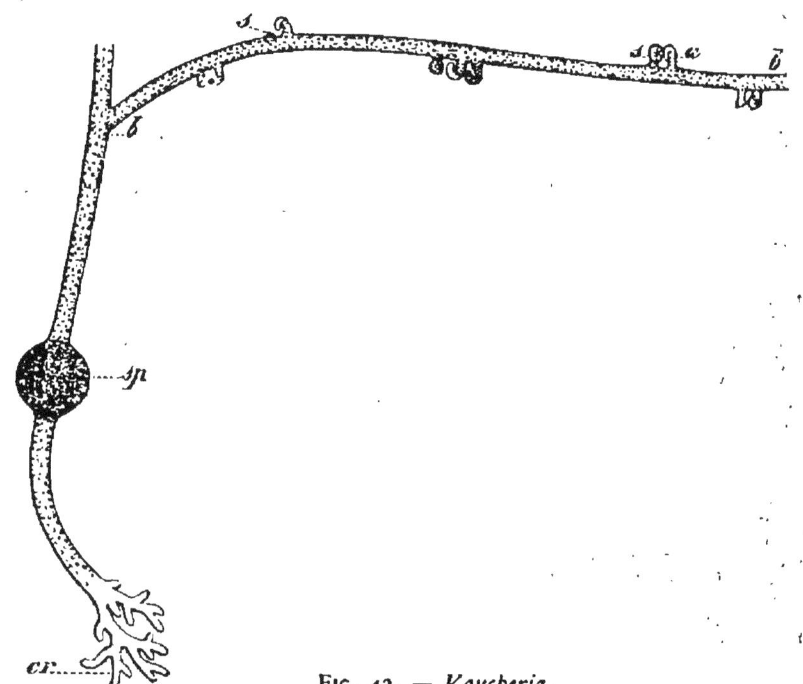

FIG. 42. — *Vaucheria.*

tuée aux dépens d'une masse protoplasmique sortie du tube de l'Algue, et dont les noyaux se sont multipliés activement, perd ses cils, se couvre d'une membrane épaisse de cellulose, et ne tarde pas à germer en un nouveau thalle.

A une certaine époque de l'année, on rencontre souvent à la surface du thalle deux renflements juxtaposés *sa*, dont l'un, souvent recourbé, porte pour cette raison le nom de *cornicule*. Ce sont les organes de la reproduction sexuelle. Le cornicule est un organe mâle; c'est une *anthéridie*; il donne naissance à de petits corps munis de deux cils vibratiles, les *anthérozoïdes*. L'autre renflement est un organe femelle, l'*oogone*; il renferme une *oosphère*. On peut suivre facilement le développement de ces organes et la fécondation, car le développement, qui commence dans la soirée, est terminé le lendemain matin, et la fécondation a lieu dans la journée. L'anthéridie et l'oogone se montrent d'abord comme de simples excroissances, l'anthéridie apparaissant la première; ces éminences s'accentuent, l'anthéridie se recourbant en corne, et se séparent du thalle par une cloison. Le protoplasma se segmente alors dans l'anthéridie, pour donner les anthérozoïdes, pendant que l'oosphère s'organise dans l'oogone. L'oogone s'ouvre bientôt, et laisse sortir un mucilage qui va s'appliquer contre l'anthéridie, et dissout la membrane au point touché, ce qui permet aux anthérozoïdes de venir féconder l'oosphère. Celle-ci devient alors un œuf, qui se développe bientôt en thalle.

Cette description se rapporte au *Vaucheria sessilis*, qui est une espèce *monoïque*. Il en est de *dioïques*, alors les anthéridies et les oogones sont portés par des thalles différents, et la fécondation s'effectue d'un filament à l'autre.

Algues filamenteuses. — *Zygnémées*. — Les Algues vertes qui flottent dans les ruisseaux en long filaments, sont la plupart du temps des Zygnémées (tribu des Conjuguées), et appartiennent le plus souvent au genre *Spirogyra* ou au genre *Zygnema*.

Les *Spirogyra* sont formés de cellules placées bout à bout, cylindriques, et renfermant chacune un noyau de forme particulière (biconcave) et un chromatophore enroulé en spirale, à tours plus ou moins serrés suivant le genre. La reproduction a lieu, soit par simple scission du filament, ce qui n'est qu'une multiplication, soit par conjugaison. Il ne se forme jamais de zoospores.

La conjugaison des Spirogyres peut s'observer très facilement à certaines époques de l'année; les filaments en conjugaison se font remarquer dans les eaux où ils croissent par leur aspect frisé et l'adhérence qu'ils présentent. La conjugaison a lieu le plus souvent entre cellules de deux filaments différents, parfois cependant entre deux cellules du même filament. Lorsqu'elle a lieu entre deux filaments, ces deux filaments se placent parallèlement : les cellules qui se font vis-à-vis envoient chacune vers l'autre un prolongement en forme de tube : ces prolongements arrivent au contact, les membranes se résorbent en ce point, et il y a ainsi entre les deux cellules un canal de communication. Le protoplasma de l'une des cellules, regardée comme une cellule mâle, traverse alors le tube et va se fusionner avec celui de l'autre, cellule femelle, qui s'est souvent fortement renflée d'avance *(Spirogyra inflata)*. Les noyaux se fusionnent alors, les chromatophores se soudent et le protoplasma se contracte en une masse ovoïde, qui n'est autre chose qu'un œuf.

Ce qui s'est passé pour deux cellules se passe souvent pour la plupart des cellules des deux filaments, qui ressemblent alors à des montants d'échelles, dont les tubes de communication seraient les barreaux. La plupart du temps un filament entier est mâle et l'autre femelle.

Quand la conjugaison a lieu dans le même filament, ce sont deux cellules superposées, qui s'unissent par un tube. C'est la cellule supérieure qui envoie généralement son protaplasma dans l'inférieure.

Œdogoniées. — Dans cette tribu, qui appartient à la famille des Confervacées, un des genres les plus importants est le genre *Œdogonium*. La reproduction est surtout intéressante : elle se fait par scission du filament, par spores, et par un mode sexuel.

Les spores sont des *zoospores*, c'est-à-dire qu'elles sont munies de cils vibratiles : elles se forment dans les cellules les plus jeunes du filament, une par cellule. Ce sont des corps ovoïdes présentant à un pôle une tache blanchâtre entourée d'une couronne de cils vibratiles. Après être sortis de la cellule qui les contenait par déboîtement de cette cellule, ils germent en un thalle.

La reproduction sexuée se fait par anthéridie et oogone : ces anthéridies et ces oogones se constituent aux dépens de jeunes cellules du thalle. Quand une cellule va former une anthéridie, elle se cloisonne en deux ou trois, et, dans chacun des segments, se forment un ou deux anthérozoïdes. Parfois, la cellule anthéridienne, au lieu de se comporter comme précédemment, donne naissance à une seule grosse zoospore *(androspore)* qui se divise en deux moitiés, l'une stérile, l'autre fertile, qui se cloisonne elle-même en deux. Dans chacun de ces deux segments se forme un anthérozoïde. La cellule oogone se renfle simplement et condense son protoplasma en une oosphère. Quand la fécondation a eu lieu, soit par les anthérozoïdes de l'anthéridie, soit par ceux de l'androspore, l'œuf germe ordinairement en spores semblables à celles que nous avons décrites, et qui reproduisent chacune un thalle.

Algues en colonies. — *Cénobiées*. — Toutes les

Algues de cette famille ne vivent pas en colonies, mais dans la tribu des *Volvocinées* on en trouve un bel exemple chez le *Volvox globator*, assez fréquent dans les eaux douces. En effet, lorsqu'on examine une préparation d'Algues d'eau douce, on voit souvent tournoyer au milieu de la préparation une grosse sphère verdâtre; c'est une colonie de *Volvox*. Les cellules qui la composent sont disposées seulement à la periphérie de la sphère, qui est creuse par conséquent. Chacune de ces cellules est munie de deux cils vibratiles, d'une vacuole contractile et d'un point rouge oculiforme. Elle est réunie à ses voisines par deux prolongements latéraux. La reproduction se fait par spores et par un mode sexué.

Pour la reproduction par spores, les cellules de la colonie grossissent beaucoup, et se transforment en autant de spores. Elles ne tardent pas à diviser leur contenu en nombreuses cellules, disposées d'abord sur un seul plan, de façon à former un disque. Ce disque se recourbe bientôt, rapproche ses bords et constitue une sphère creuse. Une nouvelle colonie est ainsi constituée, les éléments formés ne se multiplient plus, mais grossissent seulement désormais.

La reproduction sexuée se fait par anthérozoïdes et oosphère. Des cellules quelconques se transforment les unes en anthéridies, les autres en oogones; l'anthéridie donne naissance à de nombreux anthérozoïdes à deux cils, l'oogone à une oosphère. L'œuf fécondé par cloisonnements répétés reproduit une colonie.

Characées. — Ces Algues vivent dans les eaux douces ou saumâtres; les deux genres principaux sont les genres *Chara* et *Nitella*, le premier différencié du second par la rugosité de son thalle.

La taille de ces Algues est assez considérable ; sans nous occuper ici de leurs caractères macroscopiques, indiquons ce que l'on peut étudier au microscope : c'est d'abord la structure du thalle, intéressante surtout chez les *Chara*; enfin et surtout les organes reproducteurs.

Chez les *Nitella*, le thalle est formé de cellules très longues, disposées bout à bout. Ces cellules renferment de nombreux noyaux et des grains de chlorophylle disposés en rangées longitudinales. Le protoplasma qui contient les grains, et qui est superficiel, est immobile, tandis que le protoplasma sous-jacent, qui contient les noyaux, est animé de courants dont nous avons déjà eu l'occasion de parler, courants que l'on observe le plus facilement à une température de 35° environ.

Chez les *Chara* la structure est un peu plus compliquée, par suite d'une cortication des cellules. Les cellules axiles, qui constituent le filament de l'Algue, sont en effet entièrement recouvertes de tubes longitudinaux, qui l'entourent comme les cannelures d'une colonne. Ces tubes sont remarquables par l'incrustation calcaire de leurs parois, où l'on rencontre assez souvent des rhomboèdres assez nets de carbonate de chaux.

Les organes de la reproduction sont des anthéridies et des oogones (fig. 43). Ces organes occupent l'extrémité des appendices verticillés (voir A) auxquels on donne le nom de feuilles, et qui s'échappent de distance en distance du filament central appelé tige.

Ils naissent d'une façon un peu différente chez les *Chara* et les *Nitella*, mais leur structure, dont nous nous occuperons seulement ici, y est à peu près identique. Les oogones et les anthéridies sont situés côte à côte ;

Pour les étudier, on les reconnaîtra facilement à leur couleur rougeâtre.

L'anthéridie (voir B) a la forme d'une boule portée

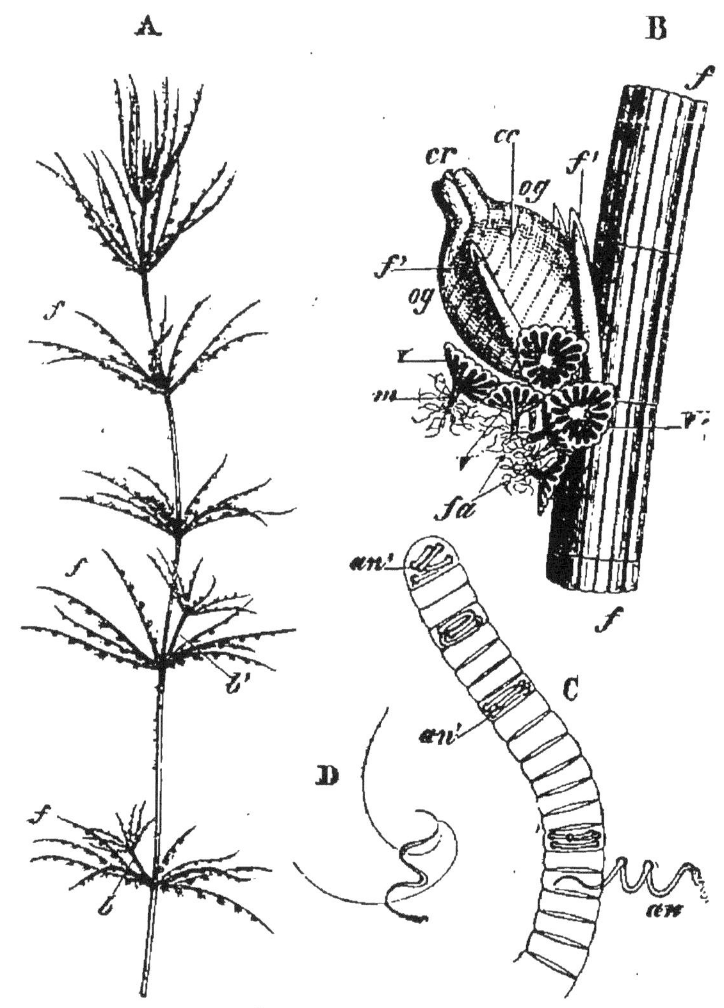

FIG. 43. — *Chara fragilis* : A, thalle ; B, organes reproducteurs ;
C, filament anthéridien ; D, anthérozoïde.

sur un court pédicelle : cette boule est formée d'un certain nombre de valves *(vv')* qui se séparent à la maturité (comme dans la figure). Chaque valve se compose d'une cellule aplatie à bords crénelés, dite *écusson*, qui porte attachée en son milieu une cellule allongée, le *manubrium (m)*. Le manubrium se termine par une tête arrondie, *tête primaire*, qui porte elle-même six *têtes secondaires*, donnant chacune attache à quatre *filaments anthéridiens (fa)*. Ces filaments, C, sont cloisonnés et chacune de leurs cellules renferme un anthérozoïde D, dont le corps en tire-bouchon porte deux longs cils. L'oogone *(og,* B) a lui aussi une forme arrondie, et est porté également par un court pédicelle. Ce pédicelle supporte une cellule centrale volumineuse, qui renferme l'oosphère, et une série de tubes cortiquants qui entourent cette cellule autour de laquelle ils s'enroulent *(cc)*. Entre leurs extrémités libres *(coronule, a)* ils laissent un orifice étroit, par où peuvent pénétrer les anthérozoïdes.

L'œuf fécondé germe en un tube qui se cloisonne en deux ; c'est la cellule supérieure qui se cloisonne seule ensuite en un proembryon, aux dépens d'une des cellules duquel naîtra le thalle définitif.

3° PHÉOPHYCÉES. — Toutes ces Algues sont caractérisées par la couleur brune de leurs chromatophores. Nous suivrons dans leur étude le plan déjà suivi, nous attachant surtout aux formes les plus intéressantes. Ce seront les *Diatomées* qui, pour cette raison, nous arrêteront le plus longtemps.

Diatomées. — Nous prendrons comme premier type, pour l'étudier complètement, le *Pinnularia viridis*, Diatomée très commune dans les eaux douces. Nous passerons ensuite en revue les formes qui offrent le plus d'intérêt.

Le *Pinnularia viridis* est une Algue unicellulaire (fig. 44) ; elle se présente au microscope, vue de face (B), sous la forme d'une ellipse allongée, et, vue de profil (A) sous la forme d'un rectangle à angles mousses. Sa membrane cellulaire présente ce caractère remarquable, commun d'ailleurs à toutes les Diatomées, d'être formée de deux *valves* emboîtées l'une dans l'autre. Une valve, vue de face, présente sur ses bords d'étroites cannelures, que l'on considère comme des sculptures en creux, c'est-à-dire constituées par des parties amincies de la membrane. Outre ces cannelures, on aperçoit trois nodules : deux aux extrémités de l'ellipse, une à son centre ; ce sont des épaississements de la membrane. Entre ces nodules court une ligne que l'on regarde comme une fente conduisant dans l'intérieur de la cellule et permettant au protoplasma d'en sortir, ce qui expliquerait les mouvements de déplacement de l'Algue. Cette ligne porte le nom de *raphé*. Le contenu cellulaire compris entre les deux valves présente des aspects diffé-

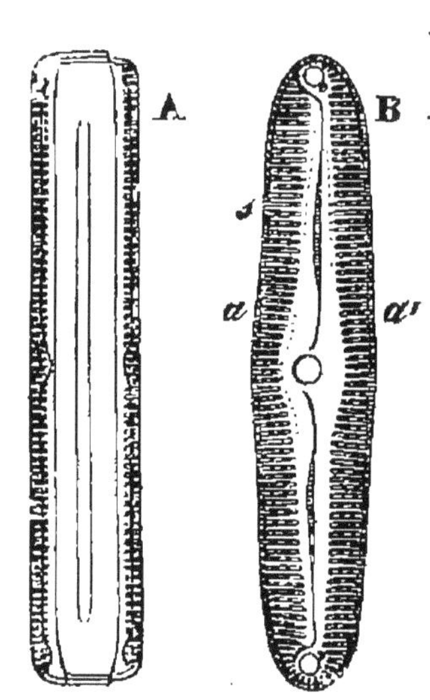

Fig. 44. — *Pinnularia viridis :* A, de profil ; B, de face.

rents, suivant que l'on regarde le *Pinnularia* de face ou de profil. Dans le premier cas, vers le milieu de la cellule, le protoplasma forme un pont biconcave, au milieu duquel est le noyau, difficile à apercevoir sans réactifs. Outre le pont qu'il forme, le protoplasma s'étend en deux bandes minces le long des faces latérales ; c'est là que sont logés les chromatophores d'un vert plus ou moins brunâtre. Dans la vue de profil, toute la cellule paraît brune, puisqu'on regarde les faces tapissées par les chromatophores.

La multiplication s'effectue par trois modes différents : 1° par scission ; 2° par rajeunissement ; 3° par conjugaison.

Dans la scission il y a déboîtement des valves, et apparition entre les deux d'une cloison. Cette cloison se dédouble bientôt, et constitue ainsi une seconde valve à chacune des deux moitiés de la cellule. Les deux cellules restent accolées un certain temps avant de se séparer, et il n'est pas rare de trouver dans une préparation deux *Pinnularia* côte à côte.

Dans le rajeunissement, le protoplasma sort des deux valves, et s'enkyste : bientôt une nouvelle Diatomée se forme dans ce kyste et en sort par rupture des parois.

Enfin, dans la conjugaison qui a lieu après un certain nombre de scissions, deux cellules se placent côte à côte et sécrètent une gaine gélatineuse commune. Les deux protoplasmas se fusionnent en un œuf, qui en germant donne naissance à une nouvelle Diatomée.

Comme nous l'avons déjà dit, les *Pinnularia* sont mobiles, les cellules progressent habituellement suivant la direction de leur axe longitudinal : elles semblent ramper. Il est probable que le raphé laisse passer une bande mince de protoplasma, qui fonctionne comme un pseudopode.

La membrane des *Pinnularia* calcinée laisse un squelette inattaquable par l'acide chlorhydrique : c'est un squelette siliceux. Ce squelette est particulièrement favorable à l'examen des dessins qui couvrent les valves, qui se laissent alors distinguer beaucoup plus nettement.

Les Diatomées habitent toutes les eaux, douces, saumâtres, salées ; les unes vivent isolées, comme celle que nous venons d'étudier, les autres en colonies. Nous allons en passer en revue quelques-unes (fig. 45).

Un des caractères les plus curieux que présentent ces Algues, c'est la forme régulière, on pourrait même dire géométrique, qu'elles présentent, non seulement dans

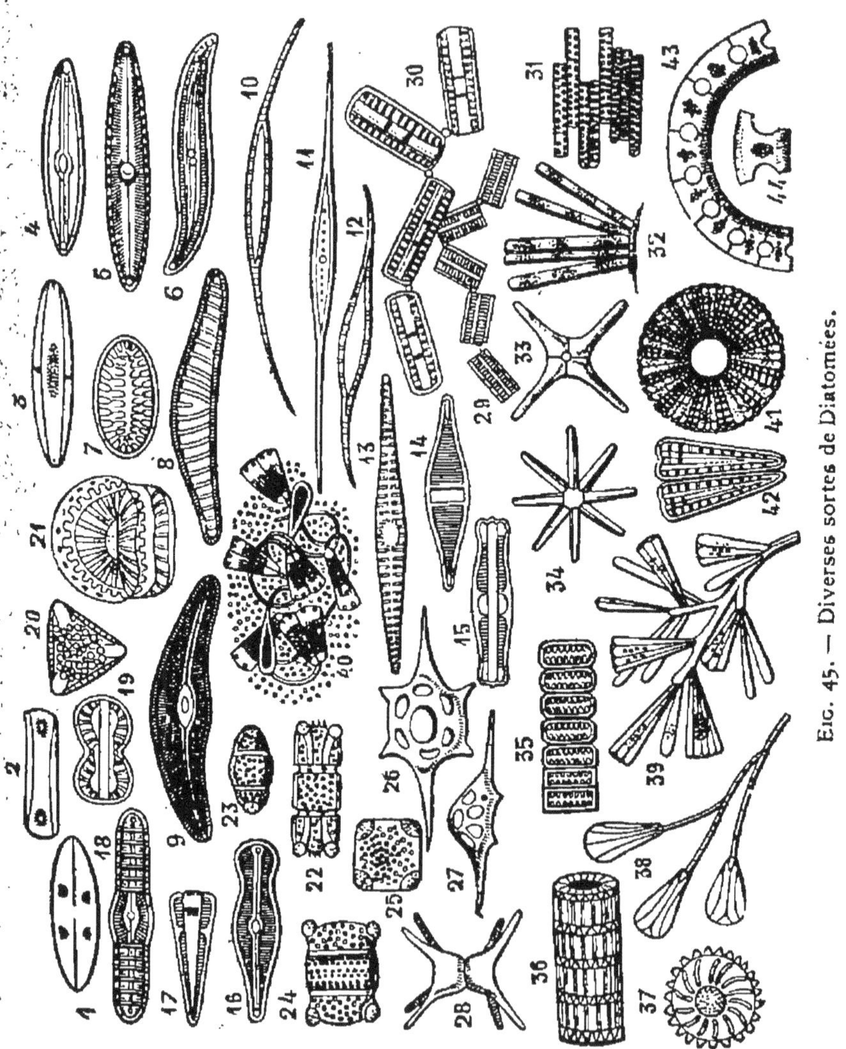

Fig. 45. — Diverses sortes de Diatomées.

leur ensemble, mais encore dans le détail des stries, lignes, points, qui ornent leurs *frustules* (c'est le nom qu'on donne généralement aux valves). Les unes sont circulaires, les autres elliptiques, en triangles, en carrés, en trapèzes, etc. Lorsqu'elles se réunissent, elles se superposent le plus souvent en piles, et l'ensemble paraît alors comme un long filament, parfois en zigzag, les cellules ne tenant les unes aux autres que par un angle. Les formes triangulaires se réunissent fréquemment en cercle, en spirale, en éventail, etc.

On divise les Diatomées en plusieurs groupes dont voici les principaux : *Licmophorées*, *Fragilariées*, *Striatellées*, *Surirellées*, *Coscinodiscées*, *Biddulphiées*, *Gomphonémées*, *Naviculées*.

Les Licmophorées sont formées d'espèces à frustules cunéiformes, associés généralement en éventail, et portés par un pédoncule plus ou moins rameux, formé par une substance gélatineuse sécrétée par les cellules, et qui sert à les fixer. On peut citer dans ce groupe le *Licmophora splendida*, dont les frustules sont ornés de fines stries longitudinales, visibles surtout sur les bords, et de protubérances en forme de perles disposées en une série longitudinale. Citons encore (39) le *Rhipidiphora nubicula*, à peu près analogue, le *Meridion circulare* (41), où l'éventail s'est élargi au point de constituer un cercle complet.

Les Fragilariées, qui comprennent le *Diatoma vulgare* (29) sont constituées par des espèces à frustules rectangulaires; elles sont associées généralement en filaments en zigzag, comme le montre la figure.

Les Striatellées sont caractérisées par des nervures ou côtes, qui règnent sur la longueur du frustule. Dans ce groupe on range une espèce marine, le *Grammatophora marina*, dont les nervures sont sinueuses, et dont les bords sont marqués de fines stries parallèles. Ces stries ne s'observent guère qu'avec un fort objectif et un éclairage oblique.

Les Surirellées renferment aussi de nombreuses espèces intéressantes : citons les *Campylodiscus* (21), mais surtout le *Surirella gemma*. Le frustule ovalaire de cette Diatomée, qui est un des test-objets les plus employés, a 90 à 130 µ de longueur, sur 20 à 25 µ de largeur. Une ligne médiane longitudinale très visible divise le frustule en deux. De cette ligne médiane partent une série de lignes transversales un peu obliques, également très visibles, et qui fait que l'ensemble du dessin ressemble assez à une arête de poisson. Voilà tout ce qu'on voit avec un objectif faible. Mais avec un puissant objectif on aperçoit, suivant le mode d'éclairage, ou bien d'autres fines lignes transversales, ou bien de très fines lignes longitudinales ondulées. Ces deux aspects sont dus à ce que, comme l'on s'en assure avec les objectifs les plus puissants, il n'y a pas de lignes en réalité, mais de petites perles disposées en séries, à la fois transversales et longitudinales. Le *Surirella gemma* se trouve dans les marais salants. Les *Nitschia*, *Amphipleura*, *Frustulia*, appartiennent encore à ce groupe.

Les Coscinodiscées présentent les types les plus élégants de la famille des Diatomées, et se font reconnaître immédiatement à la forme circulaire de leurs frustules. Une des plus remarquables Diatomées de ce groupe est l'*Arachnoidiscus japonicus*, que l'on rencontre souvent dans le guano, mais qu'on trouve aussi vivant sur une Algue marine (ce qui fait qu'on le rencontre encore dans certaines confitures, falsifiées avec cette Algue). La face externe du frustule présente un centre lisse, entouré de gros points elliptiques ; les bords de la circonférence sont occupés par des points petits et serrés. La face interne, plus élégante, présente une charpente rayonnante, assez bien comparable à une rosace de cathédrale. L'*Heliopelta*, autre Coscinodiscée, est certainement la Diatomée la plus remarquable par son élégance. La valve est divisée en douze secteurs rayonnant autour d'une étoile lisse à six pointes, qui occupe le centre ; le tout est bordé d'un liséré guilloché.

Les Biddulphiées sont caractérisées par leurs valves en conque, formant deux poches réunies par une bande connective. La figure 22 représente le *Biddulphia pulchella*. Ces Diatomées sont marines ; la forme générale est plus ou moins quadrilatère et la surface des frustules est élégamment réticulée.

Les Gomphonémées, très communes dans les mares (40), sont portées par un long pédicelle ; elles sont souvent réunies par deux. Le frustule, vu de face, a la forme d'un coin à pointe dirigée en bas ; de profil, il ressemble à une tête de marteau. Les valves portent comme orne-ment une ligne médiane avec trois nodules, et de fines stries marginales.

Les Naviculées ont la forme d'une petite barque plus ou moins allongée. L'ornement consiste en une ligne médiane présentant au milieu un renflement, et un point à chaque extrémité. Les *Pinnularia* appartiennent à ce groupe ; citons encore les *Pleurosigma* plus ou moins recourbés en S (6)[1].

Phéosporées. — Ces Algues ont un thalle soit filamen-teux, soit massif, mais ce thalle ne présente pas grand intérêt. La reproduction se fait par conjugaison soit d'i-sogamètes, soit d'hétérogamètes mobiles.

Pour cela, certaines cellules du thalle se renflent en un

---

1 Les Diatomées ont existé aux époques géologiques : leurs squelettes siliceux forment le tripoli.

corps arrondi porté par un pédicelle : ce renflement est le *gamétange*. Le protoplasma s'y divise bientôt. Dans les *Ectocarpus*, tous les gamétanges sont semblables, et donnent naissance à de nombreuses zoospores à deux cils, qui par leur jonction donnent un œuf. Dans les *Cutleria*, certains gamétanges sont des anthéridies, et donnent de nombreux anthérozoïdes ; les autres sont des oogones, et ne donnent que quelques oosphères. La pénétration d'un anthérozoïde dans une oosphère constitue la fécondation.

Dictyotées. — C'est là une toute petite famille dont les genres, peu nombreux, ont ce caractère commun que leur thalle se dichotomise par division de la cellule terminale. La reproduction se fait par anthéridies et oogones, et n'offre rien de particulièrement intéressant à signaler.

Fucacées. — Le thalle dans cette famille est toujours massif. Sur une coupe transversale, on distingue une partie médullaire à larges cellules, et une partie corticale à cellules plus étroites, qui renferme souvent des cryptes pilifères. Le thalle s'accroît par un groupe de cellules terminales.

La reproduction se fait par anthérozoïdes et oosphères. Les organes sexuels se forment dans des cavités creusées dans le thalle et appelées *conceptacles* (fig. 46). Suivant les genres, les conceptacles sont les uns mâles, les autres femelles, ou bien sont hermaphrodites. Chaque oogone d'un conceptacle, produit ordinairement huit oosphères, les anthéridies produisent de nombreux anthérozoïdes. Les oogones et les anthéridies sont généralement entremêlés de poils stériles appelés *paraphyses*.

La fécondation est assez intéressante à étudier. A ce

moment, de nombreux anthérozoïdes arrivent au côntact des oosphères mises en liberté par la rupture des oogones, et leur impriment un tournoiement particulier. Mais quand un anthérozoïde a réussi à pénétrer dans une oosphère, le mouvement de celle-ci s'arrête : l'œuf qui résulte de la fusion, s'entoure d'une membrane de cellulose qu'on peut déjà constater au bout de quelques

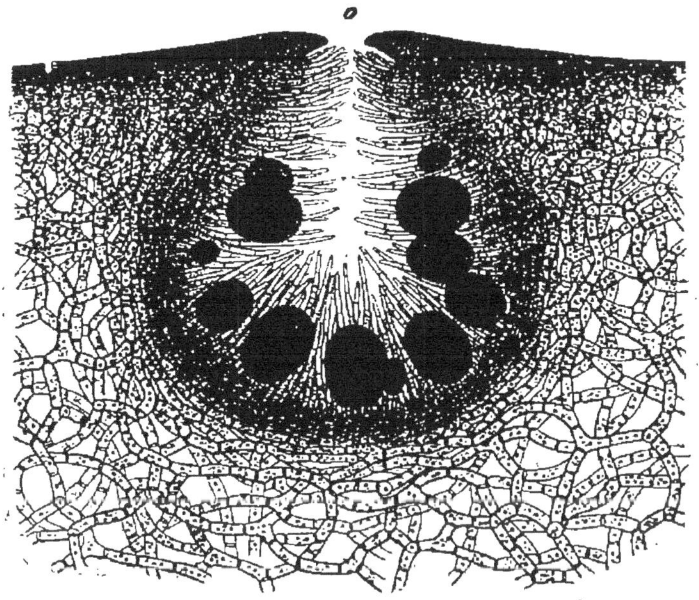

Fig. 46. — Conceptacle de *Fucus*.

minutes, et la germination se fait immédiatement. L'œuf se cloisonne en deux cellules, dont l'inférieure donne des *rhizoïdes* (filaments en crampons qui servent à fixer l'Algue), et la supérieure le thalle.

4° Rhodophycées ou Floridées. — Les *Rhodophycées*, comme leur nom l'indique, sont généralement caractérisées par la couleur rouge de leurs chromatophores. Cependant certaines *Floridées*, qui vivent dans les eaux douces et que par suite on est souvent plus à même d'étudier, sont vertes. Ce sont les *Lemanea* et les *Batra-*

cospermum. Ces Algues vivent dans les chutes d'eau, on les rencontre souvent dans les cascades, ou sur les vannes des moulins.

Les *Lemanea* paraissent filamenteuses à première vue, mais l'examen d'une coupe transversale du thalle montre que l'on a affaire à un filament axile revêtu d'une couche corticale plus ou moins épaisse. Les *Batracospermum* sont dans le même cas, avec cette différence que la couche corticale, formée de rameaux enchevêtrés qui se rencontrent à la périphérie, est beaucoup plus épaisse et montre de nombreuses lacunes.

C'est la reproduction des *Floridées* qu'il est le plus intéressant d'étudier. Il y a d'abord une reproduction par spores (elle n'existe pas chez les *Lemanea*). Ces spores se forment au nombre de quatre dans une cellule allongée, qui n'est autre qu'un sporange. Les sporanges portés parfois simplement à l'extrémité des rameaux (*Gelidium*) ou formés dans la profondeur du thalle (*Porphyra*) sont parfois contenus dans une sorte de conceptacle (*Corallina*) ou entourés d'un involucre (*Griffithsia*).

La reproduction sexuée se fait par anthéridie et oogone. Les anthéridies ne donnent pas naissance à des anthérozoïdes proprement dits, car les cellules mâles n'ont pas de cils, et on leur donne le nom de *pollinides*. Les oogones donnent naissance à une oosphère. Les anthéridies et les oogones naissent comme les sporanges, soit à l'extrémité des branches du thalle, soit dans un conceptacle en forme de bouteille, soit au milieu de verticilles de petits rameaux disposés en involucre.

Les anthéridies n'ont jamais rien de particulier, mais les oogones sont parfois d'une structure singulière. C'est ainsi que dans le *Dudresnaya*, la cellule mère de l'oogone se divise en trois : la cellule supérieure est fortement

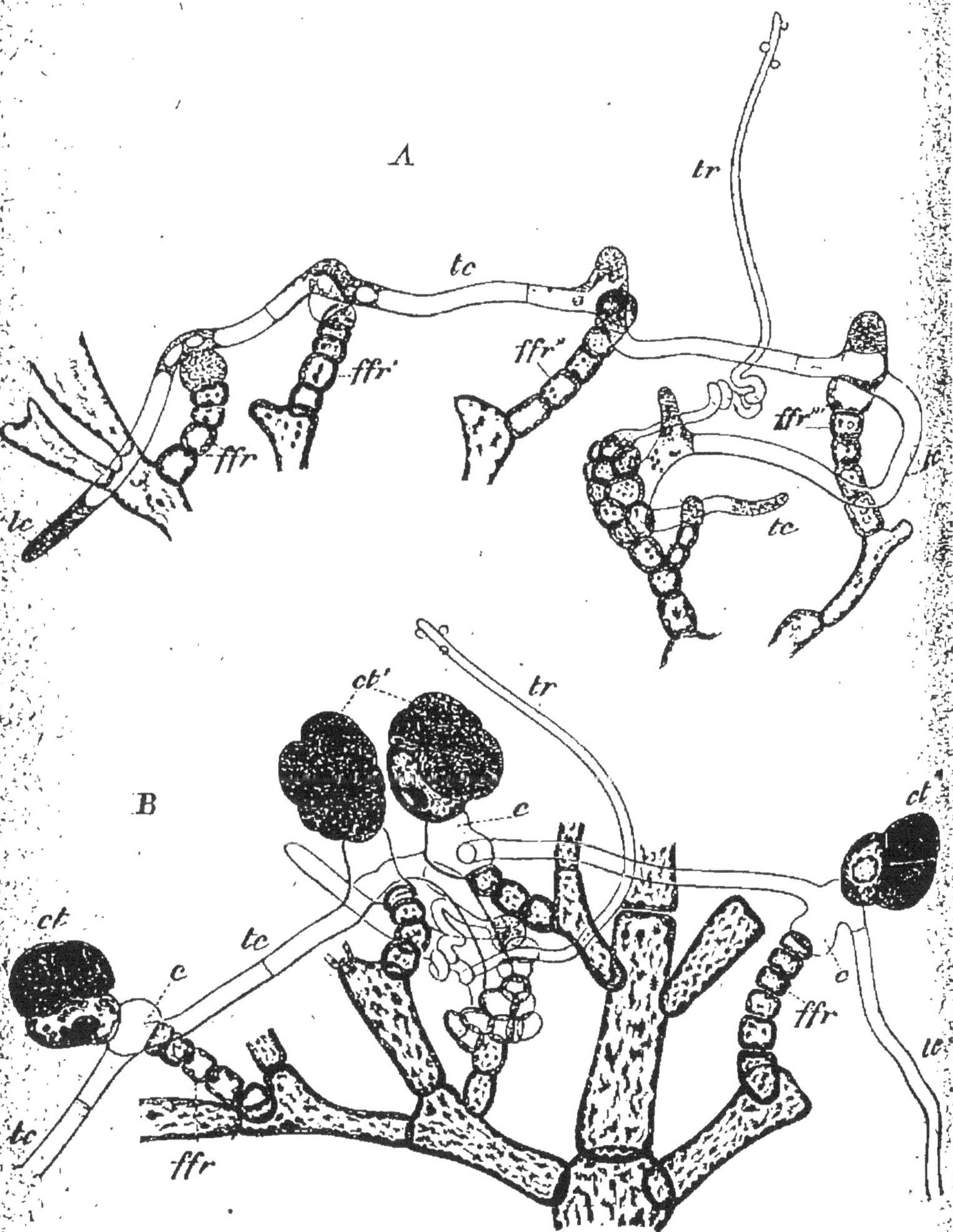

Fig. 47. — Fécondation chez le *Dudresnaya purpurifera*.

allongée en une sorte de poil qui porte le nom de *tricho-gyne (tr)*, et sur lequel viennent se fixer les pollinides;

elle est en communication par un tube latéral avec la cellule la plus inférieure, où se forme l'oosphère et où elle est fécondée (fig. 47).

L'œuf germe bientôt ; il pousse un long filament *(tc)* qui va s'accoler à toutes les branches de l'Algue sur lesquelles il vit comme un parasite ; il se renfle de distance en distance *(ct)* pour produire ce qu'on appelle des *cystocarpes* ou *sporogones*, dans lesquels se forment des spores qui germent bientôt en un nouveau thalle. Mais ce thalle le plus souvent n'est pas identique à celui dont il provient : c'est une sorte de prothalle ; chez les *Batracospermum* il est buissonnant, et on lui donne le nom de *Chantransia*. Il donne naissance à des sporidies, qui a la lumière diffuse le reproduisent, et à la lumière directe donnent un thalle véritable.

Les cystocarpes, au lieu de se développer à l'extérieur, peuvent se développer dans les lacunes corticales : c'est ce qui arrive chez les *Lemanea*.

La formation des sporogones des Floridées peut servir de point de rapprochement entre les Thallophytes et les Muscinées, comme nous le verrons plus tard.

b. Champignons.

Les Champignons sont des Thallophytes dépourvus de chlorophylle. On les divise en *Myxomycètes*, *Oomycètes*, et *Champignons* proprement dits.

1° MYXOMYCÈTES. — Ces Champignons, appelés en allemand *Pilzthiere* (Champignons animaux) sont caractérisés par les mouvements de reptation qu'ils présentent. A l'état adulte, ils sont constitués par une masse protoplasmique amorphe, souvent abondante *(Fuligo septica)* renfermant de nombreux noyaux et des granulations. Ces masses, qui portent le nom de *plasmodes*, sont constituées par la réunion d'un grand nombre d'êtres unicellulaires amiboïdes, les *Myxamibes*, qui sont encore accusés après leur fusion par la multiplicité des noyaux.

Les plasmodes des Myxomycètes sont très intéressants à étudier au microscope. On peut prendre pour cette étude une espèce qui vit abondamment sur le tan et que nous avons déjà signalée, le *Fuligo septica*. Ce plasmode présente d'abord des mouvements d'ensemble, mais il présente en outre des courants protoplasmiques internes accusés par les mouvements des granulations.

Lorsque le plasmode a acquis son développement définitif, ou qu'il se trouve dans des conditions défavorables, il forme des *sporanges*; ces sporanges, chez les *Endomyxées* ou Myxomycètes proprement dits, apparaissent comme une excroissance sur le plasmode qui s'est ramassé et contracté. La membrane d'enveloppe qui les entoure est souvent incrustée de concrétions calcaires (*Didymium*). Dans l'intérieur des sporanges se forment bientôt les spores, qui sont des zoospores; leur dissémination est aidée par la formation dans le sporange, aux dépens du protoplasma non employé à la confection des spores, de filaments particuliers, dont l'ensemble constitue ce qu'on appelle le *capillitium*. Les filaments du capillitium sont souvent ornés de dessins variés, dus à des épaississements : dans le genre *Trichia*, par exemple, ces épaississements sont en spirale. Les zoospores échappées du sporange vivent quelque temps d'une vie propre; elles ont d'abord un cil qu'elles perdent bientôt; ce sont alors les Myxamibes qui se soudent en un plasmode.

A côté des *Endomyxées*, on trouve encore d'autres tribus chez les Myxomycètes, les *Cératiées*, les *Acrasiées*, les *Plasmodiophorées*, etc.; nous renvoyons pour leur étude aux ouvrages spéciaux de botanique : ce que nous avons dit des Endomyxées suffit pour donner une idée des Myxomycètes, et de leur mode de reproduction.

Ces Champignons vivent généralement dans les lieux humides; certains sont parasites *(Vampyrella)*. Ces derniers ne forment pas de plasmode, chaque Myxamibe reconstituant un thalle unicellulaire nouveau.

2° OOMYCÈTES. — Ces Champignons sont constitués par un thalle unicellulaire, mais muni d'une membrane, membrane qui ne se rencontrait pas chez les Myxomycètes. Leur caractéristique principale c'est que seuls de tous les Champignons ils offrent une reproduction sexuée et produisent des œufs, d'où leur nom. Beaucoup de ces Champignons sont parasites et causent des maladies terribles aux végétaux ou aux animaux sur lesquels ils se fixent ; d'autres forment des Moisissures. On les divise en *Chytridinées, Ancylistées, Mucorinées, Entomophthorées, Péronosporées, Saprolégniées, Monoblépharidées*.

Chytridinées. — Ces Champignons sont parasites; ils vivent en général soit sur des Algues, soit sur des Champignons du même groupe. Le parasitisme est soit externe, soit interne, et on aura une idée assez nette de la famille par la description de deux types appartenant aux deux groupes.

1° Genre *Zygochytrium*. — Ce Champignon vit en parasite externe sur les Confervacées; son thalle unicellulaire est ramifié par dichotomie. La reproduction se fait soit par zoospores, soit par conjugaison.

Les zoospores naissent dans des zoosporanges qui se forment à l'extrémité des rameaux. Le protoplasma s'y rassemble en un corps globuleux et s'isole par une membrane. Mais ce ne sont là que des prosporanges, car le protoplasma en sort bientôt, se sécrète une nouvelle membrane, et c'est dans ce kyste que se forment les zoospores, qui sont à un cil.

Pour la reproduction sexuée, deux branches du thalle poussent chacune un bourgeon qui finit par toucher son vis-à-vis. Les cloisons de séparation se résorbent, et les deux protoplasmas viennent se fusionner au milieu du tube ainsi produit. On a alors un œuf qui s'isole bientôt par deux membranes et prend au bout de quelque temps une enveloppe épaisse et verruqueuse.

2° Genre *Cladochytrium*. — Ce parasite est interne *(endogène)*; il vit dans les cellules des Conferves. Son thalle unicellulaire est ramifié; pour la production des sporanges, il se renfle de point en point; le protoplasma s'isole dans les renflements et se divise en zoospores qui sortent par un petit tube évacuateur qui atteint la surface du filament de l'Algue nourricière. Il n'y a pas de reproduction sexuée; elle manque chez toutes les Chytridinées endogènes; elle n'existe d'ailleurs que dans trois genres de Chytridinées : *Zygochytrium*, *Tetrachytrium* et *Polyphagus*.

Ancylistées. — Les Ancylistées sont aussi des parasites des Algues, on peut dire jusqu'à un certain point que ce sont des Chytridinées à sporanges composés. La reproduction sexuelle est parfois curieuse à étudier; ainsi dans le genre *Lagenidium* la conjugaison a lieu entre deux thalles différents. Ces deux thalles se cloisonnent chacun en un certain nombre de cellules, et ces cellules se conjuguent deux à deux en poussant l'une vers l'autre un tube de communication. Il se produit autant d'œufs qu'il y avait de paires de cellules.

Mucorinées. — Cette famille comprend un grand nombre de Champignons, les uns parasites, les autres constituant des Moisissures. Les études faites récemment sur eux ont montré qu'ils présentent souvent un polymorphisme très marqué, suivant le milieu où ils vivent, de sorte qu'il existe une grande incertitude dans la détermination des espèces. Pour se mettre autant que possible à l'abri des difficultés, et être sûr qu'on a affaire à un même Champignon, il faut faire des cultures pures à partir de la spore. Le liquide de culture qui convient le mieux est le jus d'orange, de pruneaux, ou une décoction de crottin de cheval. On dépose une gouttelette de ce liquide sur une lamelle, on y sème une spore, et l'on renverse la lamelle au-dessus d'une petite cellule en verre constituant une chambre humide; on n'a plus qu'à observer le développement, que l'on peut mener très loin ainsi parfois.

Si on a semé deux spores à la fois, on reconnaît de suite si elles sont de la même espèce : dans ce cas, en effet, les mycéliums résultant de la germination s'anastomosent. Il ne faut d'ailleurs pas confondre cette anastomose avec les cas de parasitisme. On peut reconnaître par la culture, dans un cas de parasitisme, si ce parasitisme est nécessaire ou facultatif; s'il est nécessaire, la spore isolée se développera à peine; s'il n'est que facultatif, le développement n'est pas entravé par cet isolement.

Le thalle des Mucorinées est continu, ramifié, filamenteux. Le protoplasma y est surtout rassemblé à la périphérie, le milieu de la cellule étant occupé par du suc cellulaire. Ce protoplasma présente des courants, accusés par les mouvements des granulations.

Le thalle blessé ne tarde pas à se cicatriser ; avant, il laisse sortir, comme nous l'avons déjà vu pour les *Vaucheria*, une gouttelette de protoplasma qui ne tarde pas à s'entourer d'une membrane et à vivre pour son compte.

Il ne se forme de cloison dans le thalle unicellulaire, que pour isoler les organes reproducteurs ; la membrane est cellulosique. Le protoplasma renferme souvent dans sa masse, surtout après la formation des sporanges, des cristalloïdes d'une substance albuminoïde *(mucorine)* : le suc cellulaire contient du glycogène : il prend, en effet, par l'eau iodée, une teinte rouge caractéristique.

La forme du thalle varie souvent avec les conditions de milieu : ainsi, le *Mucor racemosus* qui, se développant à la surface d'un liquide sucré, donne un thalle ramifié, donne un thalle cloisonné, formé de cellules arrondies juxtaposées, et qui bourgeonnent comme de la Levure de bière, s'il est submergé.

La reproduction se fait par spore ou par œufs, les œufs se formant à peu près comme chez les Chytridinées (fig. 48) ; nous allons d'ailleurs entrer dans quelques détails sur les organes de reproduction.

Les sporanges ont le plus souvent une forme globuleuse et sont pédicellés ; il en naît quelquefois de deux tailles différentes ; dans ce cas, les plus petites sont nommées sporangioles. Dans le genre *Pilobolus*, le sporange globuleux est porté par un pédicelle renflé qui se prolonge un peu dans la cavité du sporange *(columelle)* ; la surface de ce dernier est cutinisée à la partie supérieure et incrustée de petits cristaux d'oxalate de chaux. Au moment de la déhiscence du sporange, le renflement du pédicelle se vide brusquement, et projette au loin le sporange qui se

rompt suivant l'anneau où la membrane n'est pas cutinisée. Les spores disséminées germent en un thalle. Dans
le genre *Mucor*, le pédicelle n'est pas renflé, le sporange
n'est pas cutinisé, et c'est par diffluence de la membrane
que les spores sont mises en liberté. Dans les genres

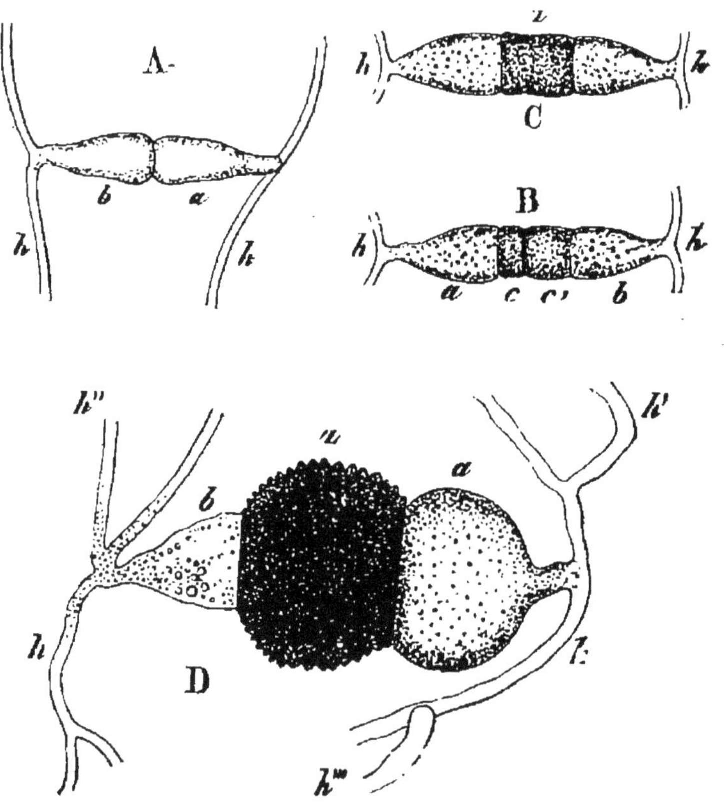

Fig. 48. -- Formation des œufs chez les Mucorinées : A, B, C, D, stades successifs.

Thamnidium et *Chœtostylon*, le pédicelle porte, outre
un grossporange terminal, des bouquets de *sporangioles*
Dans les *Mortierella*, on voit se produire, outre les sporanges, des spores isolées, échinées, portées par un pédicelle : on leur donne le nom de *stylospores*, celles que
nous avons vues jusque-là étant les *sporangiospores*.
Chez les *Syncephalis*, les sporanges ne sont pas globuleux
comme dans les cas précédents. Le pédicelle se renfle en

une sorte de réceptacle sur lequel sont insérés une série de tubes renfermant les spores : on a donc là un sporange composé.

La formation de l'œuf a lieu au moyen de deux branches du thalle, qui marchent à la rencontre l'une de l'autre et se conjuguent. Les cloisons disparaissent au point de contact, les protoplasmas se fusionnent, puis l'œuf s'isole par deux membranes et s'entoure d'une membrane fortement cutinisée. Il est parfois caché (*Phycomyces*) par une série de petits filaments enchevêtrés, qui prennent naissance sur les branches qui ont formé l'œuf, et qui en constituent maintenant le suspenseur. L'œuf, qu'on nomme encore *zygospore*, germe suivant les conditions de milieu en un thalle ou en un sporange.

Parfois, les deux branches qui doivent former l'œuf ne se rencontrent pas ; souvent, malgré cela, chacune d'elle renfle son extrémité en une grosse spore analogue à l'œuf, dite *azygospore*.

Il est excessivement facile de se procurer des Mucorinées pour l'étude, il suffit de déposer dans une assiette du crottin de cheval humide. Il est couvert au bout de quelque temps de filaments blanchâtres, qui sont des thalles de Mucorinées. Bientôt on voit apparaître les sporanges, comme autant de petites boules portées par un mince pédicelle ; le pédicelle atteint de 10 à 20 millimètres chez le *Rhizopus nigricans*, qui vit sur la mie de pain.

Entomophthorées. — Ces Champignons, dont on ne connaît pas de reproduction sexuée, vivent en général en parasites sur des insectes dont ils ne tardent pas à causer la mort. Il n'est pas rare en examinant les organes d'une Mouche au microscope, de les trouver entièrement envahis par un parasite qui est une Entomophthorée : l'*Empusa*. Ce Champignon, formé d'un thalle bourgeonnant articulé, ne tarde pas à former des spores.

Pour cela, il envoie au dehors un bourgeon qui s'allonge et ne tarde pas à renfler son extrémité en une spore. Cette spore tombe bientôt et reste collée aux objets environnants. Elle germe alors elle-même en un long tube terminé par une petite spore. Une Mouche passant par là, cette spore se colle à son abdomen, germe, y pénètre et le cycle évolutif recommence. Appartiennent encore à cette famille les *Entomophthora*, autres parasites d'Insectes, l'*Oidium albicans*, qui cause le muguet, l'*Achorion Schœnleinii*, qui est le parasite de la teigne faveuse, le *Trichophyton tonsurans*, qui est celui de l'herpès tonsurant, le *Microsporon Audouini*, qui cause la pelade décalvante, le *Microsporon furfur*, qui habite certaines crasses cutanées. Nous ne faisons que citer ces espèces, plus intéressantes pour le médecin que pour le naturaliste.

Péronosporées. — Cette famille des Oomycètes est peut-être une des plus connues de nos lecteurs. C'est à elle, en effet, qu'appartient le fameux parasite de la Vigne, le *Peronospora viticola*, plus connu généralement sous le nom de *Mildew* ou de *Mildiou*. C'est à elle aussi qu'appartient un des plus dangereux parasites de la Pomme de terre, le *Phytophthora infestans*, et des Crucifères, le *Cistopus candidus*.

Le *Peronospora viticola* est un parasite interne; son thalle unicellulaire, ramifié, s'insinue entre les cellules aux dépens desquelles il se nourrit au moyen de suçoirs vésiculeux parfois ramifiés. Au moment de la reproduction, le thalle émet par les stomates de la plante des rameaux, dont chaque branche se termine par une spore. Ces spores sont des zoospores ; elles perdent bientôt leurs cils, se fixent et germent en pénétrant dans la plante par un point quelconque de l'épiderme. La reproduction sexuée existe, mais on ne connaît pas encore le mode de développement de l'œuf, on croit qu'il germe en un thalle.

Citons, à côté du *Peronospora viticola*, le *Peronospora gangliiformis*, qui vit dans les feuilles de Laitue, et le *Peronospora Fagi*, qui vit dans les cotylédons du Hêtre.

Le *Phytophthora infestans* a une vie et un développement analogues. Les tubes sporifères sortent aussi par les somates. Ils sont caractérisés par leur ramification dichotome. La reproduction sexuée est inconnue dans cette espèce, mais on la connaît dans le *Phytophthora omnivora* où elle est semblable à celle des *Cistopus*, dont nous allons parler.

Le *Cistopus candidus* est le parasite qui cause la maladie des Crucifères connue sous le nom de *rouille blanche*. Le thalle se glisse entre les cellules, dans lesquelles il envoie des suçoirs vésiculeux. Il se reproduit par spores et par œufs.

Les spores se forment successivement à l'extrémité de tubes, que le parasite émet en dehors de son hôte. Une fois sur la terre humide, elles germent en des zoospores à deux cils, qui perdent leurs cils, poussent un tube, et pénètrent dans une feuille par un stomate.

La reproduction sexuée se fait par oogone et pollinide. Un des filaments du thalle se renfle à son extrémité et se sépare du reste par une membrane. C'est là l'oogone. Cet oogone, par condensation du protoplasma à son intérieur, donne une oosphère ; tout le protoplasma n'est pas employé à cette confection, une partie reste inactive sous le nom de *périplasma*. Le même filament du thalle donne à côté de l'oogone un autre renflement, qui se sépare aussi par une membrane. C'est le pollinide. Le pollinide va s'appliquer sur l'oogone, pousse un ramuscule jusqu'à l'oosphère et va la féconder ; l'œuf qui en résulte germe en un thalle.

Saprolégniées. — Ce sont encore des parasites. Ils sont pour la plupart aquatiques, sauf pourtant le *Pythium vexans*, qui vit sur la Pomme de terre.

Le genre *Saprolegnia* vit particulièrement sur les Insectes noyés. Quand on laisse une Mouche dans un verre d'eau, au bout de quelques temps son corps est entouré d'une auréole de filaments qui appartiennent à un *Saprolegnia*.

Il y a chez ces Champignons une reproduction asexuée et une reproduction sexuée, comme chez les Péronosporées. Les sporanges sont constitués par les extrémités de certains filaments du thalle qui se séparent par une cloison. Les spores qui s'y forment sont des zoospores. Parfois, ce sont immédiatement des zoospores réniformes à deux cils (*Pythium*), parfois aussi il sort du sporange une première génération de zoospores ovoïdes qui s'enkystent pour se transformer en zoospores réniformes. Ces dernières germent en un thalle.

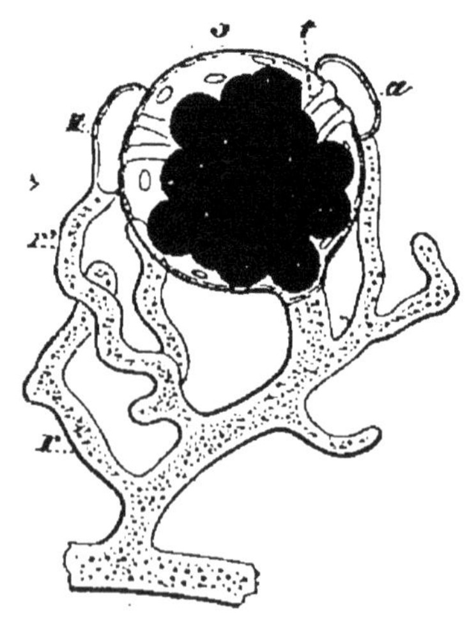

FIG. 49. — Reproduction sexuée du *Saprolegnia monoica*.

La reproduction sexuée (fig. 49), représentée chez

le *Saprolegnia monoica*, a lieu comme chez les Péronosporées, sauf que souvent l'oogone renferme plusieurs oosphères et qu'alors il y a plusieurs pollinides. L'œuf germe, suivant les cas, en un thalle ou en un zoosporange.

Monoblépharidées. — Ces Champignons, qui se rapprochent beaucoup des Saprolégniées par leur aspect extérieur, se distinguent par leur mode de reproduction sexuée, un des plus parfaits que l'on connaisse ; il y a aussi une reproduction par spores.

Deux exemples suffiront pour connaître suffisamment cette famille : le *Monoblepharis sphærica* et le *Monoblepharis polymorpha*.

Dans le *Monoblepharis polymorpha*, les sporanges se forment à l'extrémité des filaments ; ce sont des zoosporanges. Il en sort des zoospores à un cil, qui, d'abord rondes, ne tardent pas à devenir pyriformes ; puis elles se fixent, perdent leur cil et germent en un thalle. Les organes reproducteurs, anthéridies et oogones, se forment aussi à l'extrémité des filaments. La cellule supérieure la première isolée est l'anthéridie ; la cellule inférieure, qui se renfle beaucoup, est l'oogone. L'anthéridie ne tarde pas à s'ouvrir et laisse échapper les anthérozoïdes, qui ressemblent aux zoospores ; puis l'anthéridie se déboîte, ce qui ouvre l'oogone et donne accès aux anthérozoïdes qui vont féconder l'oosphère. L'œuf, la fécondation accomplie, ne reste pas dans l'oogone : il en sort, s'enkyste, et ne germe que plus tard.

Dans le *Monoblepharis sphærica*, les zoosporanges se forment à quelque distance de l'extrémité du filament. Les zoospores en sortent par un orifice latéral. Les organes reproducteurs se forment à l'extrémité d'un filament, mais là, au contraire de l'exemple précédent, c'est l'oogone qui surmonte l'anthéridie. Les anthérozoïdes sortent, comme les spores, par une ouverture latérale et vont pénétrer dans l'oogone dont la partie supérieure s'est détruite par gélification. L'œuf fécondé reste dans l'oogone.

3° **Champignons proprement dits.** — Ces Champignons comprennent les ordres suivants : *Ustilaginées, Urédinées, Basidiomycètes, Ascomycètes ;* à ce dernier groupe se rattachent les Lichens. Nous allons étudier successivement les différentes familles de ces ordres.

Ustilaginées. — Cet ordre ne comprend qu'une famille ; les Champignons qui le composent, comme tous ceux qui vont suivre, ont un thalle ramifié pluricellulaire, dont les filaments enchevêtrés constituent ce qu'on appelle le *mycélium.* Ce sont des parasites qui s'attaquent uniquement aux Phanérogames, et particulièrement aux Angiospermes ; nous allons en étudier quelques genres.

Genre *Tilletia*. — Le *Tilletia caries* est une Ustilaginée qui cause la maladie du Blé appelée *carie.* Pour l'étudier, on s'adressera aux fleurs du Blé qui possède cette maladie.

Suivons le développement du Champignon à partir de la spore, seul mode de reproduction que nous trouverons désormais.

La spore germe en un tube dit *promycélium*, qui donne bientôt naissance à son extrémité à quatre corpuscules allongés, les *sporidies.* Celles-ci se réunissent deux à deux par un tube conjugateur, et germent alors en un thalle (malgré cette conjugaison, il n'y a pas fécondation, car parfois les sporidies ne s'unissent pas et le développement n'en a pas moins lieu). Le thalle se développe d'abord dans le grain de Blé ; puis, quand celui-ci germe, il envahit la plantule et ne tarde pas à atteindre l'ovaire. C'est là qu'il développe ses corps reproducteurs. Pour cela, certaines cellules du mycélium poussent un petit pédicelle qui renfle son extrémité en une spore. Celle-ci en germant reproduit le cycle que nous venons de parcourir.

Genre *Ustilago*. — L'*Ustilago carbo*, qui cause le charbon du Blé, a un développement un peu différent. Les spores ne se forment pas à l'extrémité de pédicelles, elles naissent dans les cellules mêmes du mycélium, et sont mises en liberté par la gélification des membranes. La spore germe en un *promycélium*, qui se cloisonne en trois ou quatre et dont chaque cellule produit une sporidie.

La germination des spores des Ustilaginées, non plus dans l'eau, mais dans un liquide nutritif, produit des résultats singuliers, étudiés d'abord par Brefeld. Il se produit dans ces conditions, avec l'*U. carbo*, un thalle bourgeonnant comme la Levure, et, avec le *T. caries*, un thalle mucoroïde. Cette étude est très intéressante, elle montre quelle influence peut avoir le milieu sur la forme du Champignon, et on pourrait se demander si toutes les Levures que l'on range d'ordinaire dans les Discomycètes ne seraient pas des formes spéciales d'autres Champignons, particulièrement de Mucorinées ou d'Ustilaginées.

Urédinées. — Cet ordre fournit, lui aussi, particulièrement pour les Céréales et les Légumineuses, des parasites très dangereux, et qui ont ceci de particulier que leur développement complet exige souvent deux hôtes différents. Ils sont, comme l'on dit, *hétéroxènes* ; leur étude est donc excessivement intéressante. Une des plus instructives, et en même temps, des plus faciles à faire, est celle du *Puccinia graminis*, qui cause au Blé la maladie connue sous le nom de rouille. Le parasite vit sur le Blé et sur le *Berberis* (vulgairement *Épine-vinette*) et passe successivement par des formes si diverses qu'on avait cru avoir affaire à des Champignons différents, alors que ce ne sont que les divers stades de développement du même Champignon.

Si l'on examine au printemps des feuilles de *Berberis*, on les trouve souvent couvertes de taches rouge orangé, les unes plus petites à la face supérieure, les autres plus grandes à la face inférieure. Ces taches étaient attribuées à deux parasites différents : les premières à l'*Œcidiolum Berberidis*, les secondes à l'*Œcidium Berberidis*. Ce sont simplement les organes reproducteurs du thalle du *Puccinia graminis* quand il vit sur l'Épine-vinette. Quand on fait une coupe de la feuille, et qu'on l'examine au microscope, on voit, en effet, que les taches correspondent à des sortes de conceptacles ; ceux de la face supérieure sont les *Œcidioles* ou *spermogonies*, ceux de la face inférieure les *Œcidies*. Les Œcidioles sont formés d'une cavité pyriforme, tapissée de cellules allongées, et garnie à son entrée d'un bouquet de poils. Les cellules allongées donnent naissance par leur cloisonnement à des spores rougeâtres, dites *œcidiolispores* ou *spermaties*, et qui servent à propager le parasite sur l'Épine-vinette.

Les Œcidies sont des cavités plus vastes ; elles sont également tapissées de cellules allongées, qui donnent naissance à des spores plus grosses que les spermaties et que l'on nomme œcidiospores ; ces spores servent à propager le parasite sur le Blé.

La spore, en effet, tombée sur une feuille de Blé, germe, traverse l'épiderme et se développe en un thalle, qui donne bientôt des spores, qui apparaissent surtout entre les nervures, d'où le nom d'*Uredo linearis* qu'on donnait autrefois à cette forme du parasite. Ces spores rougeâtres, dites *urédospores*, qui caractérisent la *rouille orangée*, sont allongées, ovoïdes, portées sur un pédicelle et entourées d'une épaisse membrane munie de quatre pores germinatifs; elles sont produites pendant tout le printemps et servent à disséminer le parasite sur d'autres feuilles de Blé. A l'automne, à ces spores succèdent d'autres spores foncées *(rouille noire)* dites *téleutospores*, qu'on croyait produites par un quatrième parasite, le *Puccinia graminis*, nom qui a été conservé.

Les téleutospores sont partagées en deux par une cloison; les deux cellules ont chacune un pore germinatif, mais seule la supérieure donne naissance à un promycélium, qui se cloisonne en quatre ou cinq articles qui donnent chacun naissance à une sporidie pédicellée. Ces sporidies se développent sur l'Épine-vinette, et donnent un thalle qui reproduit des Œcidies et des Œcidioles; puis le cycle recommence.

Cet exemple donne assez exactement l'idée de la complication que peut avoir le développement d'une Urédinée. D'autres ont un développement analogue, mais certaines ne vivent que sur un hôte *(homoxènes)* et n'ont pas les quatre formes de spores. Passons en revue quelques espèces et pour plus de commodité appelons *1, 2, 3, 4*, les quatre sortes de spores dans l'ordre où elles se succèdent : œcidiolispores 1, œcidiospores 2, urédospores 3, téleutospores 4.

Le *Puccinia graminis* présente, nous l'avons vu, 1, 2 sur l'Épine-vinette, 3, 4 sur le Blé.

Le *Puccinia Caricis* présente 1, 2 sur l'Ortie, 3, 4 sur les Carex.

L'*Uromyces Pisi* (à téleutospores unicellulaires, caractère du genre *Uromyces*) : 1, 2 sur l'*Euphorbia cyparissias*, 3, 4 sur le Pois.

Le *Puccinia suaveolens* présente 1, 3, 4 sur le *Cirsium arvense*.

Le *Puccinia Malvacearum*, 4 sur les Malvacées.

Le *Coleosporium Senecionis* donne 1, 2 sur le Pin, 3, 4 sur le Seneçon, s'il y a là des Seneçons, sinon il donne seulement 1, 2 sur le Pin.

En présence de ce fait, on peut croire que les Urédinées homoxènes, qui, comme on l'a vu, n'ont jamais les quatre sortes de spores, complètent sans doute leur cycle sur un végétal encore inconnu. D'ailleurs, on sait que le *P. graminis* pourrait vivre uniquement sur l'Épine-vinette avec les phases 1, 2 ; s'il ne se trouvait pas de Blé dans les environs, on serait donc autorisé à le regarder comme homoxène.

Basidiomycètes. — Le caractère commun à tous ces Champignons, c'est de porter leurs spores sur des cellules particulières qui portent le nom de *basides*. Le Champignon de couches, l'*Agaric* comestible, appartient à ce groupe.

Le mycélium est très ramifié, les filaments s'accolant les uns aux autres constituent une sorte de parenchyme (*pseudoparenchyme*). Une coupe du thalle est donc assez analogue à celle de la moelle des végétaux supérieurs.

L'appareil reproducteur est toujours différencié ; c'est lui qui constitue le chapeau des *Agarics*, *Bolets*, *Hydnes*, etc.

Une couche spéciale de cellules, nommée *hyménium*, produit les cellules mères des spores. On peut, d'après la nature de cet hyménium, classer ainsi les Basidiomycètes.

Hyménium externe.	{ mou.	.	TRÉMELLINÉES.
	{ non gélatineux.	.	HYMÉNOMYCÈTES.
Hyménium interne.	. . . .	.	GASTÉROMYCÈTES.

1° *Trémellinées.* — Les *Trémellinées* sont des Champignons mous, gélatineux, qui vivent sur le bois pourri. Au moment de la reproduction toute la surface du thalle devient un hyménium. Les extrémités de ses filaments se renflent en ampoules sessiles qui sont autant de *basides :* celles-ci produisent les spores à l'extrémité de petits pédicelles, qui ont reçu le nom de *stérigmates.* La constitution des basides, le nombre des stérigmates, varie avec les genres.

Ainsi, dans les *Tremella*, les basides sont cloisonnées en deux, et chaque moitié produit deux stérigmates, qui renflent chacune leur extrémité en une spore. Dans les *Excidia*, les basides sont cloisonnées en quatre, et chaque cellule produit un stérigmate et une spore. Dans les *Guepinia*, les basides ne sont pas cloisonnées, et l'on n'a que deux stérigmates et deux spores. Dans les *Dacryomyces*, il n'y a encore que deux stérigmates, mais les renflements qui les terminent, au lieu de ne former qu'une spore, se cloisonnent en quatre, et chaque cellule produit une sporidie. Enfin dans les *Hirneola*, la baside se divise en quatre cellules superposées, dont chacune pousse un stérigmate, terminé par une spore.

Les basides sont entremêlées de cellules stériles, les unes allongées *(paraphyses)*, les autres renflées *(cystides)*.

Certaines Trémellinées ont d'autres spores que les basidiospores. Certains filaments du thalle se cloisonnent à leur extrémité, et donnent ainsi naissance à de petits corps reproducteurs, les *conidies*.

2° *Hyménomycètes*. — Ce sont les Champignons à *chapeaux*, ceux auxquels le vulgaire réserve le nom de Champignons.

Le thalle, constitué par le mycélium, est ordinairement souterrain, quelquefois parasite. Il passe parfois par l'état de vie latente et forme ce qu'on appelle des *sclérotes* : ce sont des masses de pseudoparenchyme, dont les cellules extérieures se subérifient. La masse de pseudoparenchyme formant le thalle est quelquefois traversée par des laticifères *(lactaires)* qu'accompagne un feutrage de filaments serrés.

Le *chapeau*, qui est l'appareil reproducteur, a la même structure pseudo-parenchymateuse que le mycélium. C'est lui qui porte l'hyménium, soit sur des lames rayonnantes (*Agaricus*), ou anastomosées en réseaux (*Dœdalea*), soit sur des tubes (*Boletus, Polyporus*), soit sur des pointes (*Hydnum*).

Pour nous faire une idée de la structure intime de l'appareil reproducteur, faisons une coupe dans une des

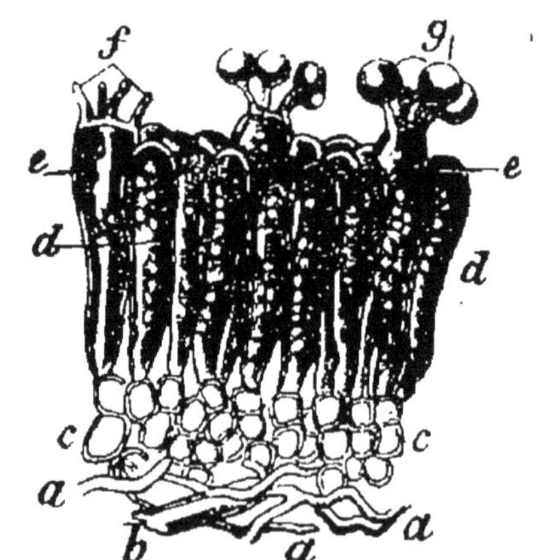

Fig. 50. — Coupe d'une lamelle du chapeau d'un *Ammanita*.

lamelles du chapeau d'un Agaric ou d'un *Ammamita* (fig. 50); nous trouvons au milieu une lame filamenteuse, puis, des deux côtés, l'hyménium. Celui-ci est formé de basides, entremêlées de paraphyses et de cystides. Les basides, non cloisonnées, portent quatre stérigmates, renflés chacun en une spore : c'est là d'ailleurs un caractère commun aux Hyménomycètes.

Certains Hyménomycètes possèdent comme les Trémellinées des filaments conidiens. Les conidies allongées avaient été prises autrefois pour des organes mâles de reproduction, alors que ce ne sont que des spores asexuées qui prennent naissance dans certaines conditions de milieu.

3° Gastéromycètes. — Ces Champignons, auxquels appartiennent les *Lycoperdons*, ces boules blanchâtres qu'on trouve parfois dans les champs, et d'où sort une fine poussière brune quand on les fait éclater, ont ceci de particulier que leur hyménium tapisse une cavité intérieure, close de toutes parts. Le mycélium n'a rien de particulier, mais l'appareil reproducteur a une structure très intéressante.

. Considérons une de ces boules blanchâtres de *Lycoperdon* et faisons-en une coupe. Nous trouvons d'abord une membrane extérieure qui porte le nom de *péridium*. Ce péridium peut se décomposer en péridium externe, composé de petites cellules serrées, et péridium interne, composé de cellules plus lâches. Du péridium interne se détache une série de cloisons qui partagent la cavité de la boule en autant de chambres. Ces cloisons sont tapissées par l'hyménium. Celui-ci comprend comme toujours des paraphyses et des basides; les basides ne portent que deux spores. Au moment de la maturité des spores, les cloisons qui supportent l'hyménium se détruisent partiellement, il n'en reste que des filaments *(capillitium)*, et, quand la boule est crevée, par le pied d'un animal, par exemple, les spores se disséminent, favorisées dans cette dissémination par le capillitium.

La structure peut être bien différente : ainsi le péridium peut être beaucoup plus épais *(Geaster)* et comprendre un plus grand nombre de couches. Les basides peuvent porter quatre *(Ulostoma)* ou huit *(Geaster)* spores. La trame qui porte l'hyménium, loin de se détruire presque totalement, peut se conserver dans sa lamelle médiane, de sorte qu'il s'isole dans la cavité générale un certain nombre de petites cavités *(péridioles)*, pleines chacune de spores, comme cela se voit dans le *Crucibulum*. Enfin, tout le tissu sporifère, appelé souvent *gleba*, peut être projeté par un retournement brusque du péridium interne ; ce fait singulier, qui s'observe facilement à la simple loupe, se produit chez quelques *Carpobolées*, en particulier le *Sphærobolus*.

Ascomycètes. — Le caractère distinctif de tout cet ordre de Champignons, qui renferme un certain nombre de Levures et de Moisissures, est de produire ses spores dans des cavités allongées, les *asques* (fig. 51) ou les *thèques*. Ces Champignons sont dits pour cette raison *Ascosporés* ou *Thécasporés*. Les asques prennent parfois naissance en un point quelconque du thalle, mais le plus souvent ils se forment dans des conceptacles, soit élargis en coupes *(apothécies)*, soit rétrécis en bouteilles *(périthèces)*. Les spores se forment dans les asques, généralement au nombre de huit ; tout le protoplasma n'est pas employé

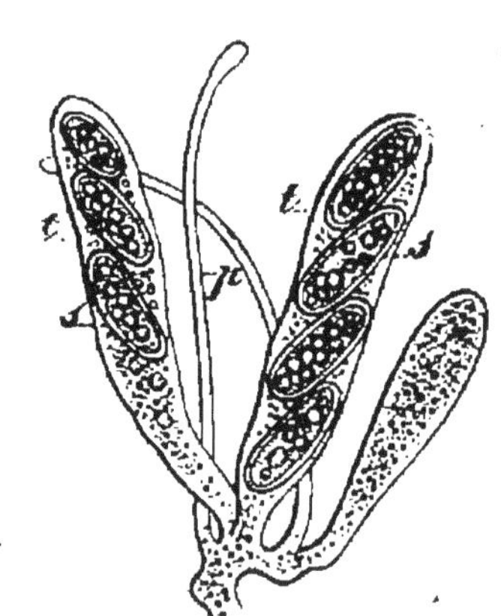

FIG. 51. — Asques pleins de spores.

à leur formation, il en reste une certaine quantité, l'*épiplasma*, qui renferme en abondance du *glycogène* et certaines *dextrines*, comme on peut s'en assurer par l'eau iodée. Les spores sortent des asques par déhiscence du sommet, qui s'ouvre en un clapet, ou par destruction de ce même sommet.

La formation des asques, qui par leur ensemble constituent un hyménium, est souvent précédée d'une sorte de fécondation ; nous verrons ce qu'il faut en penser et quels sont exactement les phénomènes que l'on observe ; de nouvelles observations microscopiques ne seraient pas inutiles pour étudier le sujet.

La reproduction se fait aussi par conidies.

Le thalle des Ascomycètes est le plus souvent filamenteux et cloisonné, les filaments s'associant en un pseudo-parenchyme ; mais il est quelquefois dissocié (certains Discomycètes).

D'après les caractères de l'appareil reproducteur, on divise ainsi les Discomycètes.

Asques formés librement ou dans des apothécies. . . DISCOMYCÈTES.
Asques formées dans des périthèces. { ne s'ouvrant pas. PÉRISPORIACÉES.
{ s'ouvrant. . . PYRÉNOMYCÈTES.

Enfin, on rattache aux Ascomycètes les *Lichens*, formés, comme l'on sait, par l'association d'un Champignon (le plus souvent Ascomycète) et d'une Algue.

1º *Discomycètes*. — Plusieurs genres sont fort intéressants à étudier dans cette famille, et d'abord, en particulier, le genre *Saccharomyces*, auquel appartiennent la plupart des Levures connues, Levures produisant, comme l'on sait, dans un liquide sucré la fermentation alcoolique.

Le *Saccharomyces cerevisiæ*, ou *Levure de bière* est le

plus anciennement connu de ces ferments. Ce Champignon est constitué par des cellules ovoïdes, à membrane très mince et où l'on ne peut distinguer de noyau. Dans des conditions favorables, ces cellules, qui sont isolées, se mettent à bourgeonner, une seule cellule produisant parfois deux ou trois bourgeons ; et si les nouvelles cellules formées sont si actives qu'elles se mettent à bourgeonner elles-mêmes avant de se séparer de leur cellule mère, il en résulte des chapelets de cellules.

Lorsque les cellules de Levure sont à la surface du liquide sucré, elles bourgeonnent rapidement, mais leur action comme ferment est faible : elles ont, en effet, l'oxygène de l'air à leur disposition. Submergées, au contraire, elles ne bourgeonnent pas, mais elles ont une action énergique, empruntant leur oxygène au sucre et le transformant en alcool avec production de CO_2. On a ainsi la Levure haute et la Levure basse.

A coté du *Saccharomyces cerevisiæ* on peut ranger le *S. ellipsoideus*, à cellules plus fortement elliptiques, le *S. pastorianus*, à cellules assez irrégulières, et le *S. apiculatus*, dont les cellules présentent aux deux bouts un prolongement en pointe. Tous ces Saccharomyces sont des ferments plus ou moins actifs ; le *S. albicans*, presque identique en apparence au précédent, ne produit pas de fermentation.

Le développement de la Levure dans un liquide sucré est très intéressant à suivre au microscope : on s'aperçoit bientôt, quand on observe dans une chambre humide, que, lorsque le liquide nutritif est épuisé, les cellules cessent de bourgeonner, mais alors chacune de ces cellules se transforme en un asque et donne naissance à quatre spores.

A côté du genre *Saccharomyces*, qui donne une idée suffisante des Discomycètes à thalle dissocié, il convient de considérer des genres à thalle massif. Nous prendrons comme exemple le *Pyronema confluens*, Champignon qui se développe sur les meules de charbon de bois dans

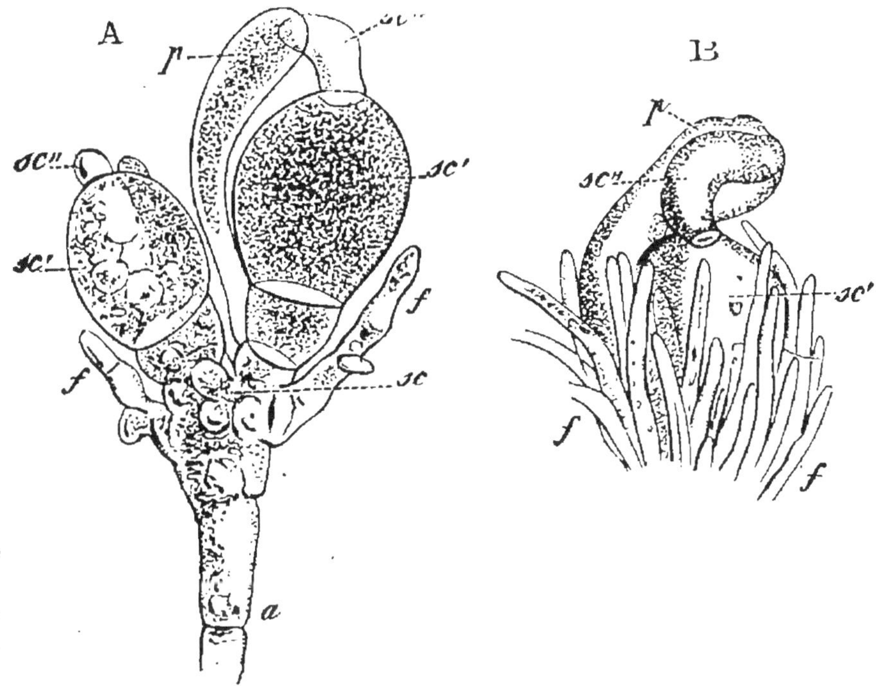

Fig. 52. — Ascogone et pollinode du *Pyronema confluens*.

les forêts, et qui est intéressant à cause des phénomènes particuliers (phénomènes sexuels pour les uns) qui précèdent la formation des asques.

Au moment de la formation de l'appareil sporifère, un des filaments du thalle donne naissance (fig. 52) à une cellule renflée, *l'ascogone sc′*, à côté de laquelle en apparaît bientôt une autre, le *pollinode p*. L'ascogone émet un tube *sc″* qui vient en contact avec le pollinode, et à ce moment on voit se développer autour des deux cellules de nombreux filaments *f*, qui s'enchevêtrent et vont constituer l'apothécie, dans laquelle apparaît bientôt l'hyménium ; les filaments aux dépens desquels se forme l'hyménium proviennent de l'ascogone seul, pour les partisans de la fécondation, de l'ascogone et du pollinode pour les autres. Pour les premiers auteurs, il y a là, en effet un phénomène manifeste de sexualité ; le pollinode est une cellule mâle, l'ascogone une cellule femelle qui, fécondée, produit les cellules de l'hyménium et, en particulier, les asques ; pour les autres et, en particulier, M. Van Tieghem, l'ascogone et le pollinode sont simplement des cellules de réserve, où s'accumulent les matériaux nécessaires à la production des cellules sporifères. Il resterait à éclaircir ce point douteux, à savoir si, comme le soutient de Bary, l'ascogone seul produit les cellules mères des spores, ou si, comme le soutient M. Van Tieghem, l'ascogone et le pollinode prennent une part égale à la formation de l'hyménium.

Nous retrouverons cette question de fécondation douteuse chez tous les Ascomycètes.

2° *Périsporiacées*. — C'est à cette famille qu'appartiennent deux Moisissures très communes, le *Penicillium glaucum* et l'*Aspergillus niger* ; c'est à elle aussi qu'appartient un Champignon bien connu, quoique peu de personnes se doutent que ce soit un Champignon, la *Truffe*. L'étude de ces trois Champignons suffira pour avoir une idée de la famille, qui cependant renferme quelques genres parasites comme les *Erisyphe*.

Le *Penicillium glaucum* constitue cette Moisissure verdâtre qu'on trouve sur les substances alimentaires qui ont séjourné dans les endroits humides. Ce Champignon, à thalle ramifié et cloisonné, présente deux modes de reproduction : 1° par conidies ; 2° par ascospores.

L'appareil conidien se constitue au moyen d'un filament dressé du thalle. Ce filament donne naissance, à son extrémité, à un certain nombre de rameaux, disposés comme les soies d'un pinceau (d'où le nom du genre) et qui se différencient d'une façon basipète, en conidies.

L'appareil sporifère prend naissance après une sorte de copulation. Deux filaments unicellulaires du thalle s'entortillent l'un autour de l'autre et se conjuguent : l'un est l'ascogone, l'autre le pollinode. Peu après la conjugaison, il se forme autour des deux filaments un feutrage épais qui constitue un pseudo-parenchyme dont les assises externes sont sclérifiées. Bientôt après, l'ascogone seul, suivant les uns, l'ascogone et le pollinode, suivant les autres, se cloisonnent et donnent naissance aux cellules mères ascogènes. Les choses restent dans cet état pendant un temps plus ou moins long de vie latente; au bout de quelques mois, chaque cellule ascogène mère pousse un bourgeon renflé. Ces bourgeons sont les cellules ascogènes définitives, qui se développent bientôt en une série d'asques disposés en chapelets, où se forment les spores. Celles-ci sont lenticulaires et présentent deux valves cutinisées. Elles germent en un thalle.

L'*Aspergillus niger* est une Moisissure noirâtre; il présente comme le *Penicillium* deux modes de reproduction.

L'appareil conidien consiste en un filament dressé à tête globuleuse; sur cette tête s'insèrent des filaments qui se différencient en conidies d'une façon basipète. Lorsque l'appareil sporifère va se former, on voit apparaître sur une branche du thalle un bourgeon unicellulaire, qui ne tarde pas à se renfler et à se contourner en spirale : c'est l'ascogone. Un certain nombre de bourgeons naissent à côté et viennent s'appliquer contre lui, ce sont les pollinodes. Bientôt ces pollinodes poussent un grand nombre de filaments qui entourent la cellule ascogone, s'insinuent entre les tours de la spire et la font dérouler; ceci fait, la cellule ascogone se cloisonne en un certain nombre de cellules ascogènes, qui donnent chacune naissance à deux ou trois asques.

Le genre *Tuber* constitue les Truffes, dont la plus estimée est le *Tuber melanosporum*. Le mycélium est anastomosé et rameux, il est renflé de loin en loin en tubercules, tubercules qui constituent la partie comestible et ne sont autre chose que les périthèces. Leurs assises externes sont un peu sclérifiées; on trouve au-dessous un pseudo-parenchyme. Ce pseudo-parenchyme est creusé de cavités, dans lesquelles se forment les asques aux dépens de l'hyménium qui les tapisse. Chaque asque produit une à quatre spores échinées. Un mot pour terminer sur les *Erisiphe*, Champignons parasites des arbres, des Chênes en particulier; leurs conidies ont ceci de remarquable qu'elles naissent dans des cavités analogues aux périthèces et appelées *pycnides* ou *spermogonies*.

3° *Pyrénomycètes*. — C'est à cette famille qu'appartient le Champignon parasite du Seigle, et qui produit la maladie connue sous le nom d'*ergot*. Ce Champignon est le *Claviceps purpurea*, dont, d'après la description suivante. on pourra étudier les différentes phases, que la figure 53 éclaircit d'ailleurs. En examinant des épis de Seigle au mois de juin, on voit souvent suinter à la base des spathes de certaines fleurs un liquide jaunâtre et visqueux. Si l'on examine alors le grain au microscope, on voit que l'ovaire est envahi (B, C) par un mycélium auquel on

donnait autrefois le nom de *Sphacelia segetum*. Ce mycélium produit sur certains de ses filaments des conidies *s*,
qui servent à infester les fleurs voisines. En effet, ces

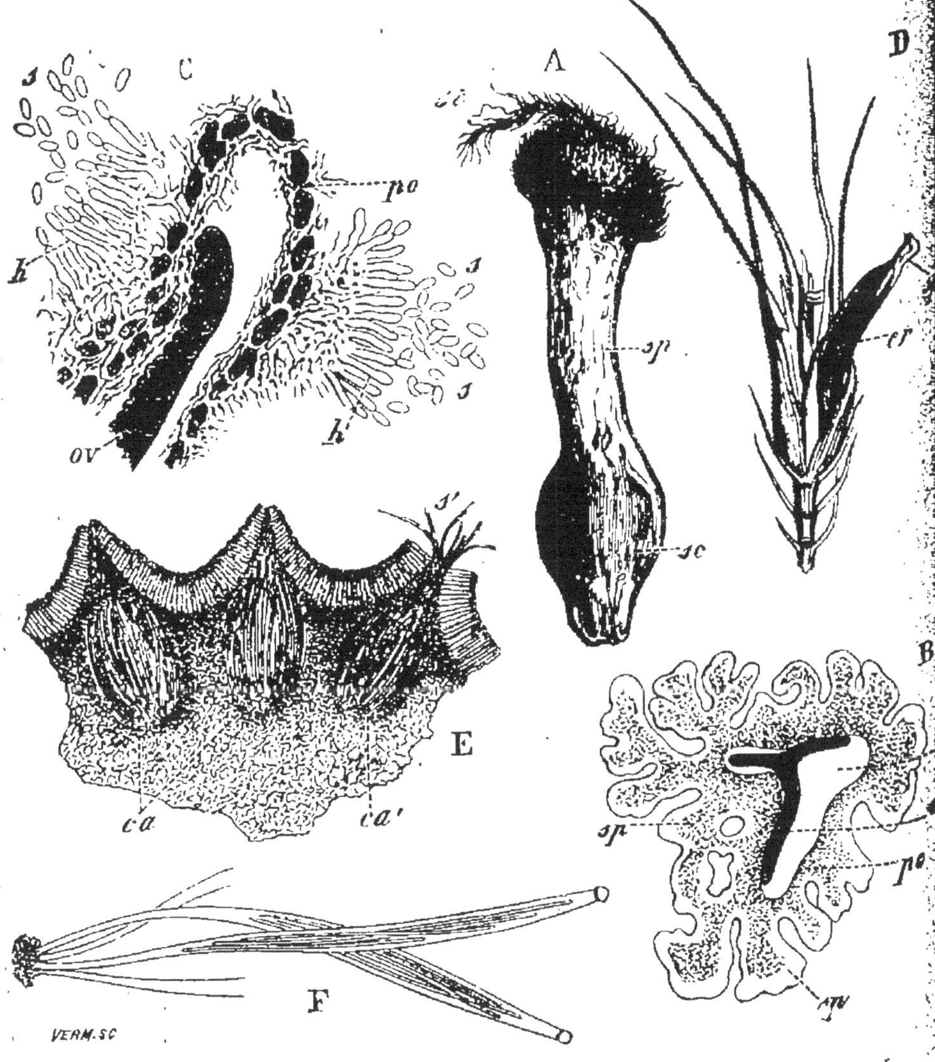

Fig. 53. — *Claviceps purpurea*.

conidies en germant donnent un promycélium qui produit des sporidies, lesquelles tombant sur l'ovaire d'une
fleur, se développent bientôt en une nouvelle sphacélie.

Bientôt la sphacélie est envahie par une sclérification

(A, D), et c'est ce sclérote qui constitue l'*ergot de Seigle*, petit corps violet foncé de 2 centimètres de longueur environ, légèrement incurvé et présentant un à deux sillons. Ce sclérote peut rester longtemps inactif, mais, dans des conditions favorables, il germe en un certain nombre de filaments, terminés par des têtes globuleuses. Ces têtes sont des périthèces composés ; elles sont creusées, en effet, de nombreuses cavités (E, *ca*), qui portent sur leurs flancs des asques très allongés *s'*, contenant chacun (F) huit spores très allongées aussi et linéaires. Les spores en germant donnent des sporidies qui reproduisent une nouvelle sphacélie.

A côté du *Claviceps purpurea*, on peut citer le *Fumago salicina*, qui vit sur les écorces des Saules et qui possède, outre son appareil ascosporé, trois sortes de conidies. Les premières, *conidies proprement dites*, apparaissent au printemps et se forment à l'extrémité des filaments du thalle ; les deuxièmes, ou *stylospores*, apparaissent en été et se forment dans des cavités dites *pycnides*, dont elles tapissent les parois ; les troisièmes, ou *spermaties*, apparaissent à la même époque dans des cavités analogues, mais plus petites, les *spermogonies*. Comme le fait d'ailleurs observer justement M. Van Tieghem, toutes ces formes ne sont que des spores et il n'y faut pas voir des modes différents de reproduction.

Dans les genres *Sphæria* et *Sordaria*, on a cru constater des phénomènes de fécondation, qui, comme tous ceux que nous avons déjà rencontrés chez les Ascomycètes, demanderaient confirmation.

c. Lichens.

Les *Lichens*, longtemps regardés comme des végétaux

à part (ce qui d'ailleurs est encore l'opinion de certains lichénologues), sont presque universellement reconnus aujourd'hui pour des organismes complexes, composés d'une Algue (Chlorophycée ou Cyanophycée) et d'un Champignon (Ascomycète ou Basidiomycète). Deux Algues peuvent parfois coexister dans le même Lichen, et la même Algue peut se rencontrer dans des Lichens différents, qui ne diffèrent alors que par le Champignon.

L'étude des Lichens se fera sans difficulté, ces végétaux étant abondants sur les rochers, les arbres, la terre humide, etc.

On examine la structure du thalle à l'aide de coupes transversales observées dans l'eau ou la glycérine : on voit alors qu'on peut distinguer, en général, deux parties dans ce thalle : 1° un mycélium incolore appartenant uniquement au Champignon et qui émet dans le substratum un certain nombre de filaments nourriciers, ou *rhizines* ; 2° le thalle proprement dit du Lichen, où l'Algue et le Champignon peuvent être mêlés dans des proportions très diverses. L'Algue peut dominer comme dans les *Ephebe;* ce peut être, au contraire, le Champignon, comme dans les *Usnea;* enfin, la proportion peut être à peu près égale *(Collema).*

Dans le cas où c'est le Champignon qui domine, le Lichen est dit *hétéromère;* dans les deux autres cas, il est dit *homéomère.* Les Lichens homéomères ont un thalle homogène, gélatineux ou non ; ils sont en général aquatiques. Les Lichens hétéromères, vivant plutôt dans les endroits secs, sont dits *foliacés, crustacés, fruticuleux,* suivant la forme du thalle.

Pour avoir une idée générale de l'anatomie du Lichen,

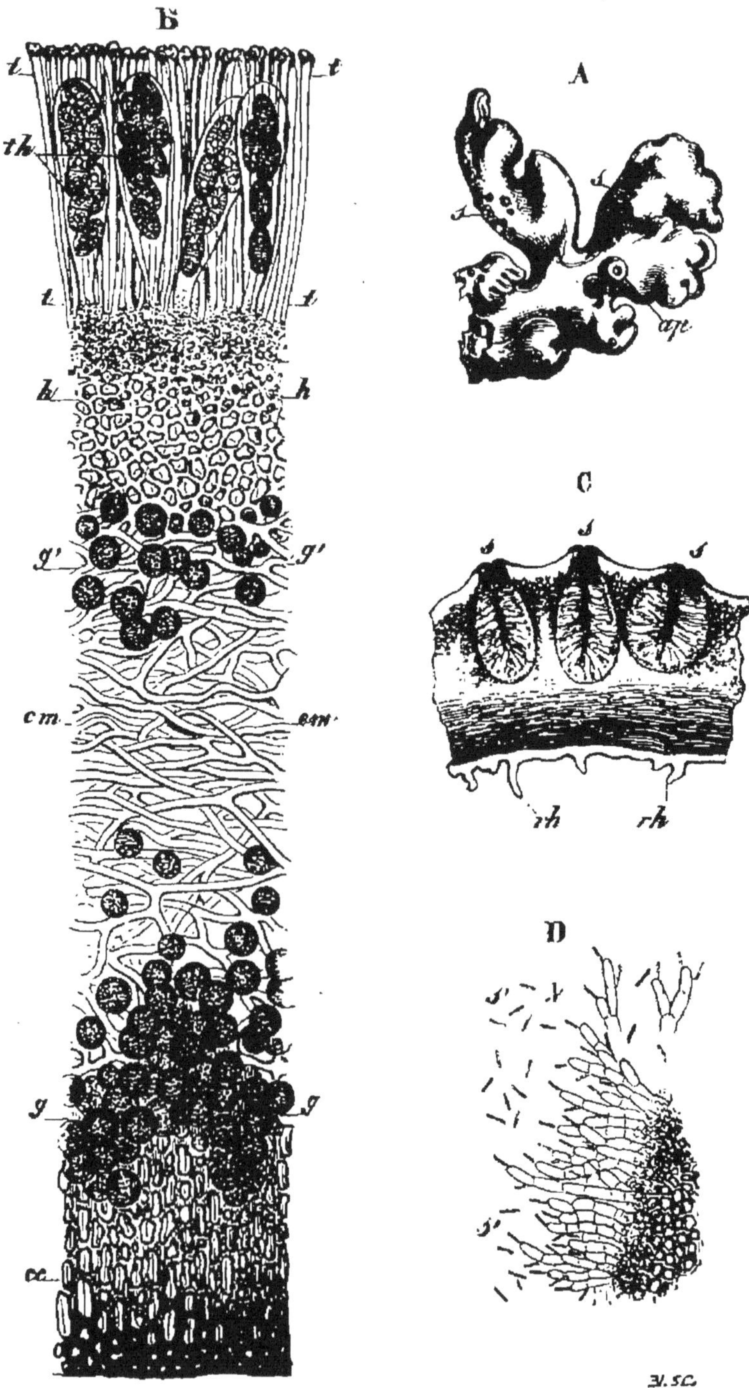

FIG. 54. — Coupe du thalle d'un Lichen.

il convient d'examiner un type homéomère et quelques types hétéromères.

Si l'on fait la coupe transversale d'un *Collema*, Lichen homéomère gélatineux, on trouve à cette coupe un aspect feutré, et l'on y trouve enchevêtrés des filaments incolores qui appartiennent au Champignon, et des filaments vert bleuâtre, qui appartiennent à l'Algue, qui est une Cyanophycée.

Faisons maintenant la coupe d'un *Parmelia*, Lichen hétéromère foliacé (fig. 54, B); nous y trouvons (abstraction faite des thèques *th* dont nous reparlerons) une première couche incolore, dite couche corticale *cc*, puis une couche verdâtre, renfermant les cellules isolées *(gonidies)* d'une Algue : c'est la couche gonidienne *(g', g')*; une nouvelle couche incolore plus lâche que la première *(cm)*, la couche médullaire ; une autre couche gonidienne et une nouvelle couche corticale.

Il n'y a souvent qu'une seule couche gonidienne dans les Lichens foliacés *(Cetraria islandica)*. Quand on a affaire à un Lichen fruticuleux, comme l'*Usnea barbata*, Lichen très commun sur les Sapins, où il pend en longues touffes, le thalle a une symétrie axile. Quand on fait la coupe d'un filament d'*Usnea*, on trouve : 1° à la périphérie une couche incolore mince, la couche corticale ; 2° une couche gonidienne annulaire ; 3° une moelle d'abord lâche, mais à cellules serrées au centre.

Les Lichens peuvent se reproduire par simple multiplication ; ainsi le thalle donne parfois naissance à de petits bourgeons dits *sorédies*, qui s'isolent et vivent d'une vie propre.

Mais le véritable mode de reproduction, ce sont les spores : le Champignon entre toujours seul dans la cons-

titution de l'appareil sporifère. Il y en a de deux sortes :
1° les *spermogonies* (fig. 54) en forme de bouteille, et
qui donnent des *spermaties (s, s', D)* qui ne sont autre
choses que des conidies ; 2° les *périthèces* ou *apothécies* où
se forme les *asques* (le Champignon étant toujours, sauf
deux cas connus, un Ascomycète).

La figure 54, en A, représente deux apothécies, et en
B montre une coupe passant par une de ces apothécies ;
on voit qu'il s'est constitué aux dépens des filaments ou
hyphes du Champignon, une couche particulière, l'*hy-*
pothécium(h), aux dépens de laquelle naissent les thèques
entremêlées de paraphyses.

La spore germe en un mycélium, qui ne tarde pas à
mourir si une Algue ne vient s'y associer.

La constitution véritable des Lichens semble bien
prouvée par les synthèses qu'on en a faites, au moyen
d'Algues et de Champignons : c'est ainsi qu'entre autres
on a fait des synthèses d'*Opegrapha* de *Cœnogonium*, dont
l'Algue est un *Tentrepohlia* : nos lecteurs pourront entre-
prendre quelques-unes de ces synthèses, en prenant des
spores du Champignon du Lichen, lorsque les apothécies
sont mûres, et en les faisant développer dans de petites
cellules où l'eau contient des Algues, soit filamenteuses
(Nostocacées ou Confervacées), soit unicellulaires (Pro-
tococcées).

Nous terminons ainsi l'étude du premier embranchement du Règne végétal, embranchement, comme on
le voit, excessivement riche en espèces curieuses pour le
micrographe, et plus compliqué qu'on ne s'y attendait au
premier abord, étant donné l'infériorité des types qui
le composent.

II

MUSCINÉES

a. Mousses.   *b.* Hépatiques.

Les Muscinées sont des végétaux munis d'une tige et de feuilles (dans les formes les plus élevées du moins), mais dépourvus de racines et de fleurs. On les divise en deux classes, suivant des caractères tirés de leur appareil reproducteur, les *Hépatiques* et les *Mousses*.

Bien que dans un exposé absolument didactique on doive faire précéder l'étude des Mousses par celle des Hépatiques qui leur sont inférieures, nous commencerons néanmoins par les Mousses, plus connues, et dont l'étude nous guidera vers celle des Hépatiques.

a. Mousses.

Nous n'avons rien à dire de l'appareil végétatif des Mousses, déjà étudié dans la botanique générale, et nous passerons immédiatement à l'étude de l'appareil reproducteur. Pour fixer les idées, nous prendrons un exemple, quitte ensuite à indiquer quelques modifications.

Cet exemple sera un *Mnium*, Mousse excessivement commune, partant facile à se procurer, et d'une taille assez considérable pour que l'examen en soit plus commode que celui de beaucoup d'autres genres. A défaut d'un *Mnium* on pourrait prendre un *Polytrichum*; il n'y a que quelques différences, que nous indiquerons au fur et à mesure de la description.

La reproduction se fait par *anthéridies* portées par des pieds spéciaux, les pieds mâles, et par *archégones*, portés par d'autres pieds, les pieds femelles. Les sexes sont également séparés dans le Polytric, mais ils sont aussi parfois réunis (fig. 55).

Les anthéridies du *Mnium* sont portées à l'extrémité de la tige, et enveloppées d'une rosette de feuilles, formant le *périgone*; on en rencontre de mûres au mois de mai. Ces anthéridies, entremêlées de poils stériles à tête globuleuse, appelés *paraphyses*, sont des corps claviformes brièvement pédicellés, et d'une très petite taille. Leurs parois sont formées d'une seule assise de cellules contenant de nombreux corps chlorophylliens. Dans l'intérieur, on trouve un grand nombre de petites cellules qui sont les cellules mères d'anthérozoïdes. A une époque un

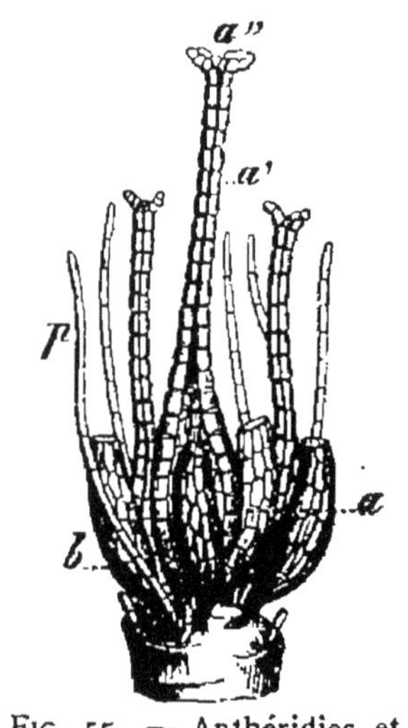

FIG. 55. — Anthéridies et archégones d'une Mousse.

peu plus avancée, les anthérozoïdes sont formés; ce sont de petits corps, enroulés en tire-bouchon, et dont la partie inférieure porte des cils vibratiles. Ils sortent par destruction des parois de l'anthéridie.

Les archégones sont aussi portés à l'extrémité de la tige. Ces archégones, mûrs, se composent d'un court pédicelle, d'une cavité renflée ou ventre et d'un long col. Le tout a la forme d'une bouteille à long goulot. Dans le ventre de l'archégone on trouve l'*oosphère*, cellule femelle surmontée d'une autre cellule, la *cellule ventrale du canal;* dans le col on trouve une série de cellules, les *cellules du canal du col*. La cellule ventrale du canal, les cellules du canal du col, se résorbent bientôt et se gélifient.

Quant au développement des anthéridies et des archégones, nous n'en dirons que quelques mots. L'anthéridie se forme aux dépens d'une cellule épidermique qui se cloisonne en deux. L'inférieure donne le *pied*, la supérieure est la *cellule anthéridienne*, où apparaissent par cloisonnements anticlines et tangentiels les cellules mères des anthérozoïdes. L'archégone se forme aussi aux dépens d'une cellule épidermique qui se cloisonne en deux : la cellule inférieure donne le pied ; la cellule supérieure, par trois cloisons longitudinales et une cloison en verre de montre, isole une cellule centrale, trois cellules pariétales, et une cellule *de calotte*. La cellule centrale forme l'oosphère et la cellule ventrale du canal ; les cellules pariétales donnent les parois du ventre de l'archégone (composées ici de deux assises de cellules, mais qui en ont quatre chez les *Sphagnum*), et les cellules du col, formées d'une seule assise de cellules ; la cellule de calotte donne les cellules du canal du col.

Pour la fécondation, un anthérozoïde arrive à l'ouverture de l'archégone et s'enfonce dans le canal, à la faveur du liquide mucilagineux produit par la destruction des cellules du canal ; il arrive ainsi jusqu'à l'oosphère qu'il féconde. L'œuf va se développer ; il se développe en ce qu'on appelle un *sporogone* que nous allons maintenant étudier. Tout le monde connaît le sporogone des Mousses à l'état de complet développement. Ce n'est autre chose que cette capsule, surmontée d'une coiffe, et portée par un long pédicelle, que l'on a certainement remarquée, pourvu qu'on ait regardé d'un peu près des pieds de Mousses à certaines époques de l'année.

Le *sporogone* se compose donc, comme nous venons de le voir, de deux parties, le *pied* ou *soie* et la *capsule*; quant à la *coiffe*, c'est tout simplement la partie supérieure de l'archégone déchirée et entraînée par la capsule lors du développement du pied. Une sorte de gaine, la *vaginule*, entoure la base du pied, c'est la partie inférieure de l'archégone, hors duquel, on le voit, s'effectue le développement du sporogone, ce qui différencie les Mousses des Hépatiques, chez lesquelles le sporogone reste inclus dans l'archégone.

Le pied du sporogone n'a rien de particulier ; la capsule, elle, est tout simplement un sporange ; il s'y forme, en effet, des spores, d'où il résulte que le développement complet d'une Mousse se compose de deux stades : 1° *stade sexué*, qui est constitué par la plante adulte et pendant lequel se produit un œuf ; 2° *stade asexué*, constitué par le sporogone, qui résulte du développement de l'œuf et qui vit en parasite sur la plante sexuée. Les spores produites par ce sporogone donnent naissance par leur germination à un nouveau pied de Mousse.

En enlevant la coiffe, ou *calyptra*, qui recouvre la capsule, on voit que celle-ci est terminée par un cône brunâtre, que l'on peut détacher facilement avec une aiguille : c'est l'*opercule*. Quand il est enlevé, on voit une ouverture garnie d'un cercle de dentelures (*péristome*), qui donne accès dans l'intérieur de la capsule. Le péristome est double chez le *Mnium* ; il comprend : 1° une rangée externe de dents ; 2° une rangée interne de cils.

Si nous faisons une coupe transversale dans la capsule, vers la moitié de sa longueur, nous trouvons que la partie centrale est occupée par une colonne de tissus, la *columelle* ; tout autour est une lacune annulaire remplie de spores ; on trouve enfin, formant les parois de la capsule, un certain nombre d'assises chlorophylliennes, recouvertes par un épiderme bien différencié, comprenant deux ou trois assises de cellules à paroi externe épaissie. Une coupe longitudinale achèvera de donner une idée de la structure de la capsule. On voit alors que la columelle traverse la cavité sporifère dans toute sa longueur, et que la cavité est fermée en haut par l'opercule. Le mécanisme du décollement de celui-ci s'explique facilement si l'on remarque que des cellules à parois très minces constituant ce qu'on appelle l'*anneau*, le séparent seules des assises formant les parois de la capsule. Un cercle de cellules partiellement sclérifiées, et qui règne sur tout le pourtour de l'opercule à l'endroit où il s'attache, favorise d'ailleurs la rupture par la contraction de ses membranes sous l'influence de la sécheresse. C'est au-dessous de l'anneau que se trouve le péristome. Les cellules mères du péristome, qui forment un cercle par leur ensemble, ont leurs parois externe et interne partiellement épaissies, les parois radiales restant minces ; ce sont ces épaississements qui persistent seuls, lors de la chute de l'opercule, qui constituent les dents et les cils.

Achevons la description de la capsule en disant que le pédicelle qui la porte est renflé à son point d'attache : c'est ce qu'on appelle l'*apophyse*. Cette apophyse a ceci de particulier que son épiderme porte des stomates.

La capsule du *Polytric* diffère peu de celle du *Mnium*, ainsi qu'on peut s'en assurer par la figure 56. Signalons cependant un épaisissement de la columelle au-dessous de l'opercule, et qui constitue l'*épiphragme*, épiphragme qui clôt partiellement le sac sporifère après la chute de l'opercule ; signalons aussi le péristome simple, qui ne présente que des dents.

Les descriptions faites s'appliquent à peu de chose près à toute la famille des Bryacées, qui fait partie des

vrais Mousses, ou Bryinées. Chez les Sphagninées ou
Mousses anormales, la cavité sporifère, au lieu d'être
annulaire, a la forme d'une calotte, la columelle ne traversant pas le sac ; de plus, la capsule est supportée, non
plus par une soie, résultant du déve-
loppement du pied du sporogone,
mais par un *pseudopode*, résultant
de l'allongement du rameau femelle.

Il existe d'ailleurs, au point de
vue du développement des sporogones, des différences fondamentales
entre les Bryinées et les Sphagninées.
Lorsque l'œuf commence à se cloi-
sonner pour donner naissance au
sporogone, il se divise d'abord en
deux cellules. L'inférieure reste stérile chez les vraies Mousses, et tout
le sporogone se développe aux
dépens de la cellule supérieure ; la

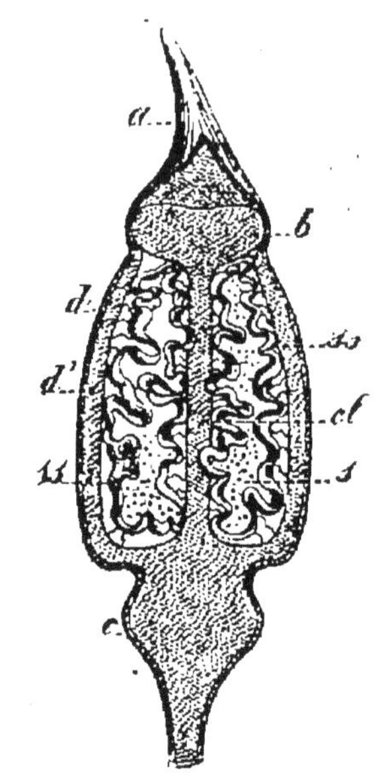

Fig. 56. — Coupe de la
capsule d'un Polytric.

cellule inférieure contribue, au contraire, à la formation
du pied chez les Mousses anormales.

Les cellules mères des spores, constituant ce qu'on
appelle l'*archéspore*, et dont la destruction, lors de la
maturité des spores, donne naissance au sac sporifère,
n'ont pas non plus la même origine dans les deux groupes. En effet, c'est aux dépens d'une des assises externes
(*amphithécium*) résultant du cloisonnement de l'œuf que
se forme l'archéspore chez les Sphagninées, tandis que
c'est aux dépens d'une des assises internes (*endothécium*)
que se forment les spores des Bryinées.

Il resterait beaucoup de choses à dire encore sur les
Mousses, notamment sur la famille des Archidiacées,

qui participent un peu des deux groupes précédents par leurs caractères, mais nous renvoyons pour de plus amples détails aux traités spéciaux.

Les spores se développent en une sorte de prothalle filamenteux, dit *protonéma*, sur lequel apparaît ensuite, aux dépens d'une cellule à cloisonnements anticlines, le vrai corps de la Mousse; chez les Sphaginées, il y a même deux prothalles successifs, un protonéma et un prothalle foliacé, qui précèdent le vrai corps.

Les Mousses ont, à côté de leur reproduction véritable, une multiplication par *propagules*, sortes de bourgeons qui s'isolent, se détachent et se mettent à vivre d'une vie propre.

b. Hépatiques.

Chez les Hépatiques, il n'y a pas toujours différenciation bien marquée du corps en tige et feuilles, et l'on peut dire jusqu'à un certain point que, sauf dans les genres *Riccia*, *Jungermannia* et *Haplomitrium*, on a encore affaire à un thalle comme chez les Thallophytes. Ce thalle est aplati, foliacé et porte à sa partie inférieure des filaments nutritifs, les *rhizoïdes* (que portait aussi la tige des Mousses) et souvent munis à leur intérieur d'épaississements spiralés caractéristiques (*Marchantia*).

La structure du thalle est souvent homogène (*Anthoceros*), mais si l'on examine un thalle de *Lunularia*, *Marchantia*, *Fegatella*, Hépatiques très communes dans les endroits humides, où l'on voit ramper leurs expansions foliacées, on voit que l'on distingue à la face supérieure un épiderme, et que la masse parenchymateuse est creusée de lacunes, lacunes habitées le plus souvent par des colonies de *Nostoc*. (Voir plus haut *Cyanophycées*.)

L'épiderme porte des sortes de *stomates* qui méritent de nous arrêter quelque temps : nous prendrons comme exemple les stomates du *Marchantia*. Ces stomates sont des ouvertures circulaires, bordées par une rangée de cellules, qui dans leur ensemble ont la forme d'un tonnelet. Ces ouvertures conduisent dans des cavités sous-épidermiques, tapissées à leur intérieur de nombreux poils articulés, dont les cellules sont pleines de chlorophylle.

Nous ne dirons presque rien de la tige et des feuilles des genres qui en possèdent : la structure est analogue à celle que nous avons vue chez les Mousses ; la tige est à peine différenciée ; les feuilles sont formées le plus souvent d'une seule assise de cellules.

La reproduction se fait comme chez les Mousses par anthéridies et par archégones. Ces anthéridies et ces archégones ont une structure à peu près identique à celle que nous avons déjà exposée : cependant le col de l'archégone est souvent plus long ; il comprend cinq rangées de cellules chez les Jungermannioïdées et quatre chez les Marchantioïdées (ce qui permet de distinguer ces deux ordres de la classe des Hépatiques). Les organes sexuels sont portés soit à l'extrémité de rameaux, comme chez les *Jungermannia*, soit sur des chapeaux pédicellés spéciaux, comme chez les *Marchantia* ; ils naissent parfois simplement dans une cavité du thalle *(Anthoceros)*, et alors l'archégone est à peine différencié.

L'œuf, après fécondation, donne naissance à un *sporogone*, mais celui-ci reste inclus dans l'archégone, soit toujours, soit du moins très tard. Il n'y a pas d'*archéspore* proprement dit, mais les cellules fertiles et les cellules stériles sont entremêlées (ce qui se voit d'ailleurs aussi chez certaines Mousses).

La formation des spores aux dépens de leurs cellules mères est particulière chez l'*Anthoceros*. On sait que lors de la multiplication des cellules, la division du noyau précède d'ordinaire celle du protoplasma : ici, c'est l'inverse.

Il existe des *propagules* chez les Hépatiques comme chez les Mousses, mais là, ils se forment dans des endroits spéciaux, dans de petites corbeilles arrondies *(Marchantia)*, ou en forme de nids de pigeon *(Lunularia)*; ils naissent aux dépens de poils, dont la tête se renfle, se remplit de chlorophylle, puis se détache. A ce moment le propagule a à peu près la forme d'une semelle de soulier.

III

CRYPTOGAMES VASCULAIRES

a. Filicinées. — *b.* Équisétinées. — *c.* Lycopodinées — *d.* Lépidodendrinées.

Ces végétaux possèdent une *tige*, des *feuilles* et des *racines*. L'appareil végétatif a déjà été étudié en partie dans la botanique générale; nous compléterons seulement ce qu'il y a à en dire au fur et à mesure.

La reproduction se fait chez les Cryptogames vasculaires comme chez les Muscinées, par anthéridies, archégones et spores. Il y a là aussi alternativement une plante sexuée et une plante asexuée; mais alors que chez les Mousses c'est la plante sexuée qui est la plante adulte, ici, au contraire, la plante sexuée, appelée *prothalle*, n'a qu'une durée passagère, elle est très rarement vivace (Lycopodinées), et c'est la plante asexuée qui représente le stade durable dans la vie de la plante. C'est là une différence fondamentale et qui fait qu'en définitive il y a plus de différence, comme nous le verrons, entre les Muscinées et les Cryptogames vasculaires qu'entre celles-ci et les Phanérogames.

a. Filicinées.

Les Filicinées, qui forment le premier ordre des Cryptogames vasculaires, se divisent ainsi :

1º FOUGÈRES.		
2º MARATTIOÏDÉES. . . .	{	*Marattiacées.* *Ophioglossées.*
3º HYDROPTÉRIDÉES. . . .	{	*Salviniacées.* *Marsiliacées.*

Nous allons passer en revue ces trois ordres dans ce qu'ils ont de plus intéressant pour le micrographe.

1º FOUGÈRES. — Les Fougères sont connues de tout le monde : elles habitent les bois, les endroits sombres et humides. De dimensions relativement petites dans nos pays, elles atteignent une taille considérable dans les pays chauds (*Fougères arborescentes*). On distingue de nombreuses familles dans l'ordre des Fougères, mais la famille la plus répandue dans nos pays étant celle des Polypodiacées, c'est à elle que nous emprunterons nos exemples, pour que le lecteur puisse suivre plus facilement nos descriptions avec les préparations qu'il fera lui-même.

Si l'on examine à certaine époque de l'année des feuilles de Fougère mâle (*Polystichum Filix mas*), on aperçoit à la face inférieure des taches brunâtres : c'est là ce qu'on appelle des *sores*. Ces sores sont des groupes de sporanges (fig. 57), groupes recouverts par une membrane mince, l'*indusium*, formée d'une seule couche de cellules, et qui est un prolongement de l'épiderme de la feuille. Si l'on examine un sporange en particulier, on voit que c'est une sorte de capsule pédicellée, et dont une bande de cellules *(c)*, appelée *anneau*, a ses parois internes fortement épaissies. Le rôle de cet anneau est très grand pour la déhiscence des sporanges. Comme on le voit sur la figure, il n'est pas absolument complet ; sous l'influence de la sécheresse une rupture a lieu à l'endroit où les cellules sont restées minces, et les spores

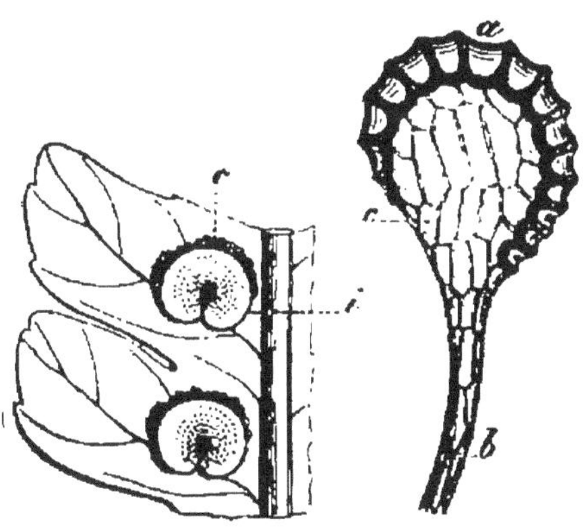

Fic. 57. — *Polystichum*. Sporanges.

sont mises en liberté. Ce sont de petits corps tétraédriques, à surface cutinisée et plus ou moins ornée.

Si l'on fait des coupes dans des feuilles jeunes, on pourra assister à tous les stades de la formation des sporanges, dont voici en quelques mots le développement. Une cellule épidermique de la feuille se renfle et se divise en deux ; la cellule inférieure donnera le pied, la cellule supérieure le sporange proprement dit. Cette cellule supérieure isole par un certain nombre de cloisons (quatre) une cellule centrale tétraédrique et quatre périphériques. La cellule centrale est l'*archéspore* ; cette archéspore ne tarde pas à subir un cloisonnement analogue à celui qu'avait déjà subi la cellule mère du sporange ; il en résulte une nouvelle assise de cellules tapissant les parois formées par les cellules périphériques : cette assise est le *tapis*, et une nouvelle cellule centrale, qui est la *cellule mère* des spores. Elle se divise successivement en deux, quatre, seize, trente-deux cellules ; ces dernières sont autant de spores.

Les amas de sporanges, les sores, sont isolés en petits groupes arrondis chez les *Polystichum* ; chez les Scolopendres, ces groupes sont allongés et se développent parallèlement aux nervures secondaires de la feuille, qui là, chose rare chez les Fougères, est entière. Ces sores sont recouverts par deux indusies en forme de lèvres. Si l'on fait une coupe transversale perpendiculaire à la direction des nervures secondaires dans la région des sores, on voit que les deux faces de la feuille sont recouvertes d'un épiderme simple, qui fournit à la face inférieure les deux lèvres de l'indusie, et que le mésophylle est formé d'un parenchyme chlorophyllien spongieux. La bande formée par la réunion des sores, qui paraissait simple à première vue, se montre double : il y a donc, en réalité, deux files de sporanges, recouvertes chacune par une des lèvres de l'indusie. Chacune des deux files est placée au-dessus d'un faisceau libéroligneux.

Dans le *Polypodium vulgare*, les sores sont nus, il n'y a pas d'indusie.

Il y aurait encore beaucoup à dire sur la forme des sores, qui peuvent être circulaires, réniformes, allongés ; sur l'absence ou la présence d'une indusie, parfois remplacée simplement par un repli de la feuille *(fausse indusie)* ; sur la forme des sporanges eux-mêmes, qui parfois n'offrent pas d'anneau *(Osmonde)*, mais nous ne saurions entrer dans tous ces détails.

Les sporanges des Fougères, tous semblables, ne produisent qu'une seule espèce de spores : les Fougères sont donc des Filicinées *isosporées*.

Les spores germent en un *prothalle*, petite plante verte, foliacée, cordiforme et ne présentant plusieurs épaisseurs de cellules que dans sa partie centrale *(coussinet)*. Le prothalle est fixé au sol par des filaments rhizoïdes qui partent de sa face inférieure. C'est dans la partie du prothalle présentant plusieurs épaisseurs de cellules, et à la partie inférieure qu'apparaissent les organes de la reproduction sexuée, les anthéridies et les archégones.

Ces organes, plus petits que chez les Mousses, sont assez difficiles à observer ; néanmoins, si l'on fait des coupes dans des prothalles de plus en plus âgés, on pourra assister au développement que nous allons décrire.

Prenons comme exemple un *Adianthum*, et examinons d'abord comment se forme une anthéridie. Une des cellules épidermiques du coussinet se renfle et se divise en deux. La cellule inférieure donnera le pied, la cellule supérieure l'anthéridie. Occupons-nous seulement de cette dernière. On y voit apparaître une cloison en entonnoir, qui délimite une cellule centrale et une cellule périphérique en forme de tore ; la cellule centrale subit alors un cloisonnement en verre de montre, qui isole à sa partie supérieure une calotte, calotte où se forme enfin une dernière cloison en entonnoir. En fin de compte, on a donc une cellule centrale et trois périphériques, dont deux constituent la calotte.

La cellule centrale se divise bientôt en un grand nombre de cellules mères d'anthérozoïdes, où ces derniers apparaissent bientôt. Ce sont des filaments enroulés en spirale, portant des cils à la partie antérieure (fig. 58, *ar*). Voici comment ils se forment dans leurs cellules mères. Le noyau de la cellule prend la forme d'une sphère creuse, et, dans cette sphère se découpe le corps de l'anthérozoïde, dont les cils sont formés par le protoplasma ambiant, dont une grande partie d'ailleurs reste sans em-

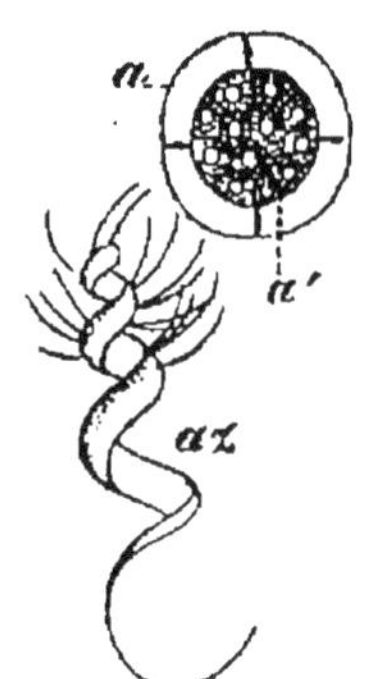

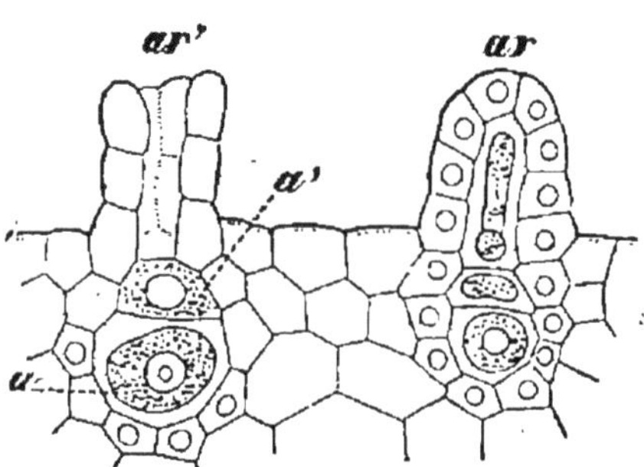

Fig. 58. — Anthéridie *a*, *a'*, et anthérozoïde *az*.

Fig. 59. — Archégones de Fougère.

ploi. Les archégones (fig. 59) se forment d'une façon bien simple : une des cellules épidermiques du coussinet se divise en trois cellules superposées ; la cellule la plus inférieure constitue la paroi inférieure de l'archégone ; la cellule au-dessus donne la cellule centrale et la cellule de canal du col ; la cellule supérieure donne le col. La cellule centrale se divise bientôt en deux, oosphère et cellule centrale de canal ; comme chez les Muscinées, la cellule de canal du col se divise au plus deux fois, de sorte qu'il n'y a jamais plus de quatre cellules de canal. La cellule centrale et les cellules de canal se gélifient bientôt, et font ouvrir le col de l'archégone, puis les anthérozoïdes y pénètrent et vont féconder l'oosphère, qui devient un œuf.

L'œuf se divise bientôt en quatre quartiers, puis

en huit octants ; sans entrer dans le détail du développement de l'embryon, disons qu'il se développe en une plante asexuée, qui est la Fougère proprement dite, Fougère qui produira des spores, d'où naîtront d'autres prothalles, et ainsi de suite.

Appareil végétatif. — Revenons un peu maintenant sur la tige et la racine que nous avons déjà examinées en anatomie. Nous remarquerons que chez les Fougères l'*endoderme* et le *péricycle* sont presque toujours très nets, et qu'ils sont fréquemment superposés, au lieu d'être alternes comme chez les Phanérogames. Il est vrai qu'ici l'endoderme, très mince, fait partie du cylindre central probablement, ce qu'on peut admettre d'autant plus facilement que l'assise corticale qui lui est superposée a ses parois internes épaissies comme l'endoderme des Phanérogames et en joue absolument le rôle.

La tige et la racine, qui naissent le plus souvent d'une seule cellule mère, doivent quelquefois leur origine à un groupe de cellules, comme l'a fait voir M. Lachmann. Les feuilles, assez bien développées d'ordinaire, sont parfois réduites, sauf une nervure, à une simple assise de cellules (*Trichomanes Andrewsi*) ; elles ne présentent jamais de parenchyme en palissade. Les stomates sont parfois très particuliers (*Aneimia*) ; ils sont isolés au milieu de leur cellule mère, sans y être rattachés par aucune cloison ; on n'est pas encore d'accord sur le mode de formation de ces stomates.

2° MARATTIOÏDÉES. — Ce sont comme les Fougères des Filicinées isosporées ; seulement, alors que chez les Fougères un sporange provient d'une cellule épidermique unique, ici il naît d'*un groupe de cellules*. On distingue deux familles dans cet ordre : les Marattiacées, qui n'ont pas de représentant dans notre pays et dont pour cette raison nous parlerons très peu (voir *Appareil végétatif*), et les Ophioglossées, dont on rencontre certains genres, *Ophioglossum*, *Botrychium*, dans les prés humides de nos régions.

Genre *Ophioglossum*. — Dans l'*Ophioglossum vulgatum*, le limbe de la feuille qui porte les sporanges (car là comme dans toutes les Filicinées, ce sont les feuilles qui portent les sporanges) est divisé en deux lobes, un lobe fertile et un stérile. Le lobe fertile est mince et arrondi. Si l'on fait des coupes transversales dans ce lobe à différents degrés de développement, on voit que les sporanges naissent aux dépens d'un groupe de cellules épidermiques. A l'état adulte, ils sont formés d'une cavité arrondie, remplie d'une quantité de spores tétraédriques, hérissées de tubérosités.

Ces spores germent en prothalle un peu différent par la forme de celui des Fougères, mais qui est comme lui dioïque, et porte des anthéridies et des archégones.

Genre *Botrychium*. — Le développement des sporanges est analogue, mais le lobe fertile de la feuille est ramifié. Le prothalle est très petit, il porte les anthéridies à la face supérieure et les archégones à la face inférieure.

Appareil végétatif des Marattioïdées. — Il offre quelques particularités : ainsi, par exemple, la tige d'une Marattiacée, l'*Angiopteris evecta*, n'a pas d'endoderme ni de péricycle autour de ses faisceaux, alors qu'on en trouve dans la racine; de plus les dernières ramifications des racines de certains genres d'*Ophioglossum*, parmi lesquels le *vulgatum*, ne sont, pour ainsi dire, que des *demi-racines* : il n'y a qu'un bois et qu'un liber, appuyés, le bois contre le péricycle, le liber contre l'endoderme, le péricycle manquant là, et séparés par quelques assises de parenchyme conjonctif.

3° HYDROPTÉRIDÉES. — Les Hydroptéridées ou Rhizo-carpées sont des Filicinées hétérosporées. Elles possèdent deux sortes de sporanges, des *macrosporanges* et des *mi-crosporanges*. Les premiers contiennent des macrospores donnant naissance à des prothalles femelles, c'est-à-dire ne portant que des archégones; les deuxièmes, des mi-crospores, donnant naissance à des prothalles mâles ne portant que des anthéridies. Des particularités dans l'appareil reproducteur ont fait distinguer dans les Rhizo-carpées deux familles, les Salviniacées et les Marsiliacées.

Salviniacées. — Cette famille comprend les deux genres *Salvinia* et *Azolla*. Les *Salvinia* se rencontrent dans certains points du midi de la France, particulièrement dans les fossés des environs de Bordeaux. Les *Azolla* sont fréquents dans les serres, bien qu'exotiques et d'origine américaine.

Genre *Salvinia*. — Les *Salvinia* (fig. 60, A) sont des plantes flottantes qui vivent à la surface de l'eau; elles n'ont pas de racines, mais certaines de leurs feuilles sont filiformes, poilues et transformées en organes d'absorption. Ces feuilles filiformes portent à leur aisselle, par transformation d'un de leurs lobes, les organes reproducteurs asexués, les *sporocarpes*, globuleux, côtelés, assez semblables à de petits melons (B, C). Il y a des sporocarpes de deux sortes (ce qui est le caractère de la famille), des *microsporocarpes (mi)* et des *macrosporo-carpes (ma)*. Faisons dans un microsporocarpe et dans un macrosporocarpe une coupe longitudinale et exami-nons cette coupe.

Les microsporocarpes sont formés d'une cavité globuleuse à parois, doubles, si la coupe passe par une côte, simples, si la coupe passe entre deux côtes (la figure 60, C, montre assez comment cela peut se produire). Dans cette cavité, le pédicelle qui supporte le sporocarpe se

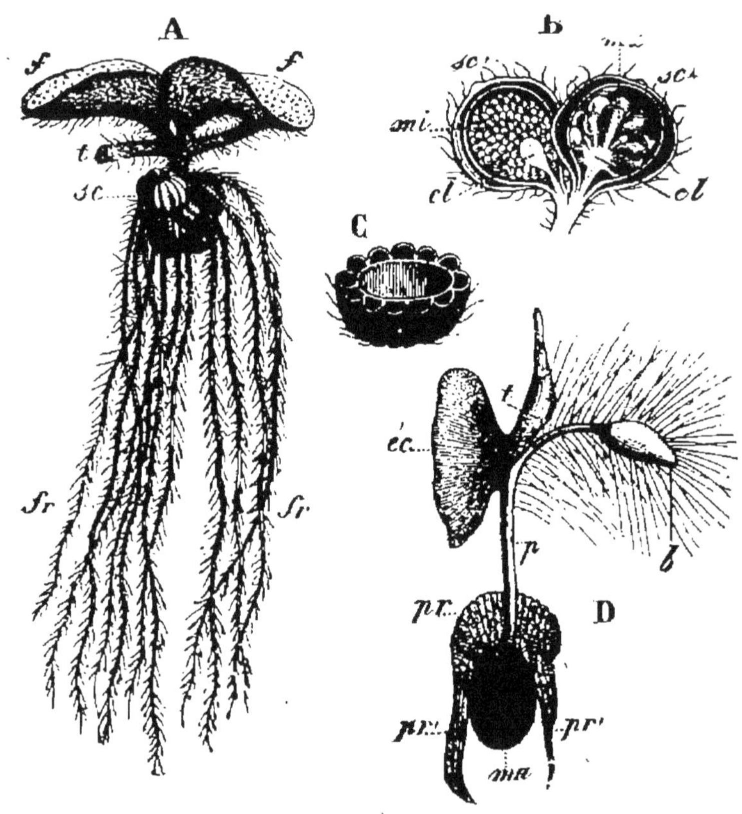

FIG. 60. — *Salvinia natans* : A, un pied entier ; B, deux sporocarpes ; C, coupe d'un sporocarpe ; D, germination de la macrospore.

prolonge en une columelle *cl*, terminée par une tête renflée. Sur cette tête sont insérés les microsporanges. Ceux-ci, très nombreux, sont supportés par un pied grêle, formé d'une seule file de cellules ; leur tête, globuleuse, à parois durcies et cutinisées, renferme soixante-quatre spores, les microspores.

La structure d'un macrospocarpe est analogue, sauf que la columelle ne porte que quelques macrosporanges et que ceux-ci, portés par un pied massif, ne renferment dans leur cavité qu'une seule macrospore ; des soixante-quatre qui sont nées, une seule, en effet, s'est développée.

Que deviennent maintenant ces deux sortes de spores : c'est ce qu'un examen attentif nous apprendra.

Les microspores germent dans le microsporange (fig. 61, A, B, C), elles poussent un petit tube qui se cloisonne en trois, c'est là tout le prothalle mâle, dont les deux dernières cellules représentent l'anthéridie. Chacune de ces deux cellules donne naissance à une cellule stérile, petite, et à une cellule fertile grosse. Cette dernière se divise en quatre, ce sont les cellules mères d'anthérozoïdes. Il y a donc en tout dans l'anthéridie huit anthérozoïdes : ceux-ci ont la forme ordinaire.

Les macrospores germent, elles aussi, dans le macrosporange. Ces macrospores ont une paroi épaisse, l'*épispore*, qui, au moment de la germination, s'ouvre en trois valves. L'exospore se rompt alors, l'endospore fait hernie, et le protoplasma, qui s'était accumulé à la partie supérieure de la spore, se cloisonne et donne de nombreuses cellules : c'est là le prothalle femelle. Ce prothalle, qui est triangulaire (fig. 60, D, *pr*), donne naissance, soit à un seul archégone (E), soit à trois. Cet archégone a le col très court ; l'oosphère, fécondée, se développe en un embryon, après une division préalable de l'œuf en huit octants comme chez les Fougères (fig. 61, F).

Genre *Azolla.* — Dans ce genre, les microsporocarpes qui naissent par groupes sur le lobe inférieur d'une feuille, ont la forme de capsules sphériques, brièvement pédicellées ; une columelle qui s'avance dans leur cavité, porte une soixantaine de microsporanges, qui renferment chacun de nombreuses microspores ; celles-ci sont accumulées en petits amas, les *massules*. Chaque massule

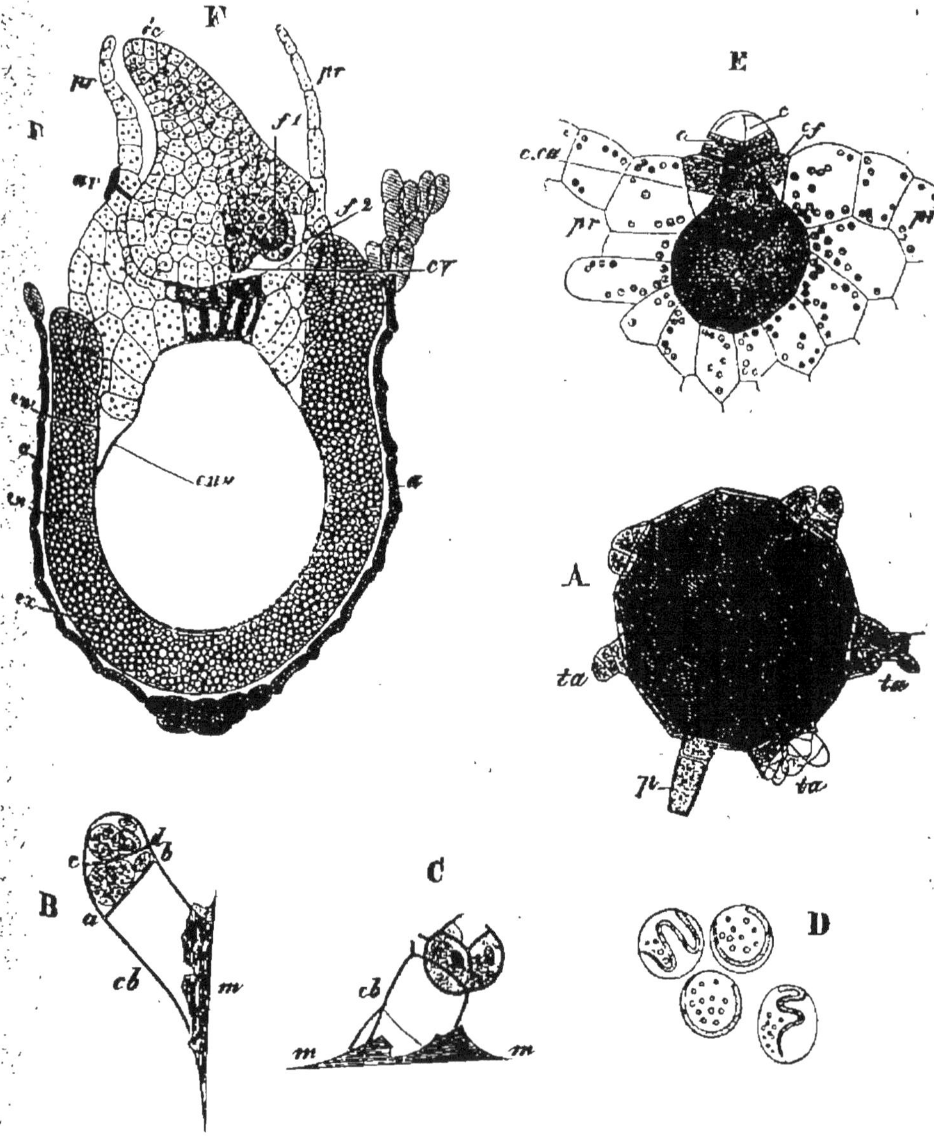

Fig. 61. — *Salvinia natans* : A, microsporange ; B, C, tubes anthéridiens ; D, anthérozoïdes ; E, archégone ; F, coupe longitudinale d'une macropsore germée.

émet sur tout son pourtour des prolongements terminés par des crochets en hameçon. les *glochides*, qui servent à fixer les massules sur le prothalle femelle. Le prothalle mâle, très réduit, qui naît de ces microspores, consiste simplement en une anthéridie.

Les macrosporocarpes, de même structure ne renferment qu'un macrosporange, renfermant lui-même une seule macrospore. Cette macrospore a ceci de particulier qu'elle est munie à son extrémité supérieure d'un certain nombre de flotteurs (trois dans l'*Azolla caroliniana*); l'épispore est très épaisse et verruqueuse. Le prothalle femelle qui résulte de la germination de la macrospore est très réduit; il reste presque entièrement contenu dans la macrospore. L'œuf, en se développant, redonne la forme asexuée.

Appareil végétatif. — Pas de particularités à signaler, sauf que la tige et la racine sont très réduites ; la racine même n'existe pas parfois (Salvinie).

La tige de l'*Azolla* ne présente comme système libéroligneux que quatre vaisseaux et quatre tubes criblés ; le péricycle et l'endoderme, très nets, sont superposés. L'écorce, creusée de lacunes qui servent souvent à abriter des colonies de Nostoc, a sa dernière assise formée de grandes cellules épaissies.

La racine n'offre souvent que deux vaisseaux et deux tubes criblés, le péricycle et l'endoderme sont nets et superposés ; l'écorce ne comprend que trois assises de cellules dont les deux plus internes sont formées de grandes cellules laissant entre elles des méats; la plus externe est formée de petites cellules.

Marsiliacées. — Deux genres sont surtout intéressants dans cette famille, qui a ceci de particulier que les sporocarpes, qui correspondent à des feuilles, sont pluriloculaires, et renferment à la fois dans chaque loge des microsporanges et des macrosporanges; ce sont les genres *Pilularia* et *Marsilia*.

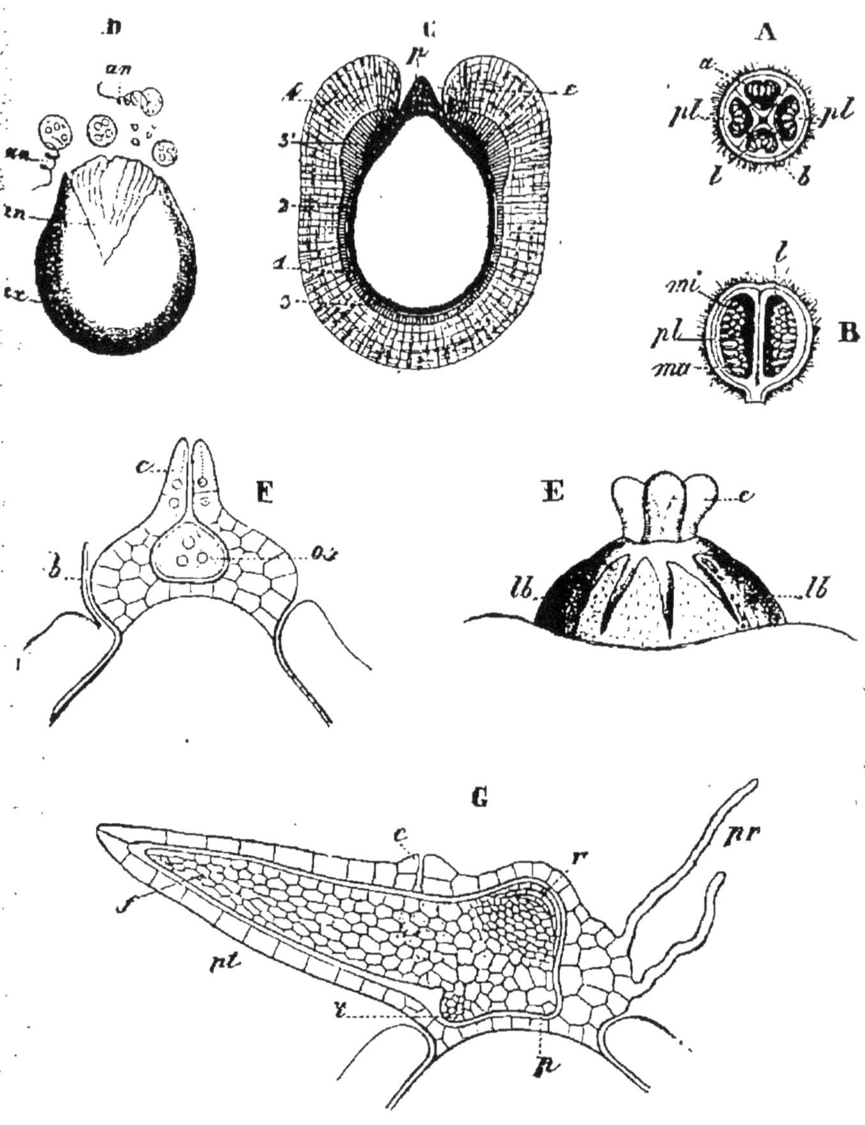

FIG. 62 — *Pilularia globulifera* : A, sporocarpe coupé transversalement; B, coupé longitudinalement; C, macrospore adulte; D, macrospore germant; E, sommet d'une macrospore; F, archégone; G, embryon.

Genre *Pilularia*. — Les sporocarpes (A, B, fig. 62)

sont divisés en quatre loges; ils portent sur leurs parois, *pl*, à la partie supérieure, des microsporanges, *mi*; à la partie inférieure, des macrosporanges, *ma*. Chaque microsporange, dont la paroi est formée d'une seule assise de cellules, renferme trente-deux microspores ; celles-ci germent en un prothalle mâle, réduit à l'anthéridie, qui donne naissance à trente-deux anthérozoïdes (D, *an)* à deux cils.

Chaque macrosporange ne renferme qu'une macrospore *c*, les autres sont détruites. Cette macrospore, assez volumineuse, possède quatre membranes, comme on peut s'en assurer par une coupe longitudinale. La plus interne (1) est plus ou moins brune et cuticularisée ; la suivante (2) est transparente, incolore et également mince, elle se renfle au sommet de la macrospore en une papille. Ces deux membranes entourent toute la spore, la troisième et la quatrième ne sont pas continues ; leur interruption donne naissance, au sommet de la spore, à un petit puits au fond duquel s'élève l'éminence formée par la deuxième membrane.

La troisième membrane (3), d'abord mince, s'épaissit vers le sommet de la spore ; elle semble formée de prismes, accolés les uns aux autres.

La quatrième (4), de même forme, présente les mêmes stries radiales, mais a de plus des stries concentriques. L'ensemble de ces deux membranes représente l'épispore.

La macrospore germe en un prothalle très réduit qui ne forme souvent qu'un seul archégone F ; l'oosphère fécondé se développe bientôt en une plantule qui reste assez longtemps contenue dans l'archégone qu'elle distend (G, fig. 62).

Genre *Marsilia*. — Le sporocarpe a là la forme d'un haricot : il est poilu et porté par un pédicelle que l'on peut comparer au pétiole de la feuille stérile. Il est divisé en plusieurs loges. La paroi de ce sporocarpe a une structure assez compliquée; on y compte cinq assises : 1° un épiderme à cellules hautes, muni de stomates et de poils; 2° une couche de cellules prismatiques fortement épaissies, surtout dans la partie médiane; 3° une nouvelle couche de deux assises de cellules prismatiques moins épaissies; 4° une couche de petites cellules amylifères, en forme de sablier, et partant, laissant entre elles des méats; 5° une couche formée de plusieurs assises de parenchyme chlorophyllien, au milieu desquelles courent des faisceaux.

Les microspores, les macrospores, sont pareilles à celles du *Pilularia*.

Appareil végétatif. — Peu de particularités à signaler. La tige présente un bois annulaire à liber externe et interne; il y a un entoderme et un péricycle à la face externe du liber externe, à la face interne du liber interne, structure déjà vue chez certaines Fougères. La racine a un système vasculaire très réduit, il n'y a souvent que quatre vaisseaux et quatre tubes criblés. L'endoderme y est très net, l'écorce interne est sclérifiée, l'écorce externe réduite à une seule assise de cellules.

b. Équisétinées.

Cette classe ne renferme qu'un ordre et qu'une famille, les Équisétacées, avec le seul genre *Equisetum*. Ce sont là les *Prèles*, que tout le monde connaît, pour en avoir vu dans les rivières, les marais, et les lieux humides en général.

Les *Equisetum* sont des Cryptogames isosporées; les

sporanges ne donnent qu'une seule espèce de spores, mais les prothalles sont néanmoins de sexe différent : les uns portent des anthéridies, les autres des archégones, dans la majorité des cas du moins.

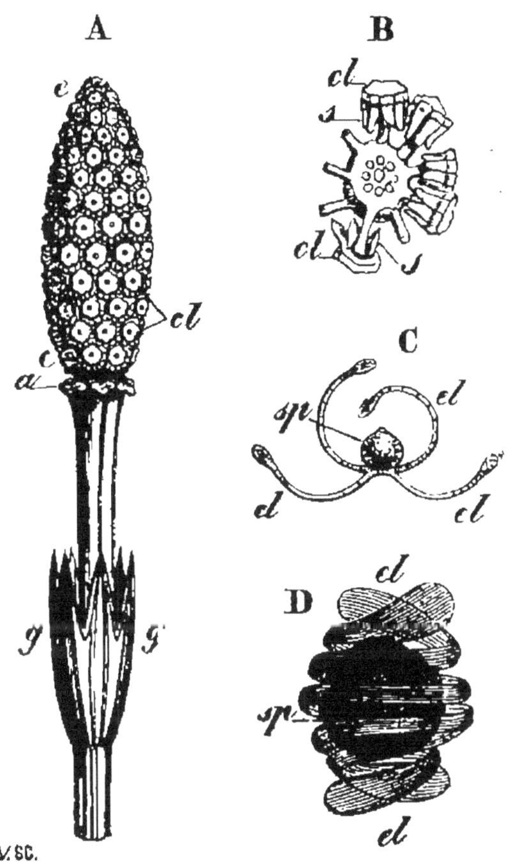

Fig. 63. — *Equisitum arvense* : A, B, sporanges : C, D, spore et ses élatères.

Les sporanges (fig. 63) se forment à l'extrémité des tiges de la plante asexuée, soit sur des tiges spéciales (*E. arvense*), soit sur n'importe quelle tige (*E. hiemale*). L'ensemble des sporanges forme un épi terminal A, serré, et composé de plusieurs verticilles de petits corps en forme de clous à tête, qui sont des feuilles modifiées, et que l'on nomme *clypéoles* ou *écussons*. Chaque clypéole donne attache à 5-10 sporanges (*s*, B) qui sont oblongs et s'ouvrent à la maturité par une fente longitudinale, pour laisser sortir les spores. Ces spores, nées d'une seule cellule sous-épidermique du renflement qui représente seul d'abord le sporange, naissent par tétrades dans les cellules mères résultant du cloisonnement de cette cellule. Elles ont une conformation particulière (C, D). Chacune d'elle, examinée à sec, se montre comme un petit corps arrondi, portant attachés à sa base deux filaments en croix, un peu élargis à leur extrémité libre. Ces filaments, dits *élatères* sont dus à ce que, des trois membranes qui entourent la spore complètement développée *(endospore, exospore, épispore)*, la plus externe s'est découpée en une double spirale. A l'humidité, cette spirale se resserre autour de la spore. On peut assister facilement sous le microscope, en humectant et en desséchant alternativement les spores, à l'enroulement et au déroulement successifs des élatères. Ces élatères sont des organes de dissémination.

Les spores germent en plantes sexuées ou prothalles; ces prothalles n'ont rien de bien particulier, cependant il faut remarquer qu'ils ne sont pas entiers comme ceux des Fougères, mais ramifiés et lobés. Ils sont d'une taille assez considérable. Les anthéridies, toujours semblables à celles que nous avons déjà vues, donnent naissance à des anthérozoïdes filiformes, deux fois enroulés sur eux-mêmes, et portant un grand nombre de cils. Les archégones ressemblent à ceux des Fougères, leur ventre est enfoncé dans le tissu du prothalle, et leur col est formé de quatre rangées de quatre cellules. On trouve dans cet archégone : une oosphère, une cellule ventrale de canal et quelques cellules de canal du col.

L'oosphère fécondée en un œuf, donne naissance, après s'être segmentée en huit octants, à un embryon qui devient une nouvelle plante asexuée.

Appareil végétatif. — Rappelons seulement, après ce que nous en avons dit plus haut, que la tige des Prèles présente de nombreuses lacunes : 1° lacunes dans l'écorce, qui correspondent aux dépressions de la tige cannelée (lacunes *valléculaires*) ; 2° lacunes dans le bois qui correspondent aux saillies (lacunes *carénales*) ; 3° une grande lacune médullaire centrale qui rend les tiges fistuleuses, sauf aux *nœuds* (endroits où s'attachent les feuilles). La tige peut présenter un seul endoderme externe, ou deux endodermes, un externe et un interne, ou enfin un endoderme spécial pour chaque faisceau. Le péricycle est en alternance avec l'endoderme dans la tige.

c. Lycopodinées.

La classe et l'ordre des Lycopodinées renferme les quatre familles des *Lycopodiacées*, *Psilotacées*, *Sélaginellées*, *Isoétées*. Les deux premières familles sont *isosporées*, les deux autres *hétérosporées*.

Lycopodiacées. — Cette famille tire son nom du genre *Lycopodium*, représenté chez nous par plusieurs espèces, entre autres le *L. clavatum*, que l'on trouve dans certaines régions, entre autres au *mont Pilat*, dans les environs de Saint-Étienne.

Le caractère distinctif des Lycopodiacées est que les sporanges sont solitaires et libres ; ils naissent sur la plante asexuée, à l'aisselle des feuilles spéciales, rapprochées en épis, dans la majorité des cas du moins, car dans le *L. Selago*, les feuilles fertiles sont semblables aux feuilles stériles.

Les sporanges, comme on s'en assure par des coupes faites dans les organes jeunes, naissent aux dépens d'un groupe de celllules épidermiques ; les parois sont formées de trois assises d'abord ; mais la plus interne, le tapis, se résorbe à la maturité. Le sporange à ce moment s'ouvre par déhiscence, et il s'en échappe des spores petites, brunes, tétraériques, sans épispore. Elles naissent par tétrades dans les cellules mères.

Elles germent, comme toujours, en prothalles. Ces prothalles monoïques ne sont bien connus que depuis peu de temps ; on sait que quelques-uns sont vivaces et parfois même se reproduisent par propagules ; ils sont donc là très développés, et ce développement de la plante sexuée est peut-être le trait d'union longtemps cherché entre les Muscinées et les Cryptogames vasculaires.

Les anthéridies et les archégones qui, comme nous l'avons dit, se forment sur le même prothalle, ont une structure très simple. L'anthéridie est formée par une cellule épidermique dont la seule différenciation consiste en un couvercle tricellulaire. La cellule inférieure qui reste après la formation de ce couvercle est la cellule anthéridienne proprement dite, qui donne naissance à de nombreux anthérozoïdes globuleux à deux cils.

L'archégone a la structure ordinaire, sauf que la cellule épidermique qui lui donne naissance n'isole pas de cellule basilaire, comme cela se voit chez les Fougères. Le col, qui n'a que trois étages de cellules, dépasse à peine la surface du prothalle.

L'oosphère, fécondée et devenue un œuf, ne tarde pas à se diviser en deux cellules, une supérieure stérile, qui est appelée suspenseur, par analogie au suspenseur que nous trouvons chez les Phanérogames, et une inférieure qui donne seule naissance à l'embryon. La plantule n'a qu'une première feuille, l'embryon peut donc être dit *monocotylé*.

Appareil végétatif. — La tige des Lycopodiacées a une structure assez particulière, aussi nous arrêtera-t-elle quelque temps. Disons d'abord qu'elle forme ses tissus aux dépens de trois sortes d'initiales : une pour l'épiderme, une pour l'écorce, une pour le cylindre central, ce qui est remarquable chez une Cryptogame vasculaire, la croissance de la tige se faisant d'ordinaire aux dépens d'une seule cellule terminale. Pour ce qui est de la structure, le cylindre central est seul remarquable. Le péricycle, formé de plusieurs assises de cellules, renferme un amas de liber dans lequel sont noyés des îlots allongés de bois.

La racine, à son origine, n'a rien de particulier dans sa structure ; mais cette racine se dichotomise un grand nombre de fois, et si l'on fait des coupes dans une des dernières branches de la dichotomie, on retrouve cette structure que nous avons déjà signalée dans l'*Ophioglossum vulgatum*, structure de *demi-racine*.

Psilotacées. — Cette famille, réunie autrefois aux *Lycopodiacées*, s'en distingue par le fait que les sporanges naissent par groupes de trois, et se soudent en une capsule triloculaire. Ils naissent à l'aisselle de feuilles bilobées, les feuilles stériles étant simples. Les spores n'ont d'ailleurs rien de particulier, non plus que les prothalles. Le genre le plus connu est le genre *Psilotum*, et en particulier l'espèce *P. triquetrum*, ainsi nommée à cause de sa tige triangulaire.

Appareil végétatif. — La tige des Psilotacées renferme un certain nombre de faisceaux ligneux qui peuvent se souder au centre (*Tmesipteris*), ou au contraire laisser une moelle (*Psilotum*). L'ensemble des faisceaux est entouré d'un cercle continu de liber. Le péricycle est assez net ; l'endoderme, peu défini, présente parfois trois assises portant les plissements caractéristiques.

Il n'y a pas de racine.

Sélaginellées. — Ce sont des Cryptogames hétérosporées, il y a donc de nouveau dans cette famille deux espèces de sporanges, deux espèces de spores, deux espèces de prothalles. Comme chez les Hydroptéridées, plus peut-être encore, les prothalles sont excessivement réduits, et restent inclus dans l'intérieur des spores, ce qui, comme nous le verrons, permet d'établir le passage des Cryptogames aux Phanérogames.

On peut prendre pour type d'étude une Sélaginelle : ces plantes, quoique exotiques, sont très répandues dans les serres, où elles constituent un gazon très élégant.

Les sporanges, macrosporanges ou microsporanges, s'insèrent à la base des feuilles de la plante asexuée ; ces feuilles sont disposées en épis, et ce sont souvent les feuilles supérieures de l'épi qui portent les microsporanges, et les feuilles inférieures qui portent les macrosporanges.

Les microsporanges, brunâtres, sont brièvement pédicellés ; ils renferment une grande quantité de spores tétraédriques nées par groupes de quatre dans les cellules mères. Ils ont primitivement une paroi formée de trois assises, mais la plus interne, le tapis, se résorbe, comme nous l'avons toujours vu, bien que cette résorption soit un peu tardive. La miscrospore se divise bientôt en deux cellules : l'une, stérile, est le prothalle mâle[1] ; l'autre,

[1] Cette cellule se divise parfois en deux.

fertile est l'anthéridie; elle se cloisonne en six; de ces

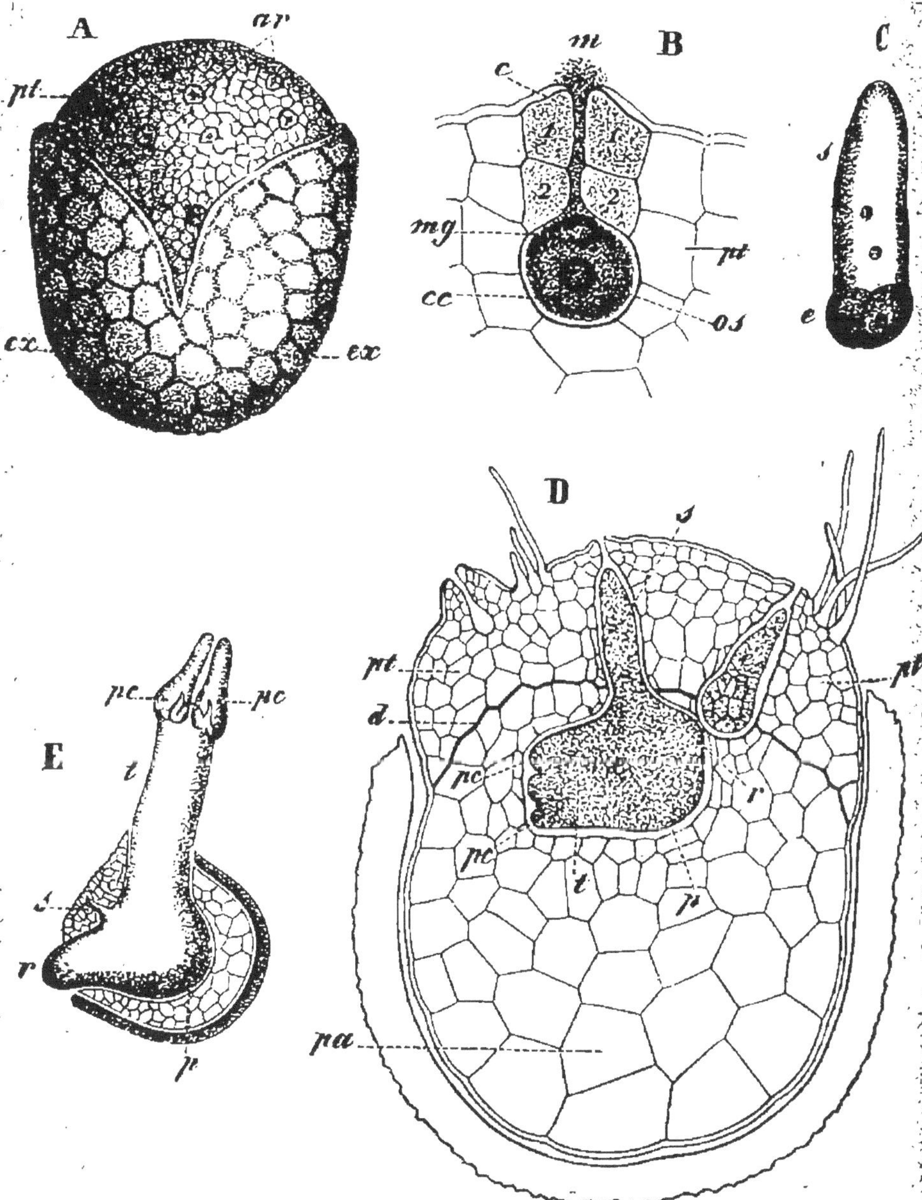

FIG. 64. — *Selaginella Martensii* : A, macrospore germée; B, archégone ; C, embryon; D, coupe d'une macrospore germée; E, embryon plus avancé.

six cellules, deux seulement, les cellules centrales, donneraient des anthérozoïdes, d'après Millardet; d'après

Pfeffer, au contraire, elles en donneraient toutes : c'est encore un sujet d'études que nous proposons à nos lecteurs. Les anthérozoïdes sont des filaments arqués assez gros, munis de deux cils.

Les macrosporanges ont la même structure que les microsporanges, ils sont seulement plus gros et rougeâtres. Les cellules mères des spores ne donnent qu'une spore (trois de la tétrade se résorbant) et de toutes ces spores une seule persiste, il n'y a donc qu'une macrospore. La figure 64, qui représente la germination d'une macrospore du *Selaginella Martensii*, aidera à comprendre les descriptions qui vont suivre. Cette mascrospore, qui présente trois membranes comme celle des Salviniacées et des Marsiliacées, voit son protoplasma s'accumuler à la face supérieure. Il se cloisonne alors en nombreuses cellules (A, D) : c'est là le prothalle femelle, qui reste inclus dans la macrospore qui s'ouvre seulement en deux valves. Ce prothalle produit quelques archégones, B, dont le col, formé de deux assises de cellules seulement, ne proémine pas à la surface du prothalle. L'oosphère fécondée se divise en deux; une cellule stérile est le suspenseur, l'autre donne seule naissance à l'embryon, qui est *dicotylé*.

Appareil végétatif. — La tige des Sélaginelles est assez singulière; il en est de même de certaines formations connues sous le nom de *porte-racines*, et dont la nature, radiculaire ou caulinaire, n'est pas encore complètement élucidée.

La tige des Sélaginelles s'accroît d'une façon bien singulière : elle présente successivement une seule cellule terminale (cunéiforme, pyramidale ou quadrangulaire), ou plusieurs cellules mères; c'est donc une sorte de passage entre le type de croissance normale des Cryptogames vasculaires et celui des Phanérogames. L'intérieur de la tige peut présenter un seul cylindre central *(Selaginella Martensii)*, mais il y en a parfois deux et même trois *(S. inæqualifolia)*. La structure du cylindre central, qu'il n'y en ait qu'un ou plusieurs, est toujours la même. On a une bande de bois entourée d'un anneau de liber, un péricycle assez net, et un endoderme très singulier. En effet, les cellules de cet endoderme se sont détruites en partie ; celles qui sont restées se sont allongées radialement, de sorte que le cylindre central est suspendu au milieu de l'écorce par de longues trabécules.

Les racines des Sélaginelles sont, comme on le sait, des racines adventives qui s'échappent de la tige au même niveau que les rameaux. Elles s'allongent souvent beaucoup dans l'air, avant d'atteindre le sol, et subissent alors de nombreuses dichotomies.

La structure de ces racines ou porte-racines, car on les nomme souvent ainsi à cause de leur naissance exogène, et à cause de l'absence de coiffe, car cette coiffe n'apparaît que quand le sol est atteint, auquel cas on a alors de vraies racines, est celle d'une demi-racine d'Ophioglosse. Il n'y a qu'un bois et qu'un liber ; le péricycle est formé de nombreuses assises, l'endoderme est très net. Le liber, en forme de croissant, enveloppe plus ou moins le bois, dont il est séparé par de grandes cellules de parenchyme conjonctif.

Isoétées. — La famille des Isoétées forme un seul genre, le genre *Isoetes* ; les *Isoetes* habitent dans nos pays : l'*I. lacustris* vit dans les eaux profondes, l'*I. histrix*, dans les lieux humides. En France, c'est principalement dans les environs de Montpellier qu'on trouve des *Isoetes*.

Les sporanges naissent sur des feuilles spéciales dans des cavités creusées dans le limbe, et recouvertes d'une sorte d'indusie. Il y a des microsporanges et des macrosporanges. Ces sporanges naissent aux dépens d'un groupe de cellules sous-épidermiques. Pour les étudier, il suffit de faire des coupes longitudinales et transversales, dans la partie basilaire renflée, des feuilles fertiles.

Les microsporanges, comme les macrosporanges, sont divisés en loges incomplètes par des trabécules de tissu stérile. Chaque cellule fertile isole un tapis qui l'entoure, et la cellule centrale ou archéspore donne, dans le cas des microsporanges, un certain nombre de cellules mères formant chacune une tétrade de spores; dans le cas des macrosporanges, une cellule mère, qui donne quatre macrospores dont une seule se développe complètement.

La microspore germe, en donnant naissance à deux cellules : l'inférieure, stérile, est le prothalle mâle; la supérieure, qui se divise en quatre, est la cellule anthéridienne. Chacune des quatre cellules donne des anthérozoïdes, dont le corps formé d'un long filament, enroulé trois ou quatre fois sur lui-même, porte de nombreux cils.

La macrospore germe en un prothalle qui reste inclus dedans, et qui produit un seul, ou deux ou trois archégones au plus. L'archégone a un col très court, formé de deux rangées de trois assises de cellules. L'œuf provenant de la fécondation de l'oosphère germe en une plante asexuée après s'être divisé en huit octants.

La ressemblance des microsporanges avec une loge d'anthère, et des macrosporanges avec un sac embryonnaire, saute ici aux yeux. En effet, de même qu'une loge d'anthère (voir plus haut) produit un certain nombre de cellules mères de grains de pollen, donnant chacune quatre grains de pollen, de même un microsporange donne un certain nombre de cellules mères de microspores, donnant chacune une tétrade de spores. De même que la sac embryonnaire produit (chez les Gymnospermes du moins) un prothalle *(endosperme)* avec quelques archégones *(corpuscules)*, la cellule mère de la macrospore donne une macrospore, germant en un prothalle qui produit des archégones. La seule différence ici, c'est que la phase de macrospore est supprimée chez les Gymnospermes, et que le sac embryonnaire donne immédiatement un prothalle. Pour ce qui est du grain de pollen, ce grain et la microspore d'un *Isoetes* sont d'abord identiques, chacun isole une cellule fertile et une cellule stérile (noyau fécondateur et noyau végétatif du grain de pollen); mais alors que la cellule fertile donne une anthéridie chez l'*Isoetes*, chez les Gymnospermes cette phase d'anthéridie est supprimée et la fécondation s'effectue par cette cellule même. On peut donc dire que le grain de pollen et la microspore sont identiques, sauf un raccoucissement tardif (suppression de l'anthéridie) dans le développement du premier; que le sac embryonnaire et la cellule mère de macrospore sont identiques sauf un raccourcissement hâtif cette fois (suppression de la mascropore) dans le développement du premier. Ces rapprochements sont d'autant plus autorisés que le mode de développement est le même dans les deux cas. La ressemblance d'ailleurs de l'endosperme avec un prothalle femelle, des corpuscules avec les archégones saute aux yeux : on trouve en effet dans les corpuscules un col (la rosette), une oosphère et une cellule de canal ; c'est bien là ce qui caractérise un archégone. La ressemblance

du mode de reproduction des Cryptogames vasculaires
hétérosporées et des Phanérogames gymnospermes est
donc établie; mais que dira-t-on des Phanérogames
angiospermes? Pour le grain de pollen c'est la même
chose, sauf que l'isolement d'une cellule stérile représentant le prothalle mâle est souvent plus difficile à apercevoir, mais pour ce qui est du sac embryonnaire, il y
a là un raccourcissement de développement plus grand
encore que chez les Gymnospermes : il ne se forme pas
de prothalle femelle (peut-être pourtant les trois cellules
antipodes le représentent-ils) et il n'y pas d'archégone
(les synergides représentent peut-être, ou le col, ou les
cellules du canal), l'oosphère existe seule.

Ces quelques considérations découlaient naturellement
du rapprochement de l'étude que nous avions faite autrefois de la reproduction des Phanérogames, et de celle
que nous venons de faire de la reproduction des Cryptogames vasculaires, nous avons cru devoir les présenter
ici, à cause de leur grande importance, et pour montrer
que seule l'étude microscopique a pu enlever les barriè-
res qui se dressaient autrefois entre les différents groupes
de végétaux.

Appareil végétatif. — La tige des Isoétées croît par
plusieurs cellules; la structure est la suivante. Le cylindre central est surtout formé par du bois qui occupe un
large espace circulaire, la moelle manquant; autour se
trouvent deux ou trois assises de liber, puis deux ou
trois assises d'éléments tabulaires, qui sont peut-être un
péricycle. Autour est l'écorce. Signalons en passant le
fait que cette écorce est le siège de productions secondaires, non seulement parenchymateuses, mais encore
vasculaires.

La feuille fertile, dans sa partie étroite et filiforme, n'a qu'un faisceau : son parenchyme est creusé de quatre lacunes ; à sa base elle est renflée et porte les sporanges. La feuille stérile est une simple écaille.

La racine croît par quatre sortes d'initiales (coiffe, assise pilifère, écorce, cylindre central); elle a d'abord une structure normale, puis ne tarde pas à prendre dans ses dernières ramifications la structure singulière déjà signalée dans les *Ophioglosses, Sélaginelles* et *Lycopodes*.

d. Lépidodendrinées.

Ces espèces fossiles, auxquelles appartiennent les *Sigillaria, Sphenophyllum (Monoxylées), Lepidodendron (Diploxylées)* ne sont pas connues dans leur appareil reproducteur, qui devait se rapprocher de celui des Lycopodes.

La tige a une structure analogue à celle des *Psilotum* : dans les Diploxylées, il se faisait des formations libéro-ligneuses secondaires, aux dépens d'une couche cambiale intercalée entre le bois et le liber. Ces végétaux étant fossilisés, carbonisés ou même silicifiés, on est obligé de faire les coupes d'une façon spéciale : on débite des tranches minces à la scie, puis on les use, jusqu'à ce qu'elles soient transparentes.

IV

PHANÉROGAMES GYMNOSPERMES

a. Cycadées. — *b* Conifères. — *c.* Gnétacées.

Les Lépidodendrinées, par les *Diploxylées*, nous conduisent directement aux *Phanérogames gymnospermes* dont nous allons maintenant nous occuper. On les divise en *Cycadées, Conifères, Gnétacées.*

a. Cycadées.

Ce sont des plantes exotiques ; le genre le plus connu est le genre *Cycas.* Les étamines, dans ce genre, sont groupées en un cône, les grains de pollen y naissent absolument comme les microspores dans un microsporange. Le grain de pollen se divise en deux cellules : l'inférieure, qui se cloisonne deux ou trois fois, est le prothalle mâle ; la supérieure est analogue à une cellule anthéridienne ; seulement, au lieu de donner naissance à des anthérozoïdes, elle germe directement en un tube pollinique.

Les ovules, très gros, sont simplement des lobes modifiés de la feuille carpellaire. Ils sont orthotropes, à tégument unique concrescent avec le nucelle ; ce dernier est, nous l'avons vu, l'analogue d'un macrosporange : et d'ailleurs, le développement du sac embryonnaire y est tout à fait analogue à celui d'une cellule mère de spores, dans un Ophioglosse par exemple.

On distingue assez facilement dans les profondeurs des tissus du nucelle jeune et manquant encore de tégument, une cellule plus grande que les autres. Cette cellule donne naissance à un petit massif cellulaire, et correspond à l'archéspore de l'Ophioglosse. Dans ce massif une cellule se fait bientôt remarquer par sa taille, elle se divise en trois. L'inférieure est le sac embryonnaire. Dans ce sac, apparaît un tissu abondant, l'endosperme, ou prothalle femelle, dont certaines cellules grossissent et donnent les corpuscules (archégones). Ces corpuscules sont formés d'une cellule inférieure, l'oosphère, et de cellules supérieures disposées en rosette, et qui représentent le col de l'archégone.

Après fécondation, l'œuf se développe, une partie stérile constitue le suspenseur, et le reste donne l'embryon, dont le développement est peu connu.

Appareil végétatif. — La tige et la racine des Cycadées n'offrent rien de bien particulier.

La tige présente au centre une large moelle, renfermant beaucoup d'amidon et traversée par des canaux gommifères : c'est de cette moelle que s'extrait le sagou. Le bois est formé par des trachéides aréolés, à section transversale polygonale.

Il se fait dans cette tige des productions libéroligneuses secondaires, mais non aux dépens d'un cambium normal : c'est à l'endoderme que sont dues ces productions, qui font ressembler une tige âgée à une tige de Dicotylédone.

La feuille présente ce fait particulier et déjà signalé, de la production de bois et de liber secondaires aux dépens d'un cambium normal, entre le bois et le liber primaires.

b. Conifères.

Le *Pin*, le *Sapin*, appartiennent à ce groupe.

Les étamines sont groupées en cônes qui constituent les *fleurs mâles*; elles sont à deux loges et le pollen s'y développe comme chez les Cycadées. Les ovules sont portés au nombre de deux, à la face inférieure des carpelles, en forme d'écailles, groupés en cônes constituant des *inflorescences*.

Le sac embryonnaire se développe dans ces ovules de façons un peu diverses, suivant les groupes. Chez les Cupressinées et les Taxinées le développement se fait comme chez les Cycadées, les archégones sont semblables; on voit de plus, cependant, une cellule de canal qu'on n'est pas sûr d'avoir trouvée chez les Cycadées.

Dans le groupe des Abiétinées, le sac embryonnaire a une origine superficielle comme chez les Phanérogames angiospermes. Une cellule sous-épidermique du nucelle se divise en deux : la supérieure donne une calotte de quelques assises; l'inférieure, cellule mère du sac embryonnaire, se divise en trois cellules dont la plus profonde est le sac embryonnaire.

L'endosperme a toujours la même structure; les archégones ou corpuscules, qui ont toujours une cellule de canal, ont une structure un peu variable. La *rosette*, qui est, comme nous le savons, le col de l'archégone, peut avoir une seule cellule (*Thuya*), une seule assise de quatre (*Juniperus*), deux ou trois assises de quatre (*Pinus*) ou même six assises de quatre (*Épicéa*).

L'oosphère fécondée se développe en un embryon. Prenons comme exemple le *Picea*. Après la fécondation, l'œuf descend à la partie inférieure de l'archégone, se divise en deux, quatre, huit cellules disposées finalement en deux assises de quatre chacune.

L'étage le plus inférieur se divise seul, et donne trois assises de quatre cellules chacune.

L'assise inférieure donne l'embryon ; l'intermédiaire, le *suspenseur*. Quant à l'assise supérieure, elle reste inactive.

Les quatre cellules de l'assise inférieure donnent un embryon unique, mais il arrive dans certains cas qu'il se forme quatre embryons *(Pinus)* dont un seul persiste d'ailleurs.

Le développement de l'embryon des Cupressinées est un peu différent, mais nous ne saurions entrer dans autant de détails.

L'embryon a toujours de *nombreux cotylédons*.

Appareil végétatif. — Nous nous contenterons de revenir seulement sur les canaux sécréteurs et la structure intime du bois et du liber : nous avons en effet étudié déjà cet appareil dans la première partie.

On trouve toujours des canaux sécréteurs dans la *feuille*, mais dans le *Taxus*, on n'en trouve que là, il n'y en a ni dans la *racine*, ni dans la *tige*.

Pour ce qui est de la *tige*, dans le *Torreya* on trouve des canaux résineux dans le *parenchyme cortical*, de même dans le *Sapin ;* dans le *Ginkgo*, on en trouve en outre dans la *moelle ;* dans le *Pin*, outre les canaux corticaux et médullaires, on en a encore dans le *bois secondaire*, dans le *liber secondaire* chez l'*Araucaria*.

Pour ce qui est de la racine, elle renferme un canal sécréteur central chez le *Sapin ;* elle en renferme de nombreux dans le *bois secondaire*, chez le *Pin*, et dans le *liber secondaire* chez l'*Araucaria*.

Rappelons que le bois des Conifères présente des ponctuations *aréolées* ; le liber secondaire a souvent une structure très régulière. Il se forme annuellement, par exemple chez le *Taxus*, quatre assises libériennes, une de tubes criblés, une de parenchyme libérien, une nouvelle de tubes criblés, et une de fibres libériennes. Les fibres libériennes renferment dans leurs membranes des cristaux d'oxalate de chaux, les fibres de *Torreya* sont surtout remarquables pour cette observation.

La tige et la racine naissent aux dépens d'un *groupe confus* de cellules, où on ne saurait reconnaître des initiales spéciales.

c. Gnétacées.

Cette famille ne renferme que des plantes exotiques ; les trois genres *Gnetum*, *Ephedra*, *Welvitschia*, la composent.

Rien de particulier à observer dans les étamines, les ovules sont plus intéressants. Dans le *Gnetum*, l'ovule, à deux téguments, est enfoncé dans une dépression du carpelle ; le sac embryonnaire y naît, comme chez les Cycadées. Dans l'*Ephedra*, l'ovule n'a qu'un tégument, le sac embryonnaire se forme comme chez les Abiétinées. L'archégone, qui possède une cellule de canal nette, a un col formé d'une rangée unique de quatre à cinq cellules. Dans le *Welwitschia*, le sac embryonnaire se forme comme précédemment, mais l'archégone ne forme pas de col, ni de cellule de canal, l'endosperme est d'ailleurs très réduit ; on arrive ainsi graduellement à ce que l'on va trouver chez les Angiospermes.

L'œuf se divise en deux cellules. La cellule supérieure, qui ne se divise plus, est un *suspenseur provisoire* ; la cellule inférieure donne à la fois naissance à l'embryon et au *suspenseur définitif;* ce dernier est très long chez le *Welwitschia.*

Appareil végétatif — La structure de la tige et de la racine est analogue à celle que nous avons trouvée chez les *Conifères.* Signalons seulement le fait de l'existence simultanée, chez l'*Ephedra,* de ponctuations aréolées et d'épaississements spiralés dans les trachéides. De plus les trachéides passent aux vrais vaisseaux, par les larges ouvertures de leurs cloisons transversales. Signalons encore l'existence chez le *Welwitschia,* de cristaux d'oxalate de chaux renfermés dans la membrane épaissie des fibres libériennes.

V

PHANÉROGAMES ANGIOSPERMES

Ces plantes se divisent en *Monocotylédones* et *Dicotylédones* d'après le nombre des feuilles embryonnaires. Nous n'avons pas grand'chose à dire de l'appareil reproducteur, cet appareil ayant été pris comme type dans la botanique générale. Le sac embryonnaire peut être plus ou moins superficiel, d'après l'existence ou l'absence d'une calotte; il peut parfois faire hernie hors du nucelle (Santalacées). Le développement de l'embryon se fait suivant deux types généraux. On peut prendre le premier type dans les Dicotylédones avec le *Capsella bursa pastoris;* le deuxième, dans les Monocotylédones, avec l'*Alisma plantago.*

Premier type. — L'œuf subit un certain nombre de

cloisonnements transversaux ; les cellules supérieures constituent le *suspenseur* [1], dont la dernière cellule seule ou *hypophyse* entre partiellement dans la formation de l'embryon : la cellule inférieure est la *cellule mère* de l'embryon. Cette cellule inférieure se divise d'abord en huit octants, puis des cloisons tangentielles découpent huit cellules superficielles *(dermatogène)* où n'apparaissent plus ensuite que des cloisons radiales.

Les huit cellules centrales subissent bientôt un nouveau cloisonnement tangentiel ; il en résulte huit cellules externes *(périblème)* et huit nouvelles cellules centrales *(plérôme)*.

Pendant ce temps, il se forme dans l'hypophyse deux cloisons en verre de montre qui continuent le dermatogène, et deux cloisons obliques, qui délimitent pour la radicelle qui apparaîtra bientôt, deux cellules de coiffe.

Le dermatogène donne l'épiderme, le périblème l'écorce, le plérôme le cylindre central, de la plantule.

Second type. — La cellule-œuf se divise en plusieurs cellules en série longitudinale, dont la dernière et une partie de celle située au-dessus donnent l'embryon.

Parfois l'embryon des Phanérogames est enveloppé dans un *albumen* : cet albumen, plus ou moins développé et qui peut être *charnu*, *amylacé*, etc., est dû au cloisonnement du *noyau secondaire* du sac embryonnaires. Il y a parfois (Zingibéracées) deux albumens : l'un véritable, né dans le sac embryonnaire, l'autre appelé *périsperme*, et formé par les cellules du nucelle qui entourent le sac embryonnaire.

---

[1] On donne le nom de *suspenseur* à un certain nombre de cellules n'entrant pas dans la constitution de l'embryon et qui servent quelque temps à le nourrir aux dépens de la plante mère.

Appareil végétatif. — Nous l'avons étudié avec assez de soin dans la première partie, pour n'avoir plus à y revenir ici.

Nous avons ainsi terminé cette courte étude de l'application du microscope à la botanique. Nous avons tâché de donner d'abord une idée générale de l'organisation anatomique, puis de préciser peu à peu les connaissances en entrant dans le détail des embranchements. Cette étude microscopique ne nous a pas seulement servi à bien comprendre la structure des différents végétaux, connaissance pourtant déjà précieuse par elle-même, surtout si l'on songe qu'une classification rationnelle ne peut être basée que sur l'anatomie (et l'on a déjà fait des essais heureux dans cette voie); elle nous a encore montré dans tout le règne végétal une homogénéité qui semblait ne pas y exister au premier abord. C'est ainsi que nous avons pu nous convaincre que la structure de la tige, de la feuille, de la racine, était au fond identique dans lous les végetaux où ces organes sont représentés, quel que fût l'embranchement auquel ils appartinssent. Mais c'est surtout l'étude de l'appareil reproducteur qui nous a été utile pour établir cette homogénéité. Nous avons saisi des types de passage entre les Thallophytes et les Muscinées, par les Floridées, entre les Muscinées et les Cryptogames vasculaires, par les Lycopodes, entre ces derniers et les Gymnospermes par les Isoétées, entre les Gymnospermes et les Angiospermes, par le *Welwitschia.* Cette simple étude microscopique, et cette étude microscopique seule, nous a donc permis d'arriver à certaines considérations philosophiques sur l'ensemble du monde végétal, considérations qui rendent la science moins aride. Que seraient les faits, sans les théories qu'ils nous permettent d'édifier, et qui, si elles ne sont pas autre chose, sont au moins la satisfaction de la raison? Or, nous avons pu saisir les liens qui rattachent la plante unicellulaire à l'Angiosperme le plus compliqué; comment ne nous viendrait-il pas alors à l'esprit, que, tous les végétaux descendent d'une souche commune, qui aurait encore ses représentants dans des formes primitives et *unicellulaires*, et dont les derniers descendants sont représentés par les *Phanérogames angiospermes?*

LIVRE III

APPLICATION A L'ÉTUDE DE LA ZOOLOGIE

PREMIÈRE PARTIE

ZOOLOGIE GÉNÉRALE

I

LA CELLULE ET LES TISSUS

Les organismes animaux, comme les organismes végétaux, sont composés de cellules : c'est donc par la cellule animale qu'il convient de commencer les observations.

La constitution de celle-ci est tout à fait identique à celle de la cellule végétale, sauf que la membrane n'est jamais cellulosique. Il y a chez les animaux comme chez les végétaux des cellules complètes, avec membrane, protoplasma, noyau *(lépocytodes)*, des cellules sans membrane *(gymnocytodes)*, des cellules sans membrane ni noyau *(nucléodes)*.

Dans l'arrangement que prennent les cellules pour former les tissus, la forme primordiale de la cellule est souvent difficile à reconnaître ; aussi, pour étudier la cellule animale, ne peut-on, comme pour les végétaux, prendre une coupe dans n'importe quel tissu ; il convient de prendre une cellule isolée, comme certains *rhizopodes*, ou encore des *ovules*. Dans un ovule on distingue parfaitement une membrane d'enveloppe *(membrane vitel-*

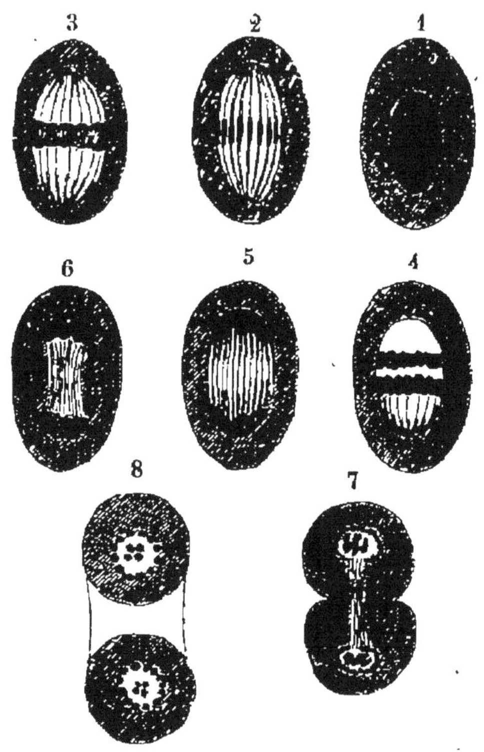

Fig. 65. — Multiplication des globules du sang de Poulet.

line) renfermant un protoplasma granuleux, qui contient lui-même un noyau *(vésicule germinative)* avec un ou plusieurs nucléoles *(taches de Wagner)*.

La multiplication des cellules se fait chez les animaux comme chez les végétaux, soit par bipartition, soit par karyokinèse (fig. 65) ; la seule différence est qu'il ne se forme pas de plaque cellulaire.

Les tissus que nous allons dès maintenant étudier se

divisent en tissus *végétatifs* et tissus *animaux*. Les premiers comprennent les tissus *épithéliaux* et les tissus de *substance conjonctive*.

Tissus épithéliaux. — Ces tissus sont caractérisés par l'indépendance relative que gardent les cellules qui les composent. Les *épithéliums* sont des couches de cellules juxtaposées, qui tapissent les surfaces libres soit externes, soit internes, du corps des animaux.

L'épithélium peut être formé d'une seule couche de cellules, il est alors *simple;* ou de plusieurs couches, il est alors *stratifié.* Lorsque les cellules sont aplaties, on a affaire à un épithélium *pavimenteux* (muqueuse buccale, fig. 66); lorsqu'elles sont allongées on a un épithélium *cylindrique* (muqueuse intestinale) : dans ce dernier cas l'épithélium présente souvent, à sa surface libre, des prolongements protoplasmiques mobiles, les cils vibratiles; l'épithélium est alors dit *cilié* (fig. 67), ou *vibratile.* On peut observer l'épithélium cilié sur l'œsophage de la Grenouille, ou encore en raclant les branchies d'un Mollusque lamellibranche, l'*Anodonte* par exemple, commune dans les eaux douces; dans ce dernier cas, on voit flotter dans le liquide de la préparation, de nombreuses cellules épithéliales cylindriques dont les cils vibratiles restent animés de mouvements pendant un

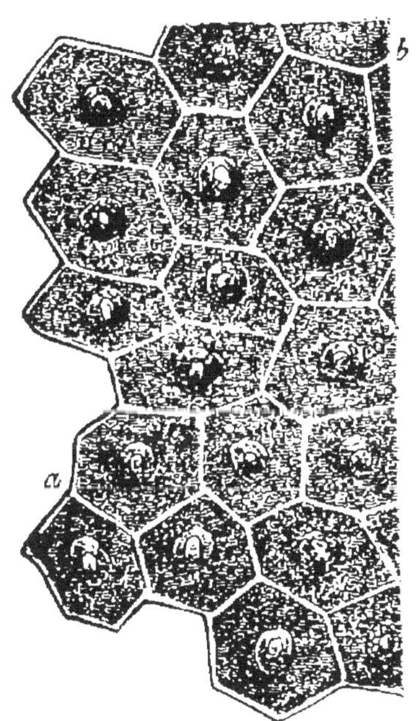

FIG. 66 — Épithélium pavimenteux.

temps assez long. Par une observation attentive, on peut s'assurer que ce mouvement des cils vibratiles est dû à une inflexion alternative du cil dans les deux sens, ou même à une inflexion dans un seul sens, simplement suivie d'un redressement. Les tissus *glandulaires* ne sont que des modifications peu importantes des épithéliums ;

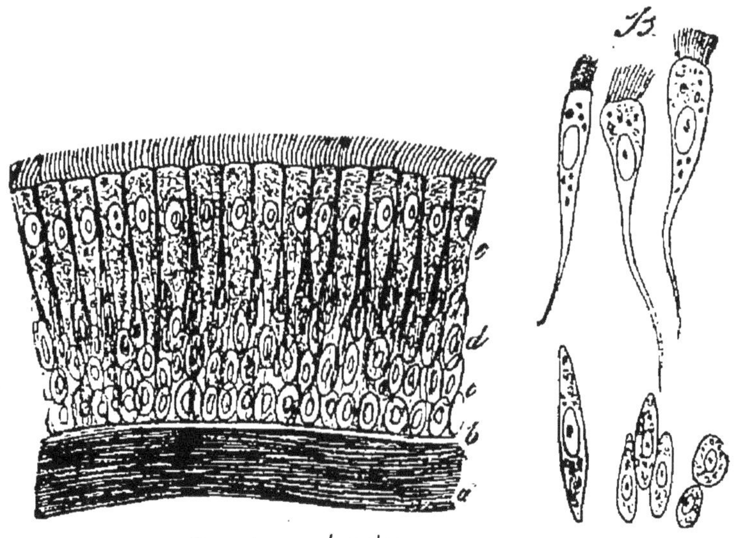

FIG. 67. — Épithélium vibratile.

les glandes sont en effet toujours formées par des invaginations d'épithéliums, mais là, les cellules épithéliales bourgeonnent, s'isolent, et l'on en trouve toujours des débris dans le liquide sécrété par la glande. On pourrait rattacher aux tissus épithéliaux le *sang* et la *lymphe*, mais leur étude sera plus à leur place dans celle des liquides de l'organisme.

Tissus conjonctifs. — Les tissus conjonctifs sont des tissus de soutien ; on peut les diviser en plusieurs catégories : *cellulaire, gélatineux* ou *muqueux, fibreux, cartilagineux, osseux.*

Le caractère spécial de ces tissus, c'est que les cellules sont plongées dans une matière intercellulaire plus ou moins abondante.

Tissu cellulaire. — Dans cette forme, que l'on rencontre spécialement chez les Invertébrés, les cellules plus ou moins arrondies sont parfaitement distinctes, et il n'y a, interposée entre elles, qu'une faible partie de substance intercellulaire.

Tissu gélatineux. — Cette forme est caractérisée au contraire par l'abondance extrême de la matière inter-

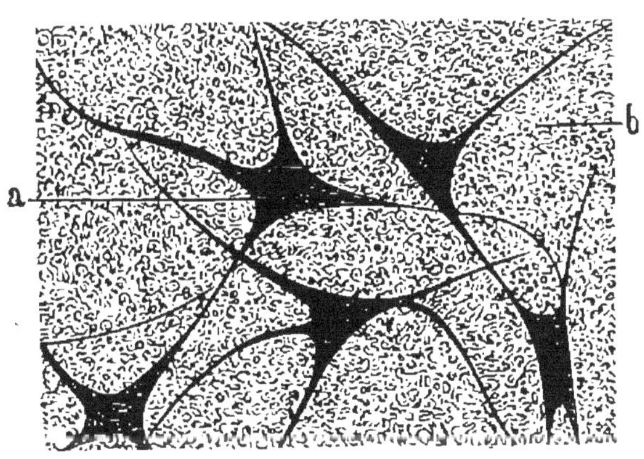

Fic. 68. — Tissu gélatineux.

cellulaire (fig. 68) : celle-ci renferme un petit nombre de cellules, fusiformes ou ramifiées, s'anastomosant entre elles ; on le rencontre dans l'ombrelle des Méduses, mais on l'examinera tout aussi facilement dans le corps vitré de l'œil d'un Mammifère.

Tissu fibreux. — Ce tissu, ou tissu conjonctif ordinaire, est celui que l'on rencontre le plus fréquemment chez les Vertébrés : on y voit des cellules allongées ou ramifiées au milieu d'une substance intercellulaire abondante, d'apparence striée. Ce tissu, traité par la potasse ou l'acide acétique, laisse apparaître dans sa masse un certain nombre de fibres, les *fibres élastiques*, surtout abondantes dans certains cas *(tissu élastique)*.

Le contenu des cellules du tissu conjonctif peut être très variable : c'est parfois de la graisse, comme dans le tissu conjonctif sous-cutané, ce sont parfois des granulations pigmentaires.

Tissu cartilagineux. — Ce tissu est caractérisé par la consistance plus ferme de la substance intercellulaire.

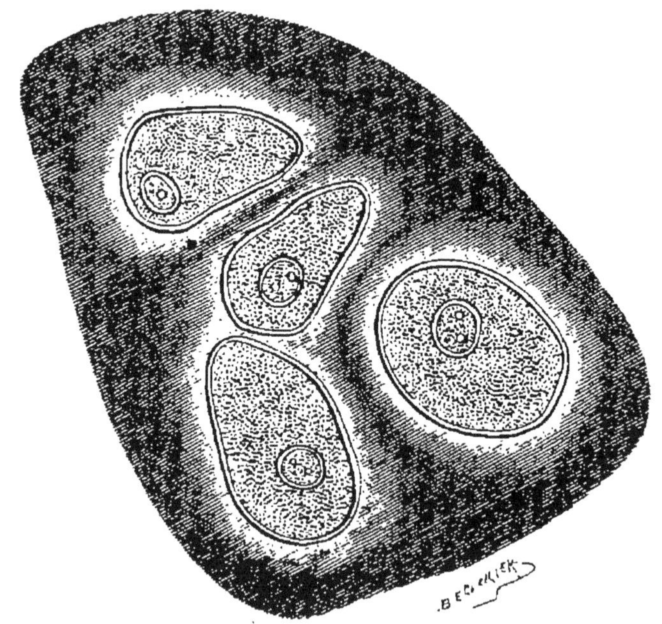

FIG. 69. — Cartilage hyalin.

Les cellules sont arrondies, ovalaires, tantôt même ramifiées (cartilages des Poissons). Le cartilage est dit *hyalin* lorsque la substance fondamentale présente un aspect homogène (fig. 69); il est dit *fibreux* lorsque l'aspect est fibrillaire; *élastique*, lorsque l'on trouve dans la substance fondamentale des fibres élastiques; comme elles sont souvent disposées en réseaux, ce cartilage, est dit aussi réticulé.

Les cellules cartilagineuses sont souvent entourées, comme on le voit nettement dans la figure 69, d'une couche particulière d'une substance qui leur forme une enveloppe distincte : c'est ce qu'on appelle la *capsule de cartilage*. C'est dans l'intérieur de ces capsules que les cellules se multiplient.

La substance intercellulaire s'incruste parfois de sels calcaires, ce qui donne une consistance osseuse au cartilage : on a alors un *cartilage ossifié*, mais non un os, qui se forme bien différemment.

Tissu osseux. — Ce tissu (fig. 70) est caractérisé par la dureté considérable de sa substance fondamentale, composée presque uniquement de sels calcaires (phosphate et carbonate de chaux) unis à une faible quantité de matière organique. Cette substance est déposée en couches concentriques, tout autour de canalicules qui traversent l'os dans tous les sens *(canalicules de Havers)*; on y trouve disséminées un grand nombre de cellules ramifiées, dont les prolongements s'anastomosent. Ces cellules, qui paraissent en noir dans une coupe, parce qu'alors elles sont vides de leur contenu et renferment de l'air, sont appelées *corpuscules osseux*. Ces cavités cellulaires disparaissent parfois dans le tissu de l'os *(Sélaciens)*; d'autres fois, comme dans les dents, elles sont réduites à de fins canalicules *(canalicules de l'ivoire)*.

On trouve souvent aussi, traversant la masse du tissu de l'os, des fibres particulières; ces fibres *(fibres perforantes de Sharpey)* viennent de la membrane qui enveloppe l'os, le *périoste*.

La formation des os se fait par deux procédés bien différents : il y a les os de *cartilage* et les os de *mem-*

brane. On peut étudier cette formation sur des embryons
de Vertébrés.

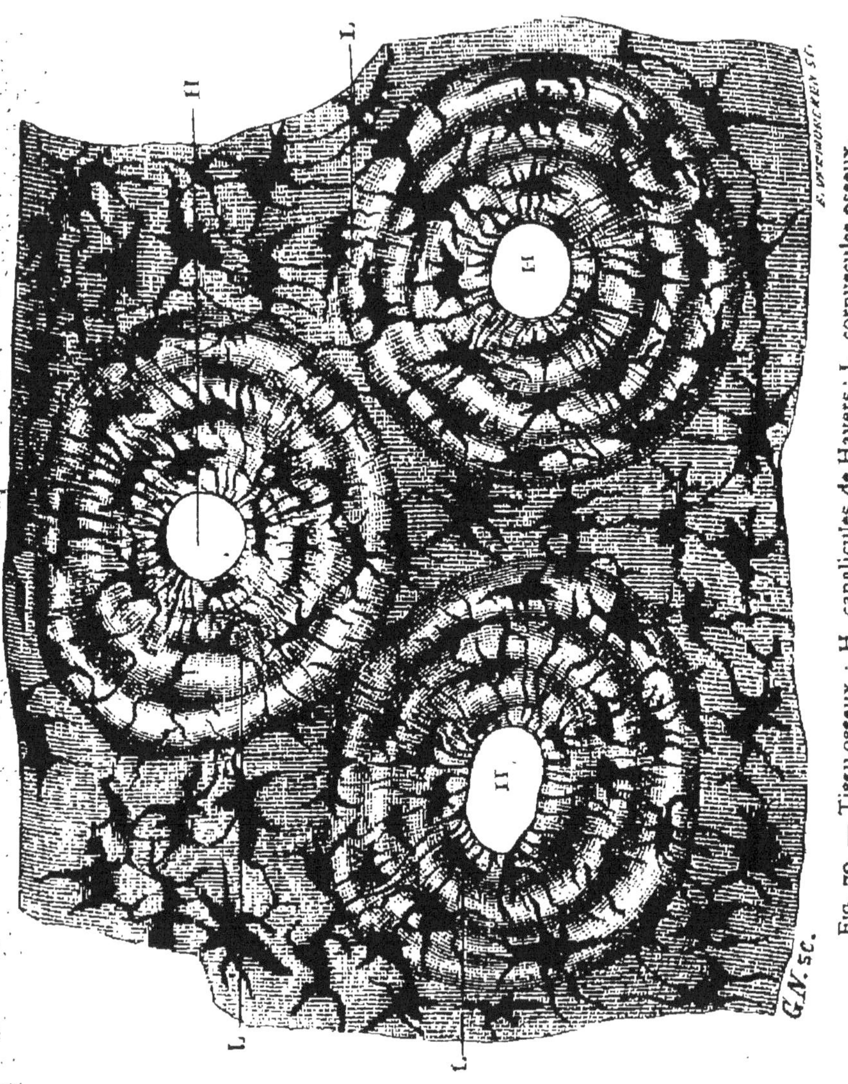

FIG. 70. — Tissu osseux : H, canalicules de Havers ; L, corpuscules osseux.

1° *Os de cartilage*. — Lors de leur formation, on voit
apparaître dans le cartilage primitif un point ou plusieurs,
appelés points d'ossification, d'où le travail gagne peu
à peu tout le cartilage. Dans ces points, le cartilage se
ramollit, et les cellules cartilagineuses retournent à l'état
embryonnaire *(ostéoplastes)*; par suite de la destruction

des tissus, il se creuse dans le cartilage des canalicules, où le sang afflue, entraînant avec lui les ostéoplastes qui viennent en tapisser les parois. Là ils se fixent et se transforment en corpuscules osseux, par suite du dépôt calcaire qui se fait autour d'eux : l'ensemble du cartilage est ainsi bientôt transformé en os. Les os de cartilage ne subsistent jamais chez l'adulte, il se détruisent peu à peu et sont remplacés par des formations périostales ultérieures.

2° *Os de membrane.* — Ces os qui peuvent, ou se développer immédiatement (pariétaux, par exemple), ou remplacer plus tard des os de cartilage, se forment aux dépens du tissu conjonctif. Certaines cellules de ce tissu se transforment en corpuscules osseux.

Nous avons vu que les os de cartilage se détruisaient; il en résulte, au centre de l'os nouveau, dû au fonctionnement de la membrane conjonctive périostale qui entoure l'os, une cavité, la cavité médullaire. Celle-ci est remplie d'un tissu particulier, la *moelle*, en partie embryonnaire, renfermant de grandes cellules à noyaux multiples *(médullocelles)* et des cellules bourgeonnantes particulières.

Les tissus *animaux* dont il nous reste à nous occuper, comprennent le tissu *musculaire* et le tissu *nerveux*.

Tissu musculaire. — Ce tissu, comme son nom l'indique, constitue les muscles; il y a deux espèces de muscles, ceux qui obéissent à la volonté, et ceux qui en sont indépendants; une constitution anatomique spéciale correspond à ces différences physiologiques.

Les muscles qui n'obéissent pas à la volonté, dits muscles *lisses*, sont constitués par des éléments cellulaires, allongés en fibres *(fibres-cellules)*, où l'action de

l'acide acétique fait apparaître un noyau assez net (fig. 71)
et où l'on remarque parfois une trace de striation longitudinale. Les muscles du cœur font exception à cette
structure ; en effet, ces
muscles présentent une
striation transversale très
nette ; on distingue assez
bien les cellules constituantes avec leur noyau ; elles
sont courtes et, chose remarquable, ramifiées.

Les muscles qui obéis-
sent à la volonté, dits
muscles *striés*, sont caractérisés par la présence de
longues fibres, où l'on a
peine à reconnaître des cellules, et qui présentent une
striation transversale très
nette ainsi qu'une striation
longitudinale. Cela vient
de ce que la fibre muscu-
laire est composée d'un
certain nombre de fibrilles
(fig. 72) présentant elle-
mêmes des striations transversales. Si l'on examine

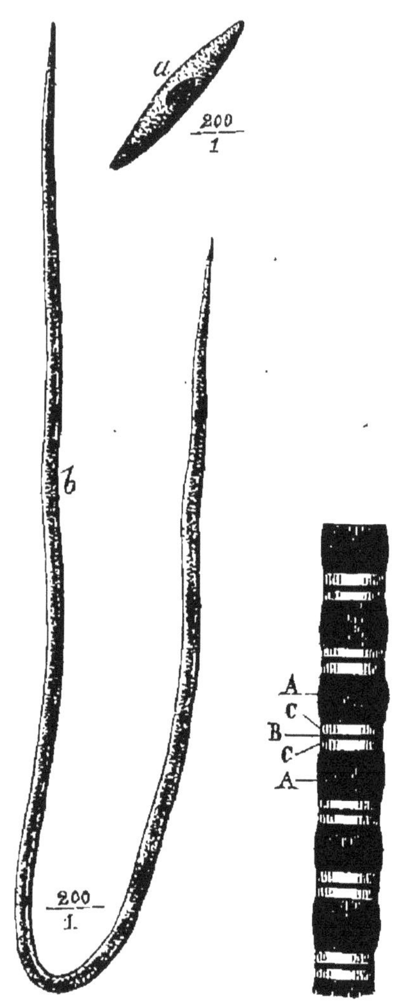

FIG. 71. — Tissu
musculaire lisse.

FIG. 72. — Tissu
musculaire strié.

attentivement une fibrille, on voit qu'elle est formée de
disques alternativement obscurs et clairs (*disques épais
et disques minces*), les disques minces et clairs étant eux-
mêmes traversés par une strie foncée (*strie de Hensen*) ;
parfois, au milieu des disques épais et foncés, apparaît une

strie claire (*strie intermédiaire*). Pour s'assurer de la nature cellulaire du tissu musculaire, il faut suivre son développement.

Dans les points où des muscles doivent se former, chez un embryon, par exemple, certaines cellules se disposent en séries longitudinales, les cloisons transversales disparaissent, et l'on a ainsi d'abord un long tube moniliforme qui ne tarde pas à devenir cylindrique; dans ce tube, le protoplasma se divise en une série de fibrilles, qui sont les fibrilles musculaires, où apparaît bientôt la striation transversale : la fibre est alors achevée; sa nature pluricellulaire est encore indiquée par la pluralité des noyaux que l'on rencontre de loin en loin contre la membrane (*sarcolemme*) de la fibre.

Cette formation d'une fibre musculaire est au fond identique à ce qui se passe dans la formation d'une cellule vibratile. Là encore, le protoplasma se divise en minces fibrilles, qui sont les cils, cils que l'on voit parfaitement, à l'aide de réactifs appropriés, se prolonger jusque dans l'intérieur de la cellule, et ne sont pas simplement, comme on l'a cru longtemps, fixés sur elle. Ils sont d'ailleurs composés, comme la fibrille musculaire, de disques alternativement clairs et obscurs. Le tissu contractile, quelque part qu'on le rencontre, a donc toujours au fond la même constitution.

Ajoutons, pour terminer, que d'après des observations minutieuses faites sur des fibres en contraction, observation facile sur des fibres d'Insectes, qui vivent encore longtemps séparées du corps, il semble que la partie vraiment contractile de la fibrille ce sont les disques obscurs; les disques clairs seraient plutôt de nature élastique.

Tissu nerveux. — On y rencontre deux sortes d'éléments : les *cellules* que l'on rencontre dans les ganglions et autres centres nerveux, les *fibres* que l'on trouve dans les nerfs.

Les cellules nerveuses (fig. 73) n'ont pas de membranes, leur protoplasma est granuleux et renferme un noyau muni d'un nécléole très apparent ; on les étudiera

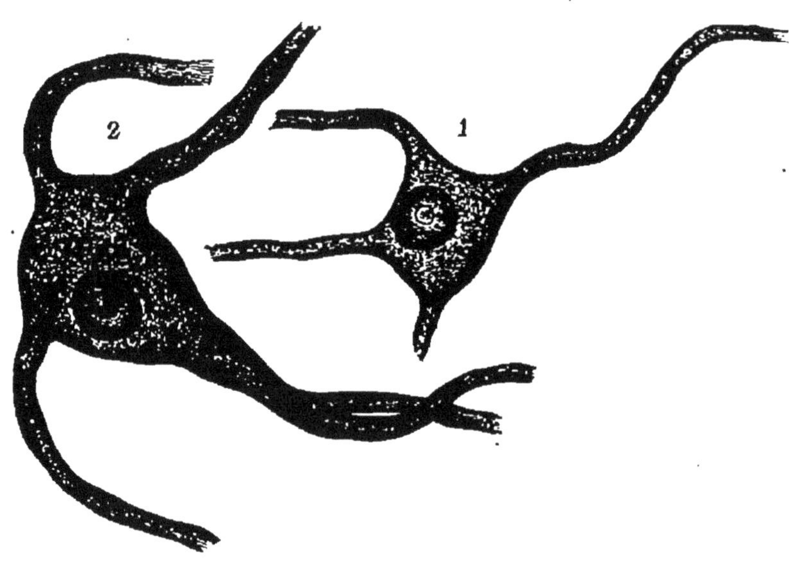

FIG. 73. — Cellules nerveuses.

facilement sur des coupes minces et colorées au chlorure d'or, de la moelle épinière.

Les fibres sont de deux sortes : les fibres *pâles* ou de *Remak*, que l'on trouvera dans les nerfs du grand sympathique, et les fibres à *double contour*, que l'on trouvera dans les nerfs crâniens ou rachidiens.

Si l'on dissocie un filet nerveux du grand sympathique d'un Vertébré ou un nerf quelconque d'Invertébré, on le voit composé d'un grand nombre de filaments pâles ; ces filaments ont une membrane distincte et laissent voir de loin en loin des noyaux qui révèlent leur origine pluricellulaire.

Quand on dissocie un filet nerveux, du nerf sciatique, par exemple, on s'aperçoit qu'il est formé de fibrilles, relativement plus grosses que les précédentes (fig. 74).

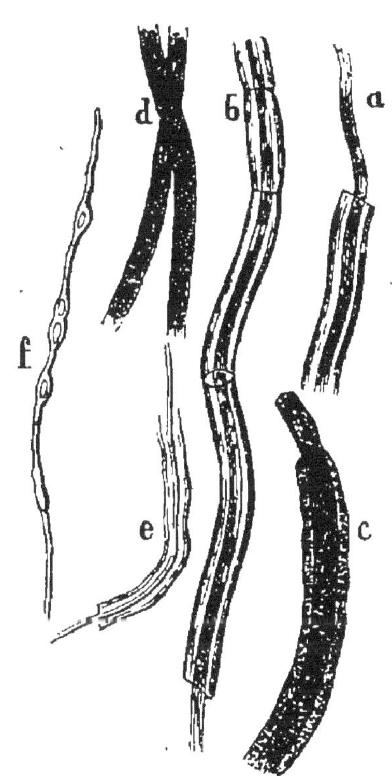

Fig. 74. — Fibres nerveuses à double contour.

Ces fibres comprennent une partie centrale, un filament axile dit *cylindre-axe*, qui est la continuation directe d'une cellule nerveuse, et qui est entouré d'un manchon formé par des cellules particulières mises bout à bout, et dont les points de jonction sont marqués par des parties étranglées *(étranglements de Ranvier)*. Le cylindre-axe étant unicellulaire, la gaine est donc pluricellulaire; chaque cellule forme un segment *(segment de Ranvier)*, dont voici brièvement la constitution.

On trouve d'abord à l'extérieur une enveloppe conjonctive *(gaine de Henle)*, puis une membrane *(gaine de Schwann)* tapissée d'une couche protoplasmique qui renferme un noyau *(gaine de Mautner)*; on trouve ensuite, en dedans de cette couche, une gaine d'une substance grasse, colorée fortement en noir par l'acide osmique *(la myéline)*, gaine composée de segments emboîtés les uns dans les autres *(segments de Lantermann)* et tapissée en dedans d'une nouvelle couche protoplasmique, qui enveloppe directement le cylindre-axe.

En résumé, le cylindre-axe passe, comme un fil de chapelet à travers des perles, à travers toute une série de cellules qui lui servent de gaine. Ces cellules, dont les membranes constituent les gaines de Schwann, voient se développer dans leur sein une masse de myéline, qui divise leur protoplasma en deux couches : une externe, qui tapisse la gaine de Schwann et qui renferme les noyaux ; une interne, qui recouvre directement le cylindre-axe. Les dernières ramifications d'un nerf, comme son origine, se borrent à des cylindres-axes, tapissés de la gaine de Henle

II

LIQUIDES DE L'ORGANISME

Ces liquides se rattachent intimement aux tissus, surtout aux tissus épithéliaux ; nous allons étudier successivement les plus importants.

1° *Le sang et la lymphe*. — L'étude de ces deux liquides, qui sont les deux liquides nutritifs fondamentaux, ne saurait se diviser ; chez les Invertébrés et chez un Vertébré inférieur, l'Amphioxus, la lymphe existe seule. C'est donc par elle qu'il convient de commencer l'étude.

Lymphe. — On obtiendra facilement ce liquide sur un Invertébré ; il suffira, en effet, par exemple, de couper une patte à une écrevisse et de recueillir une goutte du liquide qui sortira de la blessure. Sur un Vertébré, il faudrait s'adresser, et c'est beaucoup plus difficile, aux gros

troncs lympathiques, particulièrement au canal thoracique.

Si l'on veut étudier la lymphe vivante, il faut la mettre
dans une cellule et observer sur une *platine chauffante*;
on voit alors qu'elle est composée d'un liquide ordinairement incolore (parfois, cependant, chez certains Vers,
coloré en rouge, vert, etc.), appelé plasma, tenant en
suspension des corpuscules amiboïdes incolores aussi
(ils sont rosés chez les Siponcles). Ces globules, appelés
globules lympathiques, *globules blancs*, *leucocytes*, n'ont
pas de membrane; ils possèdent un noyau, assez difficile à apercevoir sans réactifs. Ils se déforment sous le
microscope et rampent, au moyen de prolongements
protoplasmiques dits *pseudopodes*.

On peut assister sous le microscope à la multiplication
des globules lymphatiques : cette multiplication se fait
par scission après bourgeonnement interne des noyaux,
comme l'a le premier constaté Ranvier.

Sang. — Le sang est un liquide rouge, caractérisé par
la présence de petits corps arrondis qui lui donnent sa
couleur (globules rouges ou *hématies*), qui nagent dans
un liquide incolore ou citrin, le *plasma*. Il n'existe que
chez les Vertébrés.

Les globules sont de formes et de dimensions différentes, suivant les animaux où on les étudie; ils sont
arrondis et assez petits chez les Mammifères, elliptiques
et parfois assez gros chez les autres Vertébrés.

Nous commencerons notre étude du sang, par celle
du sang de l'Homme. On en place une petite goutte sur
un porte-objet, on étend avec du sérum artificiel ou de
la salive, et on couvre d'une lamelle; lorsqu'on observe,
on voit une infinité de petits corps discoïdes, bicon-

caves, sans noyau ni membrane, qui nagent dans le liquide : ce sont les globules ; on est tout d'abord étonné de ne pas les voir rouges, mais bien jaunes et assez pâles, mais il faut se rappeler qu'ils sont très petits et ne doivent paraître rouges qu'en masse. Leur diamètre est de 6 à 7 µ (fig. 75) ; ils s'accumulent souvent dans la préparation en piles semblables à des piles de monnaie.

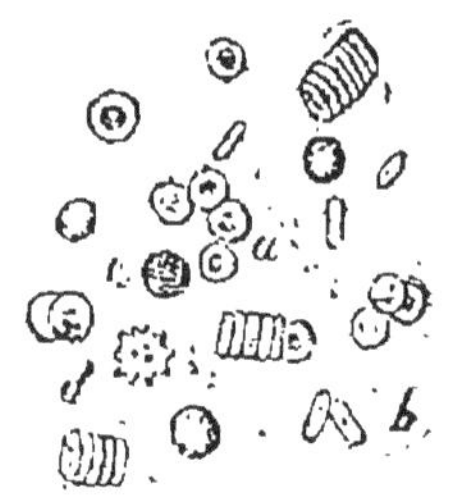

FIG. 75. — Globules rouges.

Il ne faut jamais diluer le sang qu'on observe avec de l'eau, car les globules se gonflent et se déforment alors.

La dimension des globules varie beaucoup : chez les Mammifères, les plus petits ont seulement 2 ou 3 µ ; les plus gros ont 9 µ. Ils sont toujours biconcaves et circulaires, sauf dans la famille des Camélidés, où ils sont elliptiques. Chez tous les autres Vertébrés que les Mammifères, les globules sont toujours elliptiques, biconvexes et laissent distinguer un noyau et une membrane. Le grand diamètre du globule varie de 15 à 18 µ chez les Oiseaux et les Poissons osseux ; le grand diamètre chez les Batraciens atteint 22 µ chez la Grenouille, 32 chez le Triton et atteindrait 360 µ chez l'Amphiume.

Quand on étudie le sang, on trouve toujours mêlés aux globules rouges, mais dans une faible proportion, des globules blancs : ce sont des globules lymphatiques.

Une opération intéressante à faire dans l'étude du sang, et qui paraît au premier abord assez difficile, est la numération des globules ; pour cette numération, deux procédés surtout peuvent être mis en œuvre, celui de Malassez et celui de Hayem.

Dans le procédé de Malassez, on mélange le sang avec de l'eau dans une proportion déterminée (1 pour 100) dans un mélangeur Potain. Puis on aspire ce mélange avec un capillaire artificiel en verre, dont la capacité, pour une longueur déterminée, est graduée. On observe alors avec un oculaire micrométrique et l'on compte les globules contenus dans une certaine longueur du tube, partant dans un certain volume; en multipliant par 100, puisque le sang est étendu à 1 pour 100, on a le nombre de globules contenus dans ce même volume de sang; on rapporte le nombre trouvé au milimètre cube. Le nombre des globules est ordinairement de quatre millions environ par millimètre cube chez l'Homme; il est un peu moindre chez la femme; ce nombre varie d'ailleurs avec l'état de santé. Si l'on poursuit la série des Vertébrés, on peut établir cette loi générale que le nombre des globules diminue à mesure qu'on descend l'échelle hiérarchique.

Dans le procédé de Hayem, on mélange le sang avec un volume déterminé d'eau et on examine le mélange dans une cellule parfaitement parallélépipédique d'une épaisseur connue. On compte les globules avec un oculaire quadrillé, dans une surface donnée, et par suite, l'épaisseur de la cellule étant connue, dans un volume donné; on termine le calcul comme dans le procédé de Malassez.

Le sang, abandonné à lui-même et desséché, donne souvent naissance à un grand nombre de petit cristaux : ce sont des cristaux d'*hématine*, substance qui, combinée avec un peu de matière organique, sous le nom d'*hémoglobine*, donne aux globules leur coloration rouge. Ces cristaux sont prismatiques dans le sang de l'Homme, ont la forme de tablettes hexagonales dans le sang de l'Écureuil, et de tétraèdres dans celui du Cochon d'Inde. Si l'on ajoute un peu de chlorure de sodium à une goutte de sang, puis un peu d'acide acétique, et que l'on porte à l'ébullition, il se forme de petits cristaux brun foncé en forme de lamelles rhomboïdales : ce sont des cristaux d'*hémine* ou chlorhydrate d'hématine.

Un spectacle fort intéressant sous le microscope, est celui de la circulation du sang dans les vaisseaux capillaires. L'animal le plus commode pour cette observation est la Grenouille, à cause de la taille considérable de ses globules : on examine soit la membrane interdigitale, soit la langue, soit le mésentère. Pour étudier la membrane interdigitale, on fixe la Grenouille avec des épingles sur une plaque de liège, et on étale la membrane au-dessus d'un orifice, percé préalablement dans la plaque, et que l'on fait correspondre à celui de la platine du microscope. L'observation de la langue se fait de la même façon : on la tire hors de la bouche et on l'étale et la fixe avec des épingles; pour l'observation du mésentère, on ouvre l'abdomen, et on étale l'intestin dont on écarte les replis. On voit alors avec un objectif 2 (un grossissement trop fort serait nuisible) que les globules sanguins forment une traînée au milieu du vaisseau, sur les bords duquel règne un espace transparent, où l'on voit seulement cheminer lentement quelques leucocytes, alors que l'axe du vaisseau est occupé par un torrent de globules qui se succèdent sans interruption. Dans les capillaires très étroits, les globules occupent tout le diamètre du vaisseau, et ils y circulent un à un, en se comprimant jusqu'à ce qu'ils arrivent dans une région plus dilatée, où ils reprennent leur course rapide.

Si l'on examine du sang sorti depuis longtemps d'un vaisseau et coagulé, on voit que cette coagulation est due à la formation d'un réseau de filaments de fibrine, qui emprisonnent les globules.

Nous nous bornerons à cette étude du sang normal, renvoyant pour l'étude du sang pathologique à des ouvrages spéciaux (Lereboullet, *Manuel du microscope appliqué au diagnostic et à la clinique*).

2° *Urine*. — L'urine est un liquide excrémentiel, remarquable par les sels qu'il renferme, qui cristallisent quand le le liquide s'évapore, et qui sont des *urates* et des *phosphates*. On y trouve encore de l'acide *urique*, de l'*urée* des cellules épithéliales, des globules de mucus, et pathologiquement des globules sanguins et des Spermatozoïdes.

L'acide urique libre se dépose pendant l'évaporation en plaques rhomboïdales, ou en aiguilles prismatiques, colorées en brunâtre par la matière colorante, encore peu connue, de l'urine. On reconnaît cet acide urique par l'action de l'acide nitrique, qui amène la formation de *murexide* présentant une belle couleur pourpre.

Les urates se déposent aussi sous forme de cristaux colorés : l'urate de soude, sous forme de masses étoilées; l'urate d'ammoniaque, sous la forme de boules hérissées de pointes.

Quand l'urine se décompose, il se forme de l'ammoniaque, et comme l'urine normale contient du phosphate de magnésie, ce sel se combinant à l'ammoniaque donne naissance à du phosphate ammoniaco-magnésien, dont les cristaux sont reconnaissables à leur forme de *catafalques* ou de couvercles de cercueils.

Certains aliments peuvent introduire dans l'urine des

sels particuliers, que l'on reconnaît à l'examen microscopique. Lorsque l'on ingère de l'acide benzoïque ou des acides voisins, il se produit par l'union de cet acide avec le glycocolle, de l'acide hippurique, qui donne naissance à des hippurates. Si l'on traite alors l'urine par l'acide chlorhydrique, l'acide hippurique mis en liberté, et peu soluble, se dépose en longs prismes incolores à quatre pans. Après l'ingestion d'oseille, de cresson, de tomates, tous végétaux qui renferment abondamment de l'acide oxalique, on constate facilement dans les urines la présence de l'oxalate de chaux, qui se dépose en cristaux octaédriques qui, vus par la pointe, offrent l'aspect caractéristique d'*enveloppes de lettres*.

Signalons encore l'existence dans l'urine de certaines personnes, chez lesquelles l'assimilation ne se fait pas parfaitement, de l'urée, en prismes à base carrée, de la cystine, en lamelles hexagonales : mais ce sont là déjà des urines pathologiques ; signalons enfin la présence de nombreux leucocytes dans les cas de catarrhe des voies urinaires, de globules de sang, dans le cas d'hématurie, de cylindres pâles d'albumine dans les cas d'albuminurie, et de glycose dans les cas de diabète : ce dernier se reconnaît facilement par la liqueur de Fehling.

3° *Lait*. — Le lait est un liquide sécrété chez les Mammifères par les glandes appelées *mamelles ;* sa sécrétion est précédé de celle du *colostrum* caractérisé par de gros globules mûriformes. Le lait proprement dit tient en dissolution des sels et du sucre, et en suspension un grand nombre de corpuscules brillants de 1 à 14 μ de diamètre, et qui ne sont autre chose que des globules graisseux. Le lait, ordinairement blanc, prend une couleur noirâtre ou bleuâtre quand il est envahi par certaines Bactéries (particulièrement le *Vibrio cyanogenus*).

4° *Autres liquides*. — Les autres liquides de l'organisme, *salive*, *mucus*, ne présentent à l'examen microscopique que des globules blancs et des cellules épithéliales ; la bile présente en outre des granulations colorées de *bilifulvine*, et renferme des cristaux de taurocholate, et glycocholate de soude (par suite de la combinaison de l'acide cholalique avec la taurine ou le glycocolle). Quant aux sucs, gastrique, pancréatique, intestinal, l'examen microscopique n'apprend rien quant à leur nature et leurs propriétés, qui sont dues à l'existence d'un ou plusieurs ferments solubles. L'étude du sperme sera mieux à sa place dans le chapitre suivant.

III

REPRODUCTION SEXUÉE. SPERME. OVULES. ŒUF

Les animaux se reproduisent par voie *asexuée* et par voie *sexuée ;* la reproduction asexuée se fait par scission, bourgeonnement, etc., et nous étudierons ces divers modes au fur et à mesure que nous les rencontrerons, mais la reproduction sexuée se fait toujours d'une façon identique, aussi peut-on l'étudier généralement. Dans ce cas l'animal sort d'un œuf, qui est dû à la conjugaison d'un *Spermatozoïde* et d'un *ovule* (analogues d'un anthérozoïde et d'une oosphère). Les Spermatozoïdes se rencontrent dans le sperme, que nous allons d'abord étudier.

Sperme. — Le sperme est un liquide particulier produit par les animaux mâles dans des glandes appelées *testicules*. Ce liquide, chez les animaux supérieurs du moins, se complète avant l'éjaculation par les produits de certaines glandes connexes (prostate, glandes de Cowper). Chez les Mammifères, où on peut l'étudier le plus facilement, c'est un liquide blanchâtre et visqueux, qui tient en suspension un grand nombre de corpuscules animés de mouvements, et auxquels il doit sa propriété fécondante, les *Spermatozoïdes* (fig. 76). Chez l'Homme, ces Spermatozoïdes ont une longueur moyenne de 50 μ, ce sont des filaments dont une extrémité est renflée en une tête pyriforme. Les mouvements des Spermatozoïdes se

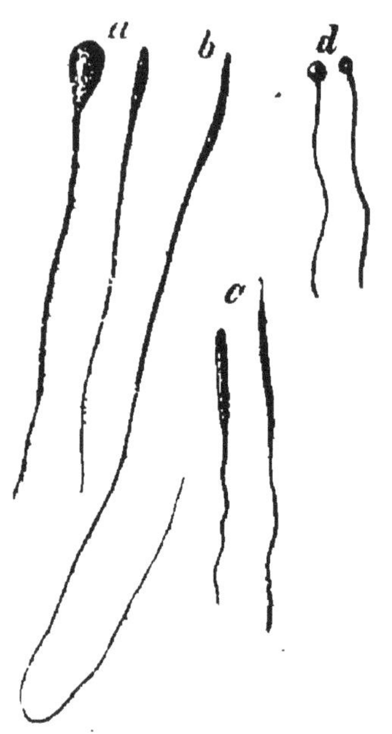

Fig. 76. — Spermatozoïdes.

continuent pendant un temps assez long dans le sperme éjaculé ; l'addition de l'eau pour diluer un peu le liquide exagère d'abord leurs mouvements, mais les arrête bientôt.

Les Spermatozoïdes des Mammifères ont tous une forme analogue à ceux de l'Homme, le filament est seulement plus ou moins long, la tête plus ou moins grosse.

Outre les Spermatozoïdes, on trouve encore dans le sperme des concrétions albuminoïdes *(sympexions)*, des cristaux de phosphate de magnésie et des cellules épithéliales.

Ovules. — Les ovules sont de simples cellules, que

nous avons déjà décrites; leur membrane s'appelle *membrane vitelline*; leur noyau, *vésicule germinative*. Ils sont produits dans des organes glandulaires particuliers, les *ovaires*. De là, ils tombent dans les voies génitales femelles, où ils subissent la fécondation. Mais avant la fécondation ils sont déjà le siège de certains phénomènes. Le noyau se divise une ou deux fois par karyokinèse, et chaque fois un fragment est expulsé *(globules polaires)*; ce qui reste du noyau constitue le *pronucléus femelle*. Si un ovule dans cet état est rencontré par un Spermatozoïde, la fécondation a lieu : le Spermatozoïde pénètre dans l'ovule, perd sa queue, et sa tête, qui reste seule, marche à la rencontre du pronucléus femelle sous le nom de *pronucléus mâle*. Les deux pronucléus se fusionnent; cette fusion constitue la fécondation, et donne naissance au *noyau vitellin*. Ce noyau ne tarde pas à se diviser : c'est ce qui constitue la segmentation du vitellus, car le protoplasma de l'ovule participe à cette segmentation. Parfois tout le vitellus se segmente (œufs *holoblastes*, Mammifères par exemple) ; d'autres fois, c'est une partie seulement (œufs *méroblastes* : Crustacés, Oiseaux, etc.). Dans les œufs holoblastes ou à segmentation totale, la segmentation peut être égale, c'est-à-dire que toutes les cellules produites sont de même taille : c'est ce qui arrive chez les Mammifères; au contraire, elle peut être inégale (Grenouille). Dans les œufs méroblastes, la segmentation peut se faire à l'un des pôles de l'œuf (œufs *télolécithes*) ou sur toute la périphérie (œufs *centrolécithes*). Les cellules résultant de la segmentation du vitellus, se groupent bientôt en une sphère, soit pleine *(planula)*, soit creuse *(blastula)* : ensuite, soit une invagination, résultant d'une dépression qui se fait en un point, soit une délamination, soit un développement particulier des cellules d'un pôle de l'œuf *(épibolie)*, donnent naissance à une sphère creuse à deux couches *(gastrula)*. La couche externe, qui est ciliée, est l'*ectoderme* ou *épiblaste*, la couche interne est l'*entoderme* ou *hypoblaste*, la cavité de la sphère est l'*archentéron*, le pore qui y donne accès le *blastopore*. Bientôt après, on voit se former une couche intermédiaire, dont le mode de formation est trop variable pour que nous l'indiquions ici : c'est le *mésoderme* ou *mésoblaste* ; il se divise bientôt en deux feuillets, et l'espace intermédiaire reçoit le nom de cavité générale ou *cœlome*. Ce mésoderme n'apparaît que dans le grand groupe des *Cœlomates*. Les trois feuillets embryonnaires, ectoderme, mésoderme, entoderme, sont ainsi constitués. Le premier donne naissance, par son développement chez l'embryon, au tégument et au système nerveux central; le deuxième donne naissance aux muscles et aux vaisseaux, le troisième au tube digestif et à ses annexes. Nous ne nous étendrons pas davantage sur ces formations embryonnaires. Qu'il suffise de savoir que les premières phases du développement de l'œuf sont les mêmes chez tous les animaux, et que l'embryon des animaux supérieurs présente, dans les stades successifs de son développement, les caractères des groupes inférieurs.

ZOOLOGIE SPÉCIALE

I

PROTOZOAIRES

a. Rhizopodes. — *b*. Infusoires

Les animaux se divisent en un certain nombre d'embranchements. Il convient d'en commencer l'étude, comme nous l'avons fait pour les végétaux, par le plus inférieur de tous, celui des *Protozoaires*. Les animaux qui constituent cet embranchement sont des êtres unicellulaires; ils ne se distinguent des végétaux unicellulaires, qu'en ce que leur membrane, quand il en existe une, n'est jamais cellulosique. Deux groupes peuvent être distingués dans cet embranchement, celui des *Rhizopodes* et celui des *Infusoires*. Le premier groupe comprend des êtres sans membrane et même parfois sans noyau *(Protistes)*; le deuxième, des êtres plus perfectionnés, non seulement grâce à la présence d'une membrane, mais encore à cause d'une différenciation protoplasmique telle, qu'on les a souvent pris pour beaucoup plus compliqués qu'ils ne le sont en réalité (Ehrenberg).

a. Classe des Rhizopodes.

A côté des Rhizopodes proprement dits, qui se divisent en *Amibiens, Héliozoaires, Foraminifères, Radiolaires*, il convient de mettre les *Monères* de Hæckel, pour lesquelles on a souvent fait un règne particulier, celui des *Protistes*.

1° *Monères*. — Les Monères constituent un groupe d'animaux unicellulaires, dont la cellule très rudimentaire ne présente ni membrane ni noyau. La plupart habitent l'eau de la mer, quelques-unes cependant se rencontrent dans l'eau douce. Étudions-en quelques types.

Protamœba primitiva. — Cet être se présente sous la forme d'une petite masse gélatineuse irrégulièrement lobée, il rampe à la surface des animaux ou des végétaux marins sur lesquels il vit. Le protoplasma qui le compose, présente à la périphérie une zone claire, l'*ecto-sarc*, et au milieu une zone granuleuse, l'*endosarc*; c'est là la seule différenciation que l'on trouve. En examinant l'animal, on le voit ramper à l'aide d'expansions libres qu'il émet en un point quelconque de son corps, et qui portent le nom de *pseudopodes*. Ces pseudopodes servent aussi à la nutrition; la *Protamœba* englobe avec leur aide les corpuscules dont elle se nourrit, qui pénètrent peu à peu dans la masse du corps; là ils se disolvent partiellement, les résidus non utilisés sont rejetés par un point quelconque de la périphérie, et comme il n'y a pas de membrane, l'entrée, la sortie des aliments, s'effectuent très facilement sans laisser de trace.

Quand l'animal a acquis une certaine taille, il se segmente, et on voit souvent deux *Protamœba* qui ne sont reliés que par un mince pont protoplasmique qui se rompt bientôt.

Protogenes primordialis. — Cette Monère, qui vit particulièrement dans la Méditerranée, où Hæckel l'a rencontrée, a la forme d'un soleil, ses pseudopodes excessivement fins s'en allant en rayonnant autour d'un centre; sa taille, deux dixièmes de millimètre, est relativement considérable.

Myxodyclium sociale. — Cette Monère vit en colonie, et la colonie a l'aspect d'un groupe de Protogènes qui seraient unis par leurs pseudopodes.

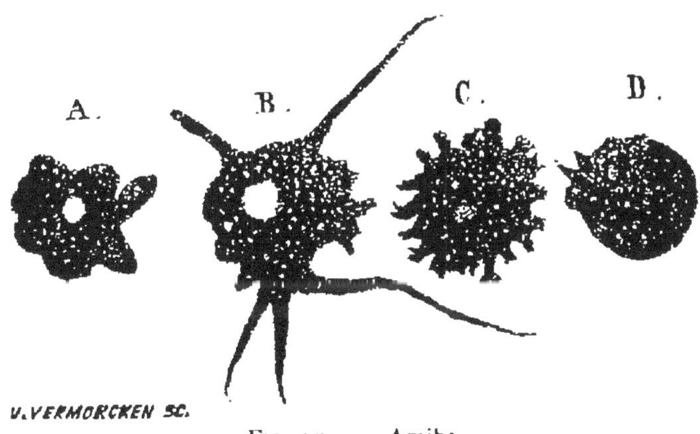

Fig. 77. — Amibe.

2° *Amibiens.* — Les Amibiens ne se distinguent des Monères que par la présence d'un noyau (fig. 77). On trouve facilement à s'en procurer pour l'étude. Ainsi, le type qui nous servira d'exemple, l'*Amœba terricola*, se trouve dans le sable et les parcelles de terre qui se déposent au fond d'une eau où l'on a lavé des Mousses.

Le protoplasma, homogène et hyalin à la périphérie, est granuleux au centre; on distingue donc facilement un ectosarc et un endosarc. Les pseudopodes sont larges et apparaissent avec une extrême lenteur : ils servent au mouvement et à la nutrition de l'animal; ils sont susceptibles de se souder entre eux, et parfois même deux Amibes restent unies par leurs pseudopodes.

Le protoplasma est souvent creusé de vacuoles, qui apparaissent subitement et sans aucune régularité, en un point quelconque du corps.

Le noyau est difficile à apercevoir sur l'animal vivant à cause de la présence de granulations dans l'endosarc; il est alors d'aspect grisâtre avec un nucléole brillant. On le rend plus apparent par le picro-carminate d'ammoniaque.

L'animal se reproduit par scission; le noyau commence par se diviser par simple bipartition, puis le protoplasma se scinde à son tour.

3° *Foraminifères*. — Ces êtres, qui ont vécu autrefois en grande abondance, puisque leurs restes constituent la craie, sont encore très répandus dans les mers; de rares espèces seulement habitent les eaux douces. Pour les recueillir, on promène à la surface de l'eau un filet léger à mailles très fines. On l'examine alors à la loupe et, si la chasse a été fructueuse, on fait l'examen au microscope.

Nous prendrons comme type d'étude le *Polystomella strigillata* qui vit surtout sur les côtes de la Méditerranée.

Cette espèce s'offre sous la forme d'une lentille biconvexe à bords mousses; elle présente une coquille ayant à peu près la forme de celle d'un Nautile. Son diamètre est de 1/2 à 1 millimètre; elle est divisée en chambres successives enroulées en spirales, chambres séparées les unes des autres par de fines cloisons, perforées, comme les parois mêmes de la coquille, de nombreux orifices; par ces orifices passent les pseudopodes longs et filiformes de l'animal. Si on veut examiner le corps protoplasmique nu, on dissout la coquille, qui est calcaire, avec de l'alcool faiblement acidulé avec de l'acide azotique ou chlorhydrique. L'alcool fixe en même temps le protoplasma. On aperçoit le noyau avec la plus grande difficulté; le carmin de Beale est le réactif qui permet le mieux de l'apercevoir. Voici la composition de ce réactif :

Eau distillée.	60 grammes
Glycérine.	60 —
Alcool.	15 —
Ammoniaque. . . .	3^{gr},5
Carmin.	0^{gr},64

La coquille des Foraminifères a une forme très variable; elle est parfois en spirale et cloisonnée, comme dans le cas précédent; d'autres fois, spiralée sans cloisons *(Cornuspira)*, en forme de bouteille *(Lagena)*; elle peut présenter de nombreuses perforations *(Polystomella, Rotalia, Nummulites)* ou avoir au contraire une seule ouverture *(Lagena, Gromia, Uniloculina).*

Le plus souvent, la coquille est calcaire, comme dans le cas pris pour exemple, mais parfois le test est chitineux, comme dans le *Lieberkühnia Wagneri*, forme d'eau douce; elle est parfois étrangère à l'animal, qui la forme en agglutinant des grains de sable *(Hormosina, Rheophax).*

Les pseudopodes qui sortent par la coquille s'anastomosent souvent entre eux comme chez les Amibes; ils peuvent se souder si intimement qu'ils forment une enveloppe à la coquille qui devient alors interne (*Lieber-kühnia, Gromia*).

La reproduction est peu connue; on suppose qu'elle est précédée d'une fragmentation du noyau.

On n'examine les Foraminifères entiers, le plus souvent, qu'en préparation extemporanée; on les fixe par l'acide osmique et on les colore au carmin. On ne fait généralement de préparations durables, pour collections, que des coquilles. Pour cela, on lave les coquilles avec une solution faible de potasse, on les laisse sécher et on les monte dans la glycérine ou bien dans le baume.

4° Héliozoaires. — Ces animaux étaient autrefois placés près des Amibiens, avec lesquels ils constituaient les *Protéens* sous le nom d'*Actinophryens*. Ils se distinguent des Amibiens par leurs pseudopodes longs et minces, disposés en rayons, et ne s'anastomosant jamais. Ce sont des formes intermédiaires entre les Amibiens et les Radiolaires.

Le type que nous prendrons pour l'étude, l'*Actinosphærium Eichorni*, est un des plus instructifs; c'est aussi un des plus faciles à se procurer, car il habite les eaux douces; on le trouve surtout dans les ruisseaux, où il nage en pleine eau.

La forme du corps est sphérique ou ovalaire; les pseudopodes, fins et droits, dépendent d'un ectosarc transparent; l'endosarc est, au contraire, plus ou moins granuleux et sombre.

L'ectosarc est souvent creusé de grandes vacuoles, qui lui donnent un aspect spumeux; il renferme une ou deux vésicules pulsatiles, qui se contractent rythmiquement; l'endosarc, chez les individus jeunes, ne renferme qu'un seul noyau; chez les individus âgés, il en renferme toujours plusieurs. Cette pluralité est sans doute en rapport avec les phénomènes de reproduction ; notons en passant qu'ici la division du noyau n'est plus directe, comme chez les Amibiens ; elle se fait par karyokynèse.

La nutrition ne se fait pas au moyen des pseudopodes ordinaires, qui, nous l'avons dit, sont droits et rigides ; la proie est englobée par un pseudopode large et étalé qui prend naissance à cet effet et disparaît quand elle est engloutie ; les autres pseudopodes ne servent qu'à retenir un moment la proie, en s'inclinant au-dessus d'elle en formant une nasse.

La reproduction de Héliozoaires se fait par scissiparité et par enkystement. Cet enkystement est précédé d'une conjugaison, après laquelle les pseudopodes se retirent, et le corps s'enveloppe d'une membrane siliceuse. Au printemps un jeune *Actinosphærium* sort du kyste.

A côté des *Actinosphærium*, on peut signaler dans le groupe des Héliozaires les *Actinophrys*, presque semblables, et, faisant passage directement aux Radiolaires, les *Acanthocystis*, qui ont un squelette siliceux formé de spicules radiaires et même une ébauche de capsule centrale, et les *Clathrulina*, dont le corps, supporté par un pédicelle, est enfermé dans une sphère siliceuse, élégamment découpée à jour, par les fenêtres de laquelle sortent les pseudopodes.

5° *Radiolaires*. — Le caractère principal de ces animaux, toujours unicellulaires et sans membrane, c'est de posséder au sein de leur protoplasma une partie centrale bien différenciée, à laquelle on donne le nom de *capsule centrale*. Outre cela, ils présentent souvent un élégant squelette radié, organique ou siliceux (fig. 78). Ce squelette étant très intéressant, nous donnerons quel-

ques exemples de la variété de ses formes, mais nous
étudiérons d'abord l'animal complet en prenant comme
type l'*Acanthometra elastica*, commun dans la Méditerranée.

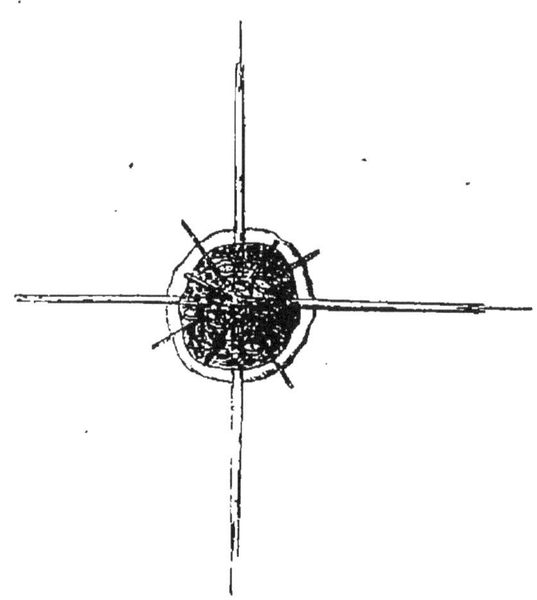

FIG. 78. — Radiolaire (Acanthométre).

Cet animal a la forme d'une sphère. Cette sphère est
hérissée de vingt piquants, d'une consistance assez molle
et disposés en cinq zones de quatre, dont on comprendra
assez facilement le groupement si l'on considère que
l'une des zones est équatoriale et que les deux pôles ne
présentent pas de piquants. Ces piquants sont formés,
non de silice, mais de matière organique; ils viennent se
réunir tous au centre du corps de l'animal.

Tel est le squelette. Le corps même de l'animal comprend deux zones, un ectosarc clair, un endosarc granuleux; c'est cet endosarc, entouré d'une mince membrane, qui constitue la capsule centrale. Cette capsule
renferme un certain nombre de noyaux et des cellules

jaunes particulières (*zooxanthelles*),qu'on s'est assuré être des Algues, qui forment peut-être là un cas de *symbiose* analogue à celui que nous avons observé chez les Lichens.

Les pseudopodes sont très minces, droits, et ne se soudent jamais entre eux; ils semblent provenir tous de l'ectosarc, mais sous un fort grossissement; on distingue dans certains d'entre eux un filament axile, qui vient de la capsule centrale. Un certain nombre de pseudopodes prennent donc leur origine dans l'endosarc.

Les pseudopodes des Radiolaires, comme d'ailleurs ceux des Héliozaires, sont durables; ils ne rentrent pas dans le corps, pour se reformer un peu plus loin, comme ceux des Amibiens et des Foraminifères.

La reproduction des Radiolaires est peu connue; on a vu des cas de scissiparité; on pense aussi, vu le grand nombre de noyaux que renferme souvent la capsule centrale, qu'il y a une reproduction par germes internes.

La plupart des Radiolaires ont un squelette, soit organique comme dans notre type, soit siliceux; ce squelette peut pénéter la capsule centrale *(Entolithiens)* ou, au contraire, être seulement périphérique *(Ectolithiens)*. Il peut n'y avoir qu'une seule capsule centrale *(Monocyttariens)* ou, au contraire, plusieurs *(Polycyttariens)*.

Occupons-nous d'abord des Monocyttariens : dans le groupe des Acanthomètres, auquel appartient notre espèce type, le squelette pénètre toujours la capsule centrale. Outre les piquants radiaux, on a souvent des sphères plus ou moins grillagées, comme dans l'*Actinomma Asteracanthion*. Dans cette espèce, le squelette est formé de trois sphères grillagées concentriques, reliées les unes aux autres par des piquants radiés, dont six surtout sont très développés.

Dans le groupe des Polycystines le squelette ne possède pas la capsule centrale : il est formé de sphères treillissées souvent emboîtées les unes dans les autres, et portant parfois des piquants, mais qui sont seulement extérieurs, et ne pénètrent pas dans la capsule centrale. Citons dans ce groupe l'*Heliosphæra inermis*, dont le squelette est formé d'une sphère à grillage hexagonal ; l'*Heliosphæra elegans*, dont la sphère à treillis également hexagonal est hérissée de piquants ; l'*Arachnosphæra myriacantha*, dont le squelette est formé de quatre à cinq sphères siliceuses, dont la plus interne, à mailles régulièrement hexagonales, porte des piquants.

Dans le groupe des Thalassicoles le squelette manque ou est seulement représenté par quelques spicules siliceux épars.

Les Polycyttariens ont plusieurs capsules centrales : les uns n'ont pas de squelette (*Collozoum*), d'autres seulement quelques spicules (*Sphærozoum*), d'autres enfin un test treillissé (*Collosphæra*). Tous les Radiolaires sont marins, on les pêche comme les Foraminifères. On ne conserve guère en préparation que leur squelette, l'animal lui-même étant le plus souvent étudié vivant. Cependant on peut traiter par l'acide osmique à 1 pour 100, laver, colorer au carmin de Beale, puis laver à l'alcool absolu, traiter par l'essence de girofle et monter dans le baume. Les squelettes se préparent comme ceux des Foraminifères.

b. Infusoires.

On distingue ordinairement les *Infusoires* des Rhizopodes par la présence d'une membrane ; cependant, nous allons étudier quelques groupes qui possèdent une membrane et ne sont pas des Infusoires proprement dits, dont ils n'ont pas l'organisation encore assez compliquée.

α. *Grégarines.* — Ces animaux, que l'on prenait autrefois pour des Vers inférieurs, ont parfois une taille considérable (jusqu'à 1 centimètre). Le corps, unicellulaire, est allongé, vermiforme, muni d'une membrane et d'un noyau. La membrane laisse distinguer jusqu'à trois couches : *épicyte*, *sarcocyte* et *couche striée* (cette dernière couche est un commencement de différenciation de tissu musculaire). En dedans de la membrane est l'*entocyte*, granuleux, qui renferme le noyau. Le corps est souvent divisé en deux par une cloison *(septum)* : c'est le cas des *Polycystidées;* dans le cas contraire on a affaire aux *Monocystidées.* L'extrémité antérieure du corps porte fréquemment un appareil spécial de fixation; cet appareil n'existe que dans le premier stade du développement de l'animal *(céphalin);* l'appareil de fixation tombe ensuite *(sporadin)* (fig. 79).

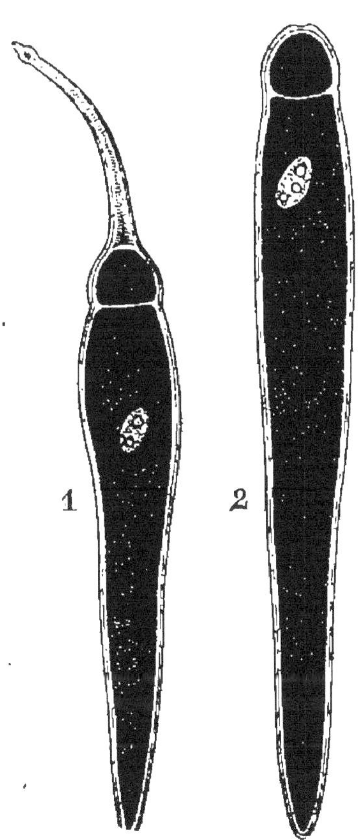

Fig. 79. — Grégarine : 1, céphalin; 2, sporadin.

La reproduction des Grégarines est encore assez obscure; d'après von Beneden, après conjugaison il se forme un kyste, d'où sortent, souvent par des tubes spéciaux, les *sporoductes*, des corps allongés dits *pseudonavicelles.*

Chaque pseudonavicelle donne naissance à une forme amiboïde, qui produit elle-même deux corpuscules falciformes *(pseudofilaires)*, se transformant par apparition d'une membrane et d'un noyau, en jeunes Grégarines. Pour Schneider, les pseudonavicelles donnent directement les pseudofilaires. Les Grégarines habitent le tube digestif des Invertébrés, particulièrement des Arthropodes. Dans le groupe des Polycystidées il en est qui n'ont jamais d'appareil de fixation ou rostre : ce sont les Grégarinidées; d'autres, au contraire, qui en ont dans le jeune âge : ce sont les Rhynchophorées. Le rostre peut être inerme (Inermes) ou armé de piquants (Acanthophorées).

Citons parmi les Grégarines les plus fréquentes : dans les Monocystidées, le *Gamocystis tenax*, qui vit dans l'intestin de la Blatte; dans les Polycystidées, parmi les Grégarinidées, le *Bothriopsis histrio*, qui vit dans l'intestin des Insectes aquatiques; parmi les Inermes, le *Stylorhynchus longicollis*, qui habite l'intestin du *Blaps mortisaga*, enfin, parmi les Acanthophorées, l'*Actinocephalus stelliformis*, qui habite l'intestin des larves de Staphylins.

Pour plus de détails nous renvoyons à l'ouvrage de Lanessan sur les Protozoaires.

β. *Psorospermies.* — Ce sont de petits organismes, que l'on rencontre un peu partout, dans le foie de Lapin, dans l'intestin des Poissons, dans les muscles des Mammifères *(corpuscules de Rainey)*. Ils sont ovalaires, munis d'une membrane et d'un noyau. Ils donnent naissance à des sortes de spores (quatre dans le *Coccidium oviforme* du foie du Lapin), qui se transforment en bâtonnets falciformes, dont on n'a pas suivi le développement.

γ. *Noctiluques.* — Les Noctiluques (fig. 80) sont de

petits animaux marins qui ont la propriété d'être phosphorescents. Ils ont une forme sphéroïdale, et une taille
de 2 à 3 milimètres. On trouve en un point de la surface
de leur corps un dépression qui renferme au fond
une bouche, bouche qui
d'ailleurs conduit dans le
protoplasma central, qui se
creuse pour recevoir les aliments, car il n'y a pas de tube
digestif. A côté de la bouche
s'insère un appendice filiforme assez gros, strié transversalement, le *tentacule,* et
un *flagellum* beaucoup plus

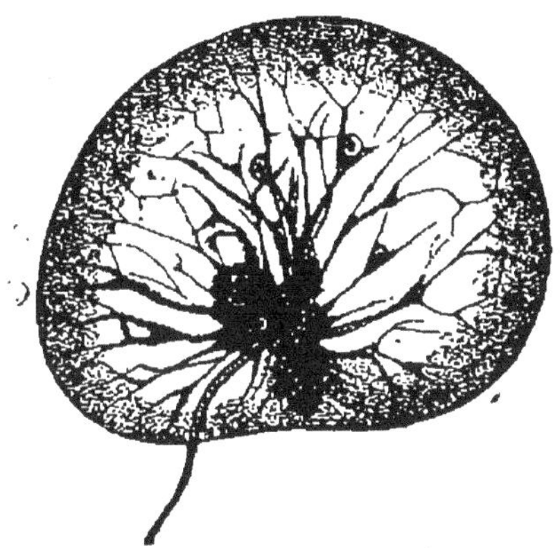

Fig. 80. — Noctiluque miliaire.

mince. Le corps est limité par une membrane; le protoplasma, aréolaire, renferme en son centre, où il est un
peu plus dense, le noyau. La reproduction se fait par
scissiparité, et aussi par germes internes, qui prennent
naissance à la suite d'une conjugaison.

δ. *Infusoires proprement dits.* — Ces animaux ont reçu
eur nom de ce qu'ils ont été observés pour la première
fois dans des infusions de matières végétales ou animales
par Leuwenhoeck, à la fin du xviie siècle. Leurs formes
sont très variées (fig. 81). On a longtemps rangé parmi
eux un grand nombre d'animaux appartenant à des
groupes supérieurs (Vers) ou inférieurs (Rhizopodes) et
même certains végétaux. On les a crus assez longtemps,
après les travaux d'Ehrenberg, d'une organisation assez
compliquée, mais on sait maintenant, depuis de nouvelles recherches (Dujardin, Bütschli), qu'ils sont formés
d'une seule cellule. Ils comprennent les ordres des
Ciliés, Cilio-flagellés, Flagellés, Suceurs.

1° ORDRE DES CILIÉS. — Premier type. : *Paramecium aurelia*. — Nous ferons sur ce type la plupart des observations relatives aux Infusoires.

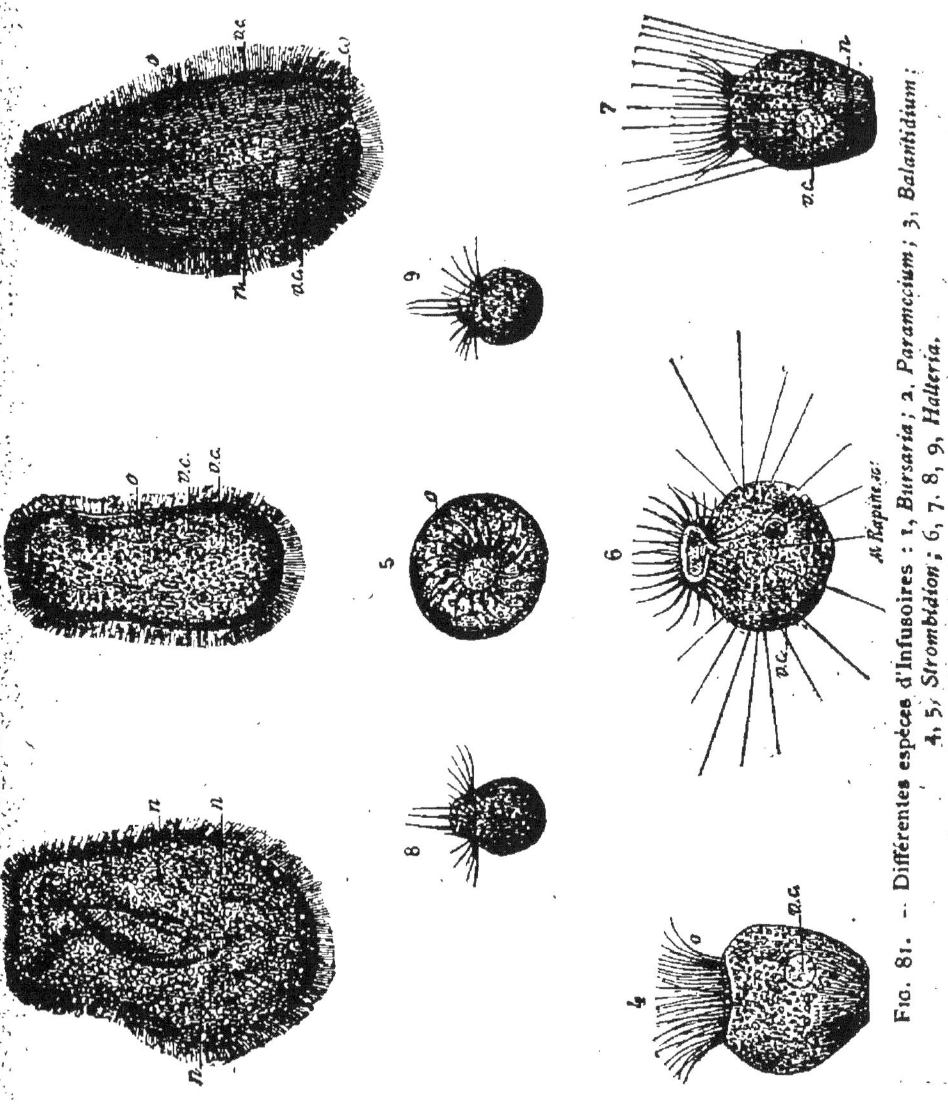

FIG. 81. — Différentes espèces d'Infusoires : 1, *Bursaria*; 2, *Paramecium*; 3, *Balantidium*; 4, 5, *Strombidion*; 6, 7, 8, 9, *Halteria*.

Cet Infusoire, qui appartient au groupe des Holotriches, est un des plus communs; on le trouve dans presque toutes les infusions; il suffit de laisser quelque temps des plantes dans de l'eau pour l'y rencontrer en abondance. Il faut pour l'observer qu'il soit à peu près immobile;

pour cela, quand on a fait une préparation, on retire peu à peu de l'eau de dessous le couvre-objet avec du papier buvard, tout en observant avec un objectif faible. Quand l'animal est immobilisé sans être écrasé, on l'observe à un grossissement de 4 à 500 diamètres. On voit alors qu'il a la forme d'un ovale allongé ; il est entouré d'une cuticule mince, finement striée et couverte de cils vibratiles, lesquels prennent leur origine dans la couche sous-jacente, l'ectosarc. L'ectosarc renferme parfois une infinité de petits bâtonnets, comparables aux *nématocystes* des Cœlentérés. Sur le côté du corps et en avant, on trouve un sillon large et béant, c'est la bouche ; cette bouche conduit dans un entonnoir, l'œsophage, qui communique directement avec le protoplasma interne. Il n'y a donc pas de tube digestif. Il y a cependant un anus, qui se reforme toujours au même endroit, mais qui n'est pas visible en dehors de la défécation.

L'ectosarc renferme aux deux extrémités du corps une *vésicule pulsatile*. Ces vésicules, qui se dilatent et se contractent alternativement, et qui renferment un liquide clair, sont sans communication avec l'extérieur ; il ne faut pas les confondre avec des vacuoles, qui se forment en des points quelconques et sans aucune régularité ; elles apparaissent toujours aux mêmes points et ont des mouvements rhytmiques de diastole et de systole.

La couche dense qui forme l'ectosarc renferme l'endosarc plus fluide. C'est dans cet endosarc que se trouve le noyau, un peu voilé à l'état frais, et à côté duquel se trouve un corpuscule que nous verrons n'être qu'un noyau de remplacement et auquel on a donné le nom impropre de nucléole, qu'on peut remplacer par celui de *paranucléus*. Le noyau est rond ou ovalaire, le paranucléus semblable, mais plus petit; on ne les aperçoit bien tous deux qu'après l'action de l'acide acétique à 1 pour 100.

La reproduction se fait par *scissiparité* ou *conjugaison*. Dans la scissiparité, où la division est transversale, c'est le noyau d'abord qui s'étrangle et se divise, puis c'est le tour du protoplasma. La conjugaison est suivie d'un grand nombre de phénomènes qu'on avait pris d'abord pour une reproduction sexuée, mais qui bien interprétés ne sont que des phénomènes de division cellulaire. On considérait, en effet, autrefois le nucléus comme un ovaire, le paranucléus comme un testicule. Voici ce qui se passe en réalité.

Deux individus se réunissent en s'accolant par la bouche : dans chacun des deux individus, on voit le nucléus se fragmenter et disparaître, et le paranucléus, après avoir pris un aspect fibrillaire, se divise en huit capsules d'aspect strié. La séparation se fait alors, et dans chacun des individus, des huit capsules nées de para-nucléus, quatre s'atrophient et disparaissent, les quatre autres se transforment en grosses sphères claires, dont deux prennent un aspect fibrillaire et une forme de fuseau. Une division a lieu alors et chacun des deux nouveaux individus emporte avec lui une des sphères claires, le nouveau noyau et un des corps fusiformes, le nouveau paranucléus.

Citons encore dans le groupe des Holotriches, c'est-à-dire ayant le corps uniformément recouvert de cils, les *Opalina*, sans bouche ni anus, qui vivent dans les Grenouilles; les *Trachelius*, à corps allongé en avant en forme de cou; les *Enchelys*, à œsophage dentelé, etc.

Deuxième type : *Stentor polymorphus*. — C'est un

représentant du groupe des Hétérotriches, caractérisés par un corps recouvert de cils fins et une bouche entourée de cils plus longs et plus rigides. Le corps est allongé conique. L'animal peut se fixer par son extrémité inférieure, qui constitue une sorte de pied. La bouche est située au fond d'un entonnoir *(péristome)* échancré en un point et dont le bord est couvert de soies raides.

Le nucléus est allongé et divisé en une série de nodosités formant un chapelet.

La division se fait par scission longitudinale et non transversale comme chez le *Paramecium*. Citons à côté des Stentors, les *Balantidium*, à œsophage peu développé, les *Bursaria*, les *Spirostomum*, etc.

Troisième type : *Stylonychia mytilus*. — Cet Infusoire appartient au groupe des Hypotriches, caractérisés par une face dorsale convexe et une surface ventrale plate, qui porte à la fois des cils fins, des soies et des crochets. La bouche et l'anus sont à la face ventrale.

Cet Infusoire vit en grande abondance dans les eaux douces. Son corps est imparfaitement cylindrique, aplati sur la face ventrale ; la bouche est précédée d'un large péristome muni de gros cils. Il n'y a qu'une seule vésicule contractile.

La reproduction par conjugaison est assez analogue à celle des *Paramecium*.

Appartiennent encore à ce groupe, les *Chilodon*, dont l'œsophage en forme de nasse est armé de petites dents ; les *Aspidisca*, à corps cuirassé en bouclier ; les *Euplotes*, avec seulement quelques cils rigides.

Quatrième type : *Vorticella microstoma*. — Cet Infusoire appartient au groupe des Péritriches, caractérisés par de longs cils disposés en une zone adorale. Les Vorticelles, qu'on trouve souvent fixées par groupes sur des Algues, sont des Infusoires pédicellés. Leur pédicelle contactile peut se resserrer brusquement en une spirale, ou au contraire s'étendre. Le corps de l'animal a la forme d'une urne ; il y a une seule vésicule contractile, le nucléus a la forme d'un fer à cheval. L'urne est recouverte en partie par un couvercle qui forme une sorte d'épistome. Entre les bords du couvercle et de l'urne, qui sont plantés de cils, existe une rainure qui conduit dans un vestibule au fond duquel est la bouche. Les courants produits par les cils font pénétrer dans le vestibule les organismes dont la Vorticelle fait sa proie.

La reproduction se fait d'abord par scission, scission qui est longitudinale. De plus, après conjugaison, il se produit des germes internes, par division du noyau, germes ornés d'une couronne de cils et qu'on avait pris autrefois pour des mâles (*individus gemmiformes*). Citons à côté des Vorticelles, et pédicellés comme elles, les *Carchesium*, les *Epistylis*, les *Vaginicola* : ces derniers peuvent se retirer dans un étui transparent; d'autres Péritriches, mais non pédicellés, et libres, sont les *Halteria*, *Tintinnus*, etc.

ORDRE DES CILIO-FLAGELLÉS. — Les Infusoires de cet ordre possèdent, outre leurs cils, un ou plusieurs filaments allongés, dits *flagellums*. Ils sont souvent munis d'une cuirasse, portant des prolongements, et divisée en deux par un sillon transversal. La multiplication se fait par division, souvent précédée d'un enkystement. Les genres *Ceratium*, *Periclinium*, sont les plus fréquents. Citons particulièrement le *Ceratium tripos*, qui possède un long flagellum et dont la cuirasse porte trois grands prolongements. L'une des deux valves de la cuirasse porte deux prolongements, l'autre le troisième. Cette cuirasse, chose singulière, est de nature cellulosique.

3° ORDRE DES FLAGELLÉS. — Ces Infusoires, très inférieurs, n'ont pas de cils, mais seulement un ou deux flagellums. Certains vivent isolés, comme les *Euglènes*, les *Bodo*, les *Monas*, d'autres en colonies, comme les *Antophysa*, *Dinobryon*, etc.

Premier type : *Euglena viridis*. — Cet Infusoire se trouve en grande abondance dans les eaux stagnantes; il est d'une couleur verte, due à la présence de la chlorophylle; on ne sait pas encore bien si cette chlorophylle lui appartient en propre ou si elle est l'apanage d'une Algue parasite. Une des extrémités du corps, allongée, est munie d'un flagellum, et renferme dans son protoplasma une vacuole et un point coloré en rouge, dit point oculiforme. Le noyau est gros et assez visible. La reproduction se fait, soit par division (scission transversale), soit par enkystement; du kyste sort un nombre assez considérable de jeunes Euglènes. On assistera très facilement à ces phénomènes de reproduction.

Deuxième type : *Dinobryon stipitulum*. — Cet Infusoire, qui vit en colonies, est de plus renfermé dans une gaine (groupe des Thécoflagellés). Le corps d'un individu isolé est elliptique; il porte deux flagellums, renferme une vacuole contractile, un point oculiforme et un gros noyau.

4° ORDRE DES SUCEURS. — Cet ordre, appelé encore ordre des Tentaculifères, ne renferme qu'une famille, celle des *Acinétiens*. Nous prendrons comme type l'*Acineta mystacina* (fig. 82).

Cet Infusoire est porté par un long pédicelle et renfermé dans une sorte de gaine. Il n'y a pas de bouche, mais un grand nombre de tentacules terminés chacun par une sorte de ventouse. C'est avec ces ces ventouses que l'animal suce sa proie. Le noyau est en fer à cheval.

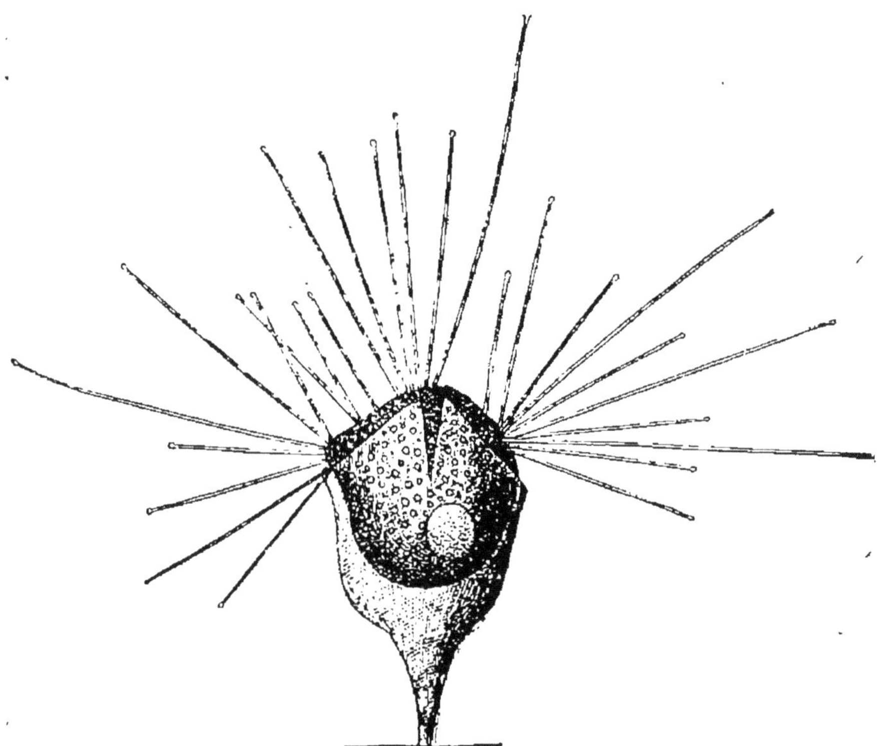

Fig. 82. — *Acineta mystacina.*

La reproduction a lieu et par division, et par formation endogène d'embryons. Ceux-ci naissent après bourgeonnement du noyau ; ils sont dans les premiers temps couverts de cils vibratiles, puis ils se fixent et se transforment en Acinètes adultes.

Citons encore comme pédicellés, mais non renfermés dans une gaine, les *Podophrya ;* comme non pédicellés avec gaine, les *Solenophrya ;* sans gaine, les *Trichophrya.*

La plupart du temps les Acinétiens vivent isolés, cependant les *Dendrosoma* forment des colonies.

Recherche des Infusoires. — Pour faciliter les études. et permettre d'observer soi-même, il convient d'indiquer comment on recherche les Infusoires. C'est une erreur de croire qu'on les trouve dans les eaux corrompues, là on ne trouve que des Bacilles et autres Microbes; on les trouvera dans les eaux stagnantes, mais pures, entre les herbes submergées, au milieu des Algues et des débris vaseux. Si l'on prend un peu de cette eau avec quelques herbes et Algues, et qu'on la mette dans un bocal ouvert, bientôt certaines espèces d'Infusoires viennent ramper et se fixer aux parois (Stentors, Vorticelles, etc.); les autres se fixent aux Algues, et on les observe facilement en en transportant les filaments sous le microscope. Ce n'est qu'ainsi qu'on pourra observer un grand nombre d'Infusoires, et les formes les plus belles : dans les infusions artificielles, de foin par exemple, on ne trouve que quelques formes toujours les mêmes *(Paramecium, Monas, Enchelys, Trachelius, etc.).*

Si l'on veut montrer des Infusoires en préparations, voici ce qu'il convient de faire. On réunit dans une goutte d'eau ceux que l'on veut conserver, et on les expose aux vapeurs de l'acide osmique à 2 pour 100 pendant quelques minutes. On recouvre alors d'une lamelle, et on dépose à côté de la lamelle une goutte d'une dissolution d'eau, glycérine et picro-carmin (eau, 1 ; glycérine, 1 ; picro-carmin à 1 pour 100, 1). Cette solution s'introduit par capillarité sous la lamelle, et la coloration se fait; quand elle est faite, on substitue à l'eau de la glycérine pure et on ferme la préparation.

II

MÉSOZOAIRES

Les animaux que nous allons maintenant étudier sont tous pluricellulaires. Dans l'embranchement que nous allons passer en revue, et qui est de création toute récente, on ne trouve que quelques genres, dont le plus important est le genre *Dicyema*, qui habite comme parasite les organes spongieux des Céphalopodes. Le corps des animaux autres que les Protozaires est généralement formé par l'évolution de trois feuillets primitifs, ectoderme, mésoderme, endoderme, mais ici il n'existe que deux feuillets, l'ectoderme et l'endoderme : c'est pourquoi on a créé ce groupe des *Mésozoaires*, intermédiaire aux *Protozaires*, et aux *Métazoaires* qui forment le reste des animaux.

Le *Dicyema typus* est formé d'une couche externe de cellules ciliées, en assez petit nombre (l'ectoderme), qui entoure une seule cellule interne à noyaux multiples (l'entoderme). Cette cellule a parfois ses couches protoplasmiques supérieures nettement fibrillaires ; on suppose que c'est là une trace de différenciation d'un système musculaire, une ébauche de mésoderme. Nous ne nous arrêterons pas plus longtemps sur ce groupe restreint, et nous allons passer à l'étude des *Métazoaires* renfermant les *Spongiaires*, les *Cœlentérés*, les *Échinodermes*, les *Vers*, les *Arthropodes*, les *Molluscoïdes*, les *Mollusques*, les *Tuniciers*, et enfin les *Vertébrés*. Nous étudierons ces différents groupes, qui sont des embranchements les uns à la suite des autres, et dans l'ordre de perfection croissante, non pas d'une façon didactique, ce n'est pas là le but de ce livre, mais dans ce qu'ils présentent de plus intéressant pour l'observateur micrographe.

III

SPONGIAIRES

Tout le monde connaît les *Éponges*, du moins les éponges fibreuses, quand ce ne serait que par leur squelette qui sert aux usages de la toilette.

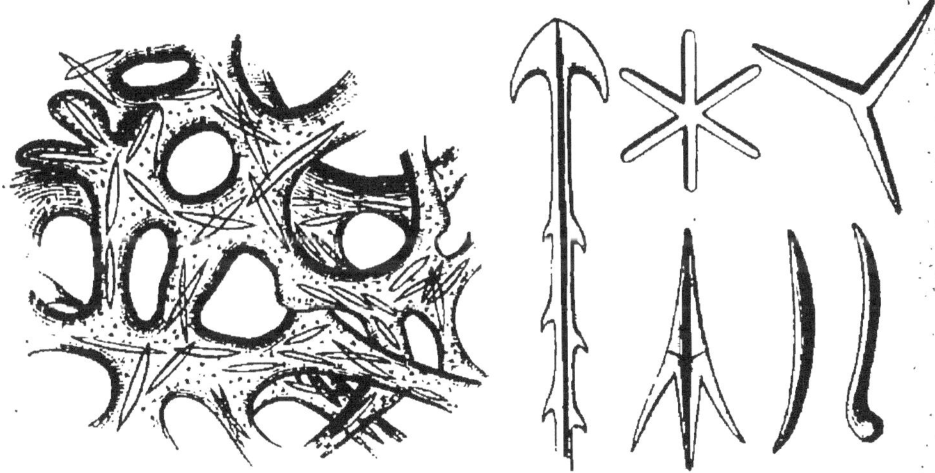

Fig. 83. — Tissus d'une éponge. Spicules isolés.

Si l'on fait une coupe dans les tissus d'une éponge (fig. 83), on voit que le corps est composé d'une masse parenchymateuse de cellules amiboïdes, qui gardent même une certaine indépendance, masse soutenue par une charpente solide, de nature cornée, siliceuse ou calcaire. Dans ces deux derniers cas, la charpente, au lieu de former une trame continue, est formée de spicules de formes variées (ancres, hameçons, étoiles, boutons de manchettes, etc.). Toute la masse parenchymateuse est creusée de canaux qui servent à la circulation de l'eau, canaux présentant de distance en distance des dilatations. Si la coupe passe par une de ces dilatations, on voit qu'elle est tapissée par des cellules vibratiles *(cellules à collerettes)*, d'où le nombre de chambres vibratiles qu'on leur donne. Ces cellules vibratiles, qui ont pour but de faire circuler l'eau dans les canaux, sont des cellules endodermiques. Cet endoderme donne aussi naissance par la reproduction à des œufs et à des Spermatozoïdes,

Quand la fécondation a eu lieu, l'œuf subit une segmentation totale; il se différencie bientôt une couche externe de petites cellules (ectoderme) et une couche interne de grande cellules (endoderme); entre ces deux feuillets se forme une lamelle de soutien, qui n'est qu'un pseudomésoderme, car il ne se forme pas de cœlome. L'animal se fixe bientôt et se transforme en une Éponge.

IV

CŒLENTÉRÉS

Le caractère commun à tous ces animaux, c'est de posséder une cavité *gastro-vasculaire*. L'étude de leurs tissus est assez intéressante; c'est en effet à ce groupe qu'appartiennent les *Polypes*, dont le corps est, comme on le sait, le siège d'un envahissement calcaire. Chez les Polypes *coralliaires*, on s'aperçoit que cette sclérification est due au dépôt dans la masse parenchymateuse du corps dite *cœnenchyme*, d'une infinité de *spicules* ou *sclérites* de formes variées.

Un autre caractère facile à constater chez tous les Cœlentérés, c'est la présence au milieu des cellules épithéliales qui recouvent le corps de ces animaux d'organes urticants dits *nématocystes* ou *cnidoblastes*. Ces nématocystes (fig. 84) sont formés d'une cellule en forme de bouteille, munie sur un côté d'un cil raide *(cnidocil)* et qui renferme dans son intérieur un liquide corrosif et un long filament. Ce dernier, enroulé à l'état ordinaire dans la cellule, peut se dérouler, être projeté au dehors, et servir ainsi à la capture de la proie dont l'animal se nourrit.

Outre le tissu scléreux et les nématocystes, on peut encore étudier chez les Cœlentérés, rarement d'ailleurs, le tissu nerveux

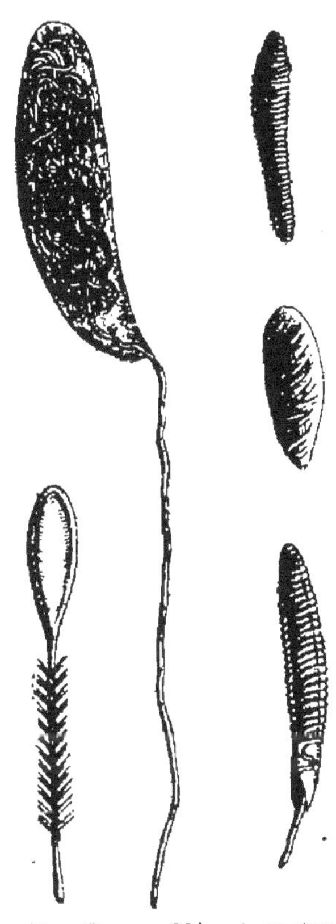

FIG. 84. — Nématocystes.

qui fait ici son apparition. Chez les Méduses, où il existe, on distingue déjà parfaitement les cellules et les fibres.

Les Cœlentérés sont souvent de grande taille, mais il en est d'assez petits pour pouvoir être étudiés en entier au microscope : tels sont les Coralliaires, dont on distingue alors parfaitement le corps en forme de sac et la bouche entourée de huit tentacules dentelés chez les Octactiniaires ou Alcyonaires *(Corallium rubrum)*, ou de six tentacules (ou un multiple) chez les Hexactiniaires ou Zoanthaires. Tel est surtout un Cœlentéré appartenant à la classe des Hydroméduses. et qu'on peut se procurer facilement dans les eaux douces, où il est fixé sur des tiges aquatiques : nous voulons parler de l'*Hydre d'eau douce*, dont deux variétés *(Hydra fusca, Hydra viridis)* sont également communes, et ne se distinguent que par la couleur. On voit parfaitement bien au microscope le corps sacciforme et les bras chargés de nématocystes qui s'agitent sans cesse autour de la bouche. Cet animal représente la forme *polypoïde* ou fixée de la classe des *Hydroméduses*, la forme libre ou *médusoïde* ne pourra être étudiée qu'au bord de la mer. Les Méduses sont généralement d'assez grande taille, on n'étudiera donc que leurs tissus. Ces tissus, sauf le tissu nerveux dont nous avons parlé plus haut, et celui de la cloche dite ombrelle qui surmonte l'animal, et qui est une sorte de tissu conjonctif muqueux, n'ont rien de bien particulier, mais on peut recommander à l'observateur l'étude des organes des sens, dits *corpuscules marginaux*, qu'on trouve sur les bords de l'ombrelle, soit libres, soit recouverts d'une sorte de casque. On verra là un rudiment d'œil représenté par une tache pigmentaire, et un rudiment d'oreille représenté par une cavité renfermant une géode de cristaux et analogue aux otocystes des Mollusques.

Le développement est souvent intéressant à suivre chez les Cœlentérés : parfois il est direct, et l'œuf, après cloisonnement total et formation d'une gastrula, donne immédiatement la forme adulte (Coralliaires), mais parfois il se complique de générations alternantes. Certaines Hydroméduses, en effet, donnent naissance par voie sexuée à un petit Polype *(Scyphistome)*; ce Polype bourgeonne *(Strobile)* et donne naissance par voie asexuée à de jeunes Méduses *(Ephyra)*, qui n'ont plus qu'à grossir, et se complètent par l'apparition d'organes génitaux.

Un dernier mot, avant de passer aux Échinodermes, sur le petit groupe des Cténophores, dont on pourra étudier les côtes ciliées, et l'organe auditif formé d'une petite géode calcaire supportée par quatre piliers au-dessus d'un coussinet formé de cellules sensitives [1].

V

ÉCHINODERMES

Cet embranchement, qui renferme des animaux bien divers, comme les Encrines, les Étoiles de mer, les Oursins et les Holothuries, est un des plus intéressants pour le zoologiste. Le micrographe n'y trouvera guère comme études intéressantes, que celles des tissus et du développement.

Parmi les tissus, le *test* de ces animaux mérite surtout d'appeler l'attention. Chez les Oursins, on sait qu'il est continu, sa structure est celle d'un réseau calcaire à mailles remplies de tissu conjonctif. Chez les Astéries et les Encrines, où il est formé de pièces distinctes, sa structure est la même ; chez les Holothurides, la sclérification du tégument est très peu accentuée, et l'on trouve seulement disséminées dans le derme, des pièces calcaires assez remarquables ; chez la Synapte, elles ont la forme

---

[1] Cet organe se divise au pôle de l'animal opposé à la bouche (le *pôle apical)*.

de hameçons et de boucliers (fig. 85). Le test porte à sa surface des organes particuliers : ainsi chez les Oursins on trouve de petites tenailles à trois branches dites *pédicellaires*, que l'on étudiera facilement en raclant la peau autour de la bouche, et en examinant les débris au microscope. On voit alors qu'un pédicellaire est formé d'une tige allongée et mince renfermant un axe calcaire sur une partie de sa longueur, et surmontée de trois val-

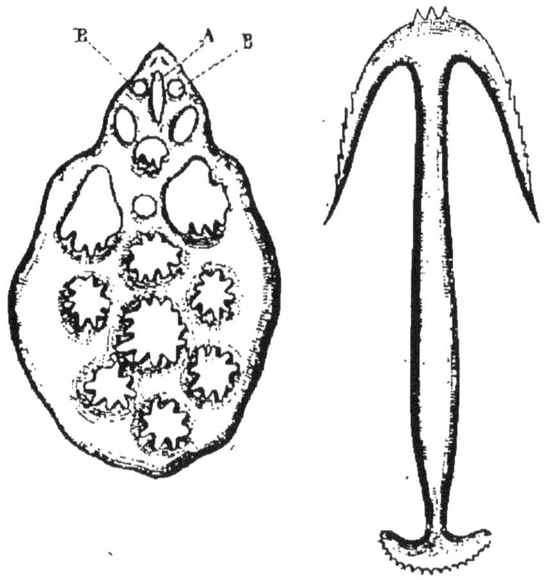

Fig. 85. — Corpuscules calcaires de la Synapte.

ves calcaires, dentelées, qui peuvent s'ouvrir et se fermer et constituer par conséquent des organes de préhension. On distingue quatre sortes de pédicellaires : *tridactyles*, à valves minces et grêles ; *gemmiformes*, à grosses valves ; *trifoliés*, à valves en forme de feuilles ; *ophicéphales*, à valves puissantes et élégamment ornées et dentelées. On trouve encore à la surface du corps, les *piquants* ou *radioles*, dont une coupe transversale montre la structure élégante et compliquée, et les *sphéridies*, petites boules supportées par un court pédicelle.

Le développement des Échinodermes n'est pas direct,
l'œuf donne naissance à une larve. Les larves, toutes
microscopiques, sont de formes très variées.

C'est d'abord la larve *Pluteus* (fig. 86) : cette larve, qui
appartient aux Oursins et aux Ophiures, a, comme on

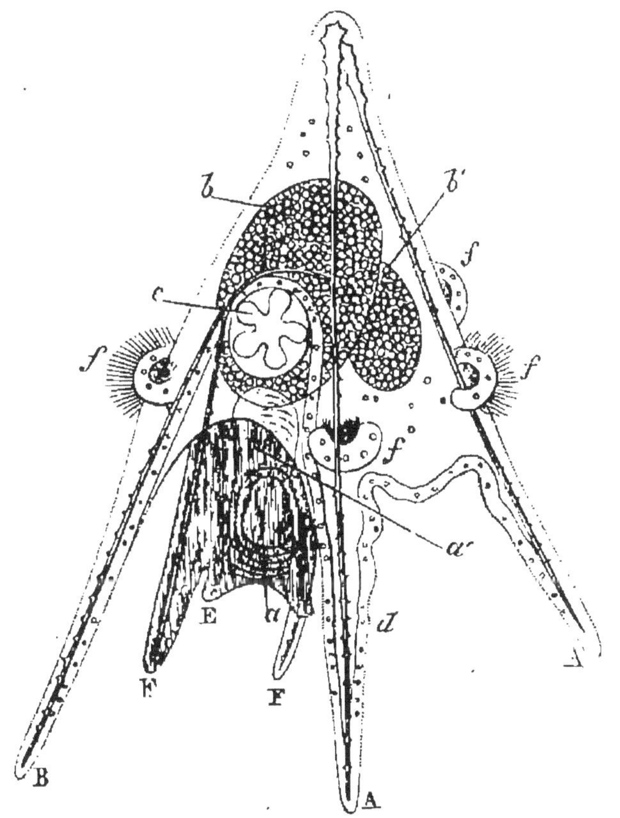

FIG. 86. — Larve *Pluteus* d'un Oursin.

le voit, la forme d'un chevalet de peintre (d'où son nom
allemand de *Staffelei*) ; elle possède un squelette formé
de tiges calcaires. C'est ensuite la forme *Bipinnaria*
(larve d'Astérie), à frange ciliée élégante ; la forme *Bra-
chiolaria*, assez semblable, mais présentant trois bras de
plus ; enfin la forme *Auricularia*, sans frange ciliée ventrale et à appendices postérieurs en forme d'oreilles : cette

larve, qui appartient aux Holothuries, passe par une phase de *chrysalide* avant de devenir adulte.

Seule, cette larve *Auricularia* se transforme entièrement en l'animal adulte ; chez les autres larves, il apparaît sur une paroi du corps un bourgeon circulaire dit *disque échinodermique*. C'est lui seul qui évoluera, le reste de la larve se résorbe : aussi a-t-on vu là souvent une sorte de génération alternante.

Nous laissons de côté la larve des Crinoïdes dont l'évolution est très compliquée et passe par des phases successives (phase de Cystidé, phase de Pentacrine).

VI

VERS

a. Plathelminthes. — *b*. Némathelmintes. — *c*. Rotateurs ou Rotifères. *d*. Géphyriens. — *e*. Annélides.

Cet embranchement nous arrêtera un peu plus longtemps que les trois précédentes, car il présente un grand nombre de formes microscopiques, partant très intéressantes pour le micrographe.

On distingue dans les vers les groupes qui suivent :

Système nerveux composé d'un collier œsophagien et d'une chaine		double. .	ANNÉLIDES.
		simple. .	GÉPHYRIENS,
Système nerveux rudimentaire ou nul.	Un appareil cilié à l'extrémité céphalique.		ROTATEURS.
	Pas d'appareil cilié.	Corps rond.	NÉMATHELMINTHES.
		Corps plat.	PLATHELMINTHES.

a. Plathelminthes.

Les Plathelminthes, qui sont les plus inférieurs des Vers, se divisent comme il suit :

Vers plats	Un tube digestif à un ou deux orifices.	Corps couverts de cils vibratiles.	TURBELLARIÉS.
		Corps dépourvus de cils vibratiles.	TRÉMATODES.
	Pas de tube digestif.		CESTODES.

α. *Cestodes*. — C'est à ce groupe qu'appartient le *Tænia solium* ou Ver solitaire, mal nommé d'ailleurs, puisqu'on en rencontre parfois plusieurs dans l'intestin. Ce Ver est formé d'une série d'anneaux. Le premier, nommé tête, porte quatre ventouses qui sont des organes de

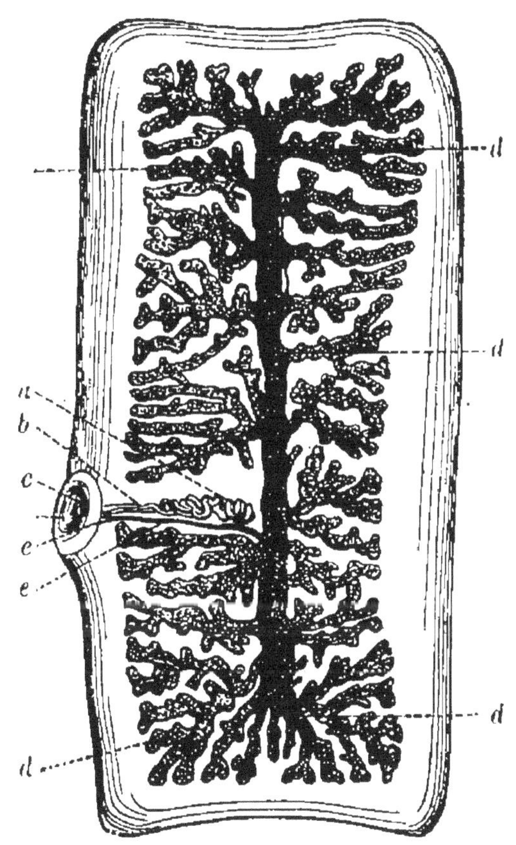

Fig. 87. — *Proglottis* de *Tænia solium*.

fixation, et une sorte de rostre *(rostelle)* garni d'une double couronne de crochets. Les anneaux qui se suivent sont tous semblables mais plus ou moins développés. Les derniers se détachent spontanément.

Examinons à part un de ces anneaux ou *proglottis*, nommés encore *cucurbitains* (fig. 87).

Nous trouvons d'abord, à l'extérieur, une enveloppe

musculo-cutanée, recouverte d'une mince cuticule. En dedans de cette enveloppe est un tissu parenchymateux, incrusté de granulations calcaires et où sont logés les organes. Ce sont d'abord deux canaux longitudinaux, reliés par une branche transversale et qui sont des organes d'excrétion, deux filaments nerveux également longitudinaux et peu nets (ces canaux et ces nerfs ne sont pas représentés sur la figure), puis enfin un appareil reproducteur, mâle et femelle, car chaque anneau est hermaphrodite.

L'appareil mâle, qu'on ne peut bien voir que quand l'appareil femelle est encore peu développé, consiste en un testicule (non représenté sur la figure prise à une époque où il est déjà résorbé) formé de nombreuses vésicules qui vont toutes aboutir à un canal commun, le canal déférent. L'extrémité de celui-ci présente d'abord une dilatation, sorte de réservoir séminal ; la partie tout à fait terminale, susceptible de se retourner au dehors en un organe copulateur, est renfermée dans une petite poche, le sac du cirre.

L'appareil femelle se compose : 1° d'un organe double producteur des germes (le *germigène*, résorbé dans la figure) ; 2° de glandes vitellogènes (résorbées également), plus une glande albumineuse. Le tout débouche dans un oviducte qui se continue en un vagin. Ce dernier a son orifice situé à côté de l'orifice sexuel mâle dans une petite fossette ou pore génital, situé sur une des faces latérales de l'anneau.

Sur l'oviducte vient s'embrancher un réservoir à œufs ou matrice *(d)*. Après la fécondation, qui se fait, paraît-il, dans un seul anneau, ce qui se comprend, le pore génital étant fermé pendant un certain temps et le sperme devant alors refluer dans le vagin, cette matrice se remplit d'œufs, et se gonfle énormément.

Les œufs, qui sont expulsés en même temps que les proglottis, hors du tube digestif de l'animal où vivait le Ténia, germent en un embryon à six crochets ou em-

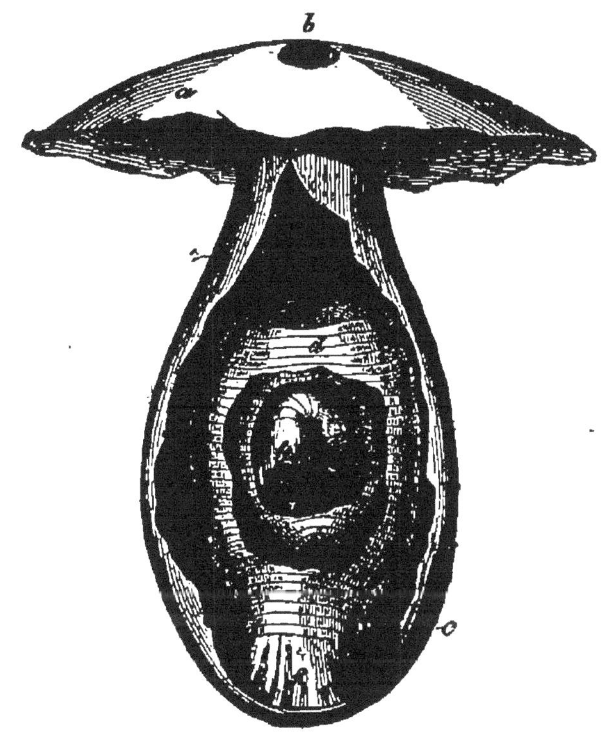

FIG. 88. — Cysticerque dans sa vésicule.

bryon hexacanthe. Ces embryons, dans le tube digestif d'un autre animal, ne tardent pas à s'enkyster au milieu d'une vésicule (vésicule hydatique) et à prendre la forme de *Cysticerques* (fig. 88). Ce Cysticerque n'est autre qu'un Ténia à tête déjà bien développée et invaginé sur lui-même au milieu d'un kyste. On trouve des Cysticerques dans l'intestin du Porc, on peut les chercher là pour l'étude. Introduit dans les voies digestives, d'un Homme par exemple, le Cysticerque redevient un Ténia.

Au lieu du *Tænia solium*, on peut prendre pour l'étude le *Tænia mediocanellata* (Homme), tête à quatre suçoirs, sans rostelle ni crochets, dont le Cysticerque vit dans les muscles du Bœuf; ou encore le *Bothriocephalus latus* (Homme), tête à deux suçoirs sans rostelle ni crochets, pore génital ventral, dont le Cysticerque est peut-être le *Lingula nodosa* qui habite la Truite.

On donne souvent le nom de *Protoscolex* à l'embryon de Ténia, de *Deutoscolex* au Cysticerque; le Ver rubané est le *Strobile* et les anneaux isolés sont les *proglottis*. Il y a là *génération alternante :* le proglottis donne naissance par voie sexuée au Scolex, qui produit par bourgeonnement agame le Strobile.

Le Strobile se réduit parfois à un seul anneau *(Tænia echinococcus)*. De plus la vésicule hydatique de ce Ver, au lieu de contenir une seule tête (Cysticerque), en contient plusieurs *(Échinocoque)*; ceci se retrouve chez le *Tænia cœnurus*.

β. *Trématodes.* — C'est à ce groupe qu'appartient la Douve du foie *(Distomum hepaticum)* qui habite le foie du Bœuf et qu'on pourra se procurer dans les abattoirs. Cet animal est relativement de grande taille : il atteint 3 centimètres de longueur, 1 1/2 centimètre de largeur et 1 à 2 millimètres d'épaisseur; sa couleur varie du blanc au brun, sa forme est celle d'une feuille pointue à une extrémité (l'extrémité postérieure).

L'animal possède deux ventouses : une antérieure qui entoure la bouche qui s'ouvre dans un tube digestif très ramifié, et une ventrale à côté de laquelle débouche le pore génital. La surface du corps est recouverte d'une cuticule, au-dessous est une couche dermo-musculaire, puis un parenchyme lâche renfermant les divers organes que nous allons maintenant étudier. Il suffit d'observer à un grossissement assez faible, 15-20 diamètres.

Le système nerveux, assez difficile à voir, et dont on ne peut souvent se rendre compte que par des coupes successives, se compose de deux ganglions sus-œsophagiens, d'où partent quelques filets, dont deux assez considérables descendent le long du corps, et d'une commissure sous-œsophagienne.

Le système digestif se compose d'une bouche, d'un court œsophage, et de deux longs cœcums extrêmement ramifiés, il n'y a pas d'anus.

Le système excréteur se compose d'un tronc unique placé sur la ligne médiane du corps et qui débouche par un pore à la partie postérieure de l'animal. Le tronc est formé, comme on s'en assure par une injection, très difficile à réussir, par la réunion de nombreuses ramifications, qui se répandent dans tout le parenchyme du corps. Ces canalicules commenceraient chacun, d'après Fraipont, par un entonnoir vibratile, s'ouvrant dans les lacunes du parenchyme. Nous retrouverons chez beaucoup de Vers ces entonnoirs vibratiles à l'origine de l'appareil excréteur.

Les Distomes sont hermaphrodites. L'appareil génital mâle se compose de deux testicules, glandes tubulaires excessivement ramifiées, qui donnent naissance à deux canaux déférents qui se réunissent en un réservoir séminal. L'appareil copulateur est réduit à un cirre. L'appareil femelle comprend un *germigène* impair et deux *vitellogènes :* chaque vitellogène se continue par un canal, le *vitelloducte ;* ces deux canaux se réunissent en un seul qui va tomber dans le canal excréteur du germigène. Celui-ci traverse une glande coquillière, devient un ovi-

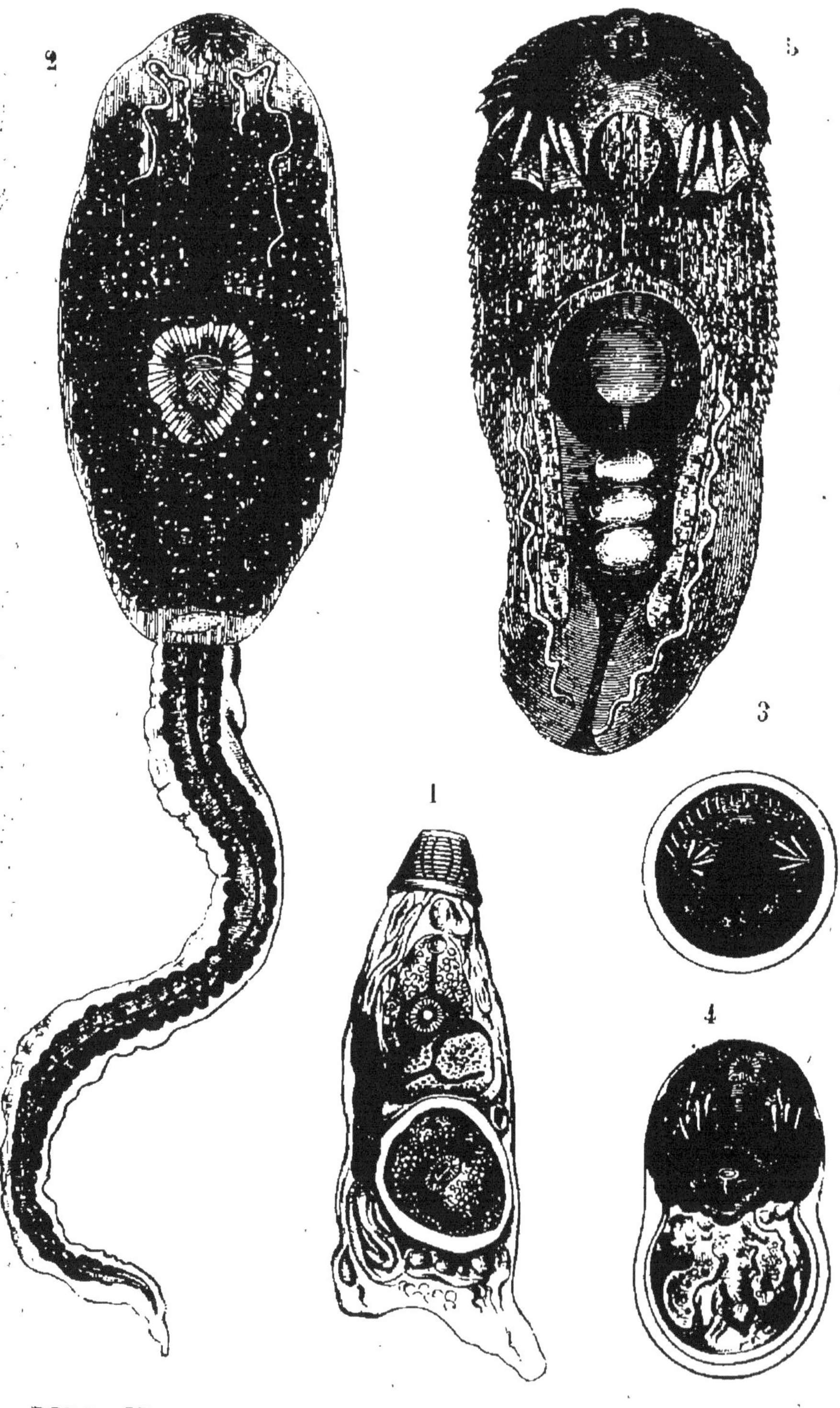

FIG. 89. — Cercaires.

ducte puis un vagin. Le vagin débouche à l'extérieur à côté du cirre copulateur.

Après la fécondation, qui est peut-être une autofécondation comme chez les Cestodes, l'oviducte se renfle en un utérus. De l'œuf pondu naît un embryon cilié, qui émigre ensuite dans le corps d'un Mollusque. On n'a pas suivi plus loin le développement.

Pour d'autres Distomes, on sait que l'embryon fixé dans un Mollusque se transforme là en un sac germinatif *(sporocyste)* parfois muni d'un appareil digestif *(Rédie)*. Ces sporocystes ou ces Rédies produisent des *Cercaires* (fig. 89), petits êtres analogues à des Têtards par leur forme et qu'on avait souvent rencontrés dans l'eau des mares avant de connaître le lien qui les rattachait aux Distomes.

Les Cercaires pénètrent dans le corps d'un animal aquatique et s'y enkystent, et ce n'est que dans un nouvel hôte encore que se forme le Distome adulte pourvu d'organes génitaux. On voit que les migrations sont très nombreuses et le développement compliqué. On est en présence ici d'une génération alternante. La larve ciliée est un Scolex, le sporocyste un Strobile et les Cercaires des Proglottis.

Citons encore à côté du *Distomum hepaticum*, dans le même groupe des *Distomiens*, le *Distomum hæmatobium*, à sexes séparés, qui vit dans le sang : le mâle porte la femelle dans un sillon spécial *(canal gynécophore)*; le *Monostomum flavum* qui habite le tube digestif des Oiseaux aquatiques et provient du *Cercaria ephemera* des Planorbes. Dans le groupe des *Polystomiens*, qui ont deux ventouses antérieures et un groupe de ventouses postérieures, citons le *Polystomum integerrimum* et le *Diplozoon paradoxum*.Chez ce dernier Ver, deux individus s'accolent et vivent désormais accolés.

Dans le groupe des *Polystomiens*, le développement est direct.

γ. *Turbellariés*. — Ce groupe de Vers est caractérisé par la présence de cils vibratiles sur toute la surface du corps. Le tube digestif peut manquer totalement (*Acœles*), n'avoir qu'un orifice et être simple (*Rhabdocœles*) ou ramifié (*Dendrocœles*), enfin, avoir deux orifices (*Rhynchocœles*).

Parmi les Acœles, on peut citer le *Convoluta Schultzii*, petit Ver marin pourvu de chlorophylle. Parmi les Rhabdocœles, le *Mesostomum Ehrenbergii*, qui habite l'eau douce, est assez intéressant. On le trouve dans les petites mares tranquilles. L'animal a environ 15 millimètres de longueur et il est assez transparent pour qu'on puisse étudier sur le vivant tous les détails d'organisation. Le tube digestif s'ouvre sur la face ventrale ; l'œsophage, en forme de tonnelet, débouche dans un intestin droit, terminé en cæcum. Le système nerveux consiste en deux ganglions cérébroïdes supportant une tache pigmentaire, qui est un œil rudimentaire. Le système excréteur est assez ramifié et se résout en deux troncs qui débouchent sur les côtés, à la partie antérieure de l'animal. Le système reproducteur est hermaphrodite.

Les Dendrocœles n'ont guère d'intéressant que leur intestin ramifié ; certains habitent les eaux douces et ont un orifice génital simple (*Monogonopores*) ; d'autres, qui habitent les eaux marines, ont deux orifices sexuels (*Digonopores*) ; l'hermaphrodisme est d'ailleurs la règle (exception, *Planaria dioica*).

Ce sont surtout les Rhynchocœles, dont certains naturalistes font un ordre à part, sous le nom de Némertiens, qui sont intéressants à étudier. Ceux-ci sont tous marins. Le tube digestif, qui a deux orifices, possède à la partie antérieure une trompe, soit inerme, soit garnie de piquants, et qui peut s'extroverser [1]. Le système nerveux se compose de deux ganglions cérébroïdes assez écartés l'un de l'autre et unis par une commissure ou deux. Ils donnent chacun naissance à un tronc nerveux longitudinal. A côté des cérébroïdes se trouve une fossette ciliée qui s'ouvre au dehors et qui est peut-être un appareil d'olfaction. Le système excréteur se compose de deux troncs longitudinaux qui s'ouvrent chacun au dehors par un pore spécial. On voit ici paraître pour la première fois un système circulatoire. Il se compose de trois vaisseaux, un dorsal et deux latéraux, anastomosés en avant et en arrière. Le sang est souvent rouge, mais cette couleur est due au plasma.

Les sexes sont séparés, sauf chez les *Borlasia*, mais les organes génitaux ne sont pas différenciés. Les ovules et les Spermatozoïdes prennent naissance le long du tube digestif, dans des vésicules closes.

b. Némathelminthes.

Ces Vers, qui renferment de nombreux parasites, ce qui donne un certain intérêt à leur étude, se divisent ainsi :

Vers ronds	Un tube digestif..	Des nageoires, sexes réunis..	CHÉTOGNATHES.
		Pas de nageoires, sexes séparés.	NÉMATODES.
	Pas de tube digestif.		ACANTHOCÉPHALES.

---

[1] Cette trompe, contenue dans une gaine spéciale, peut rentrer dans cette gaine sous l'action d'un ou deux muscles rétracteurs qui s'insèrent à l'extrémité postérieure de l'animal.

α. *Acanthocéphales*. — Appartenant à ce petit groupe, on pourra trouver parfois dans les intestins d'Oiseaux aquatiques le genre *Echinorhynchus*. Ce petit Ver a 2 ou 3 milimètres. Il possède en avant une trompe échinée, qui lui sert à se fixer, et n'a pas de tube digestif. Le système nerveux se borne à un ganglion situé à la base de la trompe. Le système excréteur est formé de deux vésicules, dites *lemnisques*, placées également à la base de la trompe. Les sexes sont séparés; l'appareil mâle comprend deux testicules, un canal déférent et un pénis conique renfermé dans une bourse cupuliforme; l'appareil femelle comprend un ovaire. Les œufs tombent dans une espèce d'entonnoir auquel fait suite un oviducte, débouchant à la partie postérieure du corps. Le développement n'est pas direct : l'embryon se fixe d'abord dans le tube digestif d'un Crustacé, et le développement se termine dans l'intestin d'un Oiseau aquatique.

β. *Chétognathes*. — Citons dans ce groupe les *Sagitta*, Vers marins, munis de nageoires à la partie postérieure du corps. Le tube digestif à deux orifices est simple et droit. Le système nerveux consiste en deux ganglions cérébroïdes et un ganglion ventral réunis par des commissures. Les sexes sont réunis, les organes génitaux débouchent postérieurement sur la face ventrale; le développement est direct.

γ. *Nématodes*. — Ce groupe, beaucoup plus important, nous arrêtera plus longtemps. On peut prendre comme type l'*Ascaris lombricoïdes*, qui habite le rectum de l'Homme et qu'on se procure facilement. Ce Ver est assez long et ne peut être étudié dans son ensemble.

Pour étudier les tissus, on peut faire une coupe transversale de l'animal ; on traite cette coupe par l'acide chromique et l'on colore au carmin. La coupe présente de dehors en dedans : 1° une cuticule chitineuse, fortement striée quand on l'examine de face et dont les stries dessinent alors des losanges ; 2° une couche sous-cuticulaire épaisse et granuleuse ; 3° des groupes musculaires, qui laissent entre eux, sur les côtés du corps, sur la ligne médiane dorsale et sur la ligne médiane ventrale, des espaces libres appelés, les premiers, champs latéraux, les seconds, lignes médianes (dans ces régions, la couche sous-cuticulaire est très épaissie) ; 4° le tube digestif.

Le système excréteur de l'*Ascaris* est formé de deux canaux qui courent dans les champs latéraux. Le système nerveux est constitué par un anneau périœsophagien, que l'on ne distingue facilement que dans une coupe pratiquée à son niveau. Il donne naissance à huit troncs nerveux : six en avant, deux en arrière. Des six qui sont en avant, deux suivent les champs latéraux, les quatre autres suivent les espaces intermédiaires aux champs latéraux et aux lignes médianes. Les deux qui sont en arrière suivent les champs latéraux. Au point de vue histologique, l'anneau et les nerfs renferment à la fois des cellules et des fibres.

Le tube digestif, qui a deux orifices, est tapissé d'un épithélium cylindrique, recouvert lui-même d'une cuticule lisse. Il n'y a pas d'appareil circulatoire et le liquide nourricier ne renferme pas d'éléments figurés.

Les sexes sont séparés ; l'appareil mâle se compose d'un testicule, d'un canal déférent, renflé en une vési-

---

1 Les cellules musculaires, très grandes, peuvent atteindre 2 millimètres.

cule séminale, et d'un canal éjaculateur. Ce canal débouche dans une poche située à l'extrémité postérieure du corps et qui renferme un spicule jouant le rôle d'appareil copulateur. Les Spermatozoïdes ont une forme toute particulière ; ils sont globuleux et n'ont pas de filament caudal. Ils ont un noyau clair, très net, facilement colorable par le picro-carmin.

L'appareil femelle n'est pas impair comme l'appareil mâle : il est double. On a de chaque côté un ovaire et un oviducte qui se renfle en utérus ; les deux oviductes se réunissent en un vagin, qui débouche à la face ventrale de l'animal. Les œufs, au moment de la ponte, sont ovalaires ; le vitellus granuleux ne laisse plus voir la vésicule germinative ; de plus, il y a une coque enveloppée elle-même d'une substance claire, gélatineuse, d'aspect mamelonné.

L'*Ascaris* appartient au groupe des Hypophalliens et à la famille des Ascaridés. Dans ce même groupe des Hypophalliens, signalons les Filaridés avec le *Filaria medinensis* ou Ver de Médine, qui vit sous la peau ; les Anguillulidés, avec l'*Anguillule* du Blé niellé, célèbre par ses propriétés de réviviscence ; les Gordiidés, qui à l'état adulte n'ont pas de tube digestif ; les Mermitidés, qui n'ont pas d'anus.

Dans le groupe des Acrophalliens, citons les *Anchylostomes* qui habitent le duodénum de l'Homme, les *Trichocéphales* qui habitent le cæcum, les *Trichines* enfin. Ces petits Vers vivent à l'état sexué dans l'intestin de l'Homme, et de beaucoup d'autres Mammifères. Les embryons traversent les tuniques de l'intestin, et vont s'enkyster dans les muscles striés. Leur présence y constitue une maladie terrible et très douloureuse. Ils restent là jusqu'à ce que les muscles soient ingérés par un Mammifère : ils achèvent alors leur développement dans le tube digestif de ce nouvel hôte, où ils produisent de nouveau des embryons qui s'enkystent, et ainsi de suite.

On le voit, la plupart des Nématodes sont des parasites : les uns habitent le tube digestif, les autres les muscles, d'autres le sang, comme le *Filaria immitis*. Leur développement est souvent indirect. Un des exemples les plus caractéristiques est celui de l'*Ascaris nigrovenosa*. Ce Ver vit à l'état hermaphodite dans les poumons de la Grenouille : les embryons produits émigrent dans le rectum, et sont expulsés par les fèces, puis se développent sur la terre humide en animaux unisexués qui vivent librement *(Rhabditis)*; ceux-ci s'accouplent, et des œufs naissent les Vers hermaphrodites qui habitent de nouveau le poumon de la Grenouille. Les formes parasites ont parfois cependant un développement direct (Anguillule du Blé). Tous les Nématodes, d'ailleurs, ne sont pas parasites : certains sont libres comme les Anguillules du vinaigre, et les Nématodes marins, dont on a fait le groupe des *Énopliens*. Toutes les formes libres ont un développement direct.

c. Rotateurs ou Rotifères.

Les Vers de ce groupe (fig. 90) ont longtemps été placés parmi les Infusoires ; ils sont très remarquables par les propriétés réviviscentes qu'ils posssèdent. Leur taille est très exiguë, et on ne les distingue qu'au microscope.

On les trouve à l'état de vie latente, et desséchés, dans la Mousse des toits, et ils pullulent dans les eaux

de certaines mares. Quand on examine des filaments
d'Algues d'eau douce, il est rare qu'on n'en voie pas
nager au milieu des ces filaments. Ceux qui sont desséchés, placés dans une goutte d'eau ne tardent pas à
reprendre leur forme normale
et à se mettre en mouvement.
Les Rotifères proprement dits,
à côté desquels se placent les
groupes des Asplanchnés, des
Atroques et des Trochosphères,
ont des formes très variées. Les
uns sont libres, les autres fixés,
les uns vivent isolés, d'autres
forment des colonies, certains
habitent dans des tubes. Le
genre *Rotifer*, que nous prendrons pour exemple, est caractérisé par ce fait, que l'individu, libre, isolé, présente une
tête protactile, et se fixe parfois

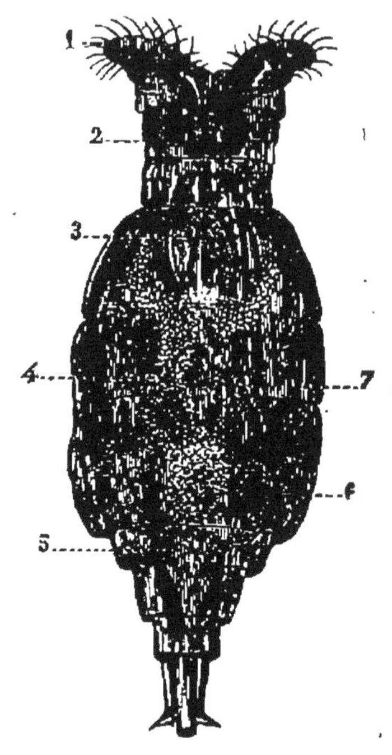

Fig. 90. — Rotifère des toits.

par la queue, mais temporairement. Il appartient au
groupe des Philodinés, à côté desquels sont les Cuiras-
sés à test chitineux très épaissi, et les Polyarthrés sans
queue et à rames natatoires.

Les mouvements des Rotifères étant très rapides, pour
examiner l'animal il faut le fixer avec un compresseur ;
on peut même le tuer par des sels de strychnine : l'animal
meurt étalé, mais il faut se hâter de faire l'observation,
car la désagrégation arrive vite. Notre type, le *Rotifer
tectorum* (fig. 90), dont nous examinerons d'abord une
femelle, a le corps revêtu d'une membrane chitineuse,
qui présente, surtout en arrière, une segmentation mar-

quée. La partie postérieure, annelée, est appelée queue ou pied ; elle est terminée par deux appendices qui servent à fixer temporairement l'animal.

L'extrémité céphalique présente des expansions cutanées, garnies d'une bordure de cils vibratiles. Ce sont les organes rotateurs, appelés ainsi de l'aspect de roues qui tournent qu'ils présentent, lorsque les cils vibratiles sont en mouvement.

Le système nerveux se compose d'un ganglion céphalique, qui supporte deux taches pigmentaires qui sont les organes visuels, et un petit organe en forme de doigt, dit tube sensitif, terminé par un bouquet de soies raides. Le tube digestif est complet et a deux orifices : dans la partie antérieure ou pharynx, se trouve un appareil masticateur, le *mastax*, formé de deux pièces cornées semi-lunaires. Il n'y a pas d'appareil circulatoire. L'appareil excréteur consiste en deux tubes qui débouchent dans la partie terminale de l'intestin, renflé en une vésicule cloacale contractile. Les organes génitaux se composent d'un ovaire et d'un ovicducte ; les œufs expulsés restent collés en deux petites masses ovoïdes, des deux côtés du corps de la mère.

Les mâles sont peu connus. Beaucoup plus petits, ils n'ont pas de tube digestif : on trouve à la place un ligament suspenseur qui sert à retenir le testicule. Celui-ci se continue par un canal déférent, qui se termine par un pénis protractile.

A défaut de Rotifères, on peut observer des *Brachions*, très communs aussi. Leur cuticule est épaissie en une cuirasse qui présente quatre pointes en avant. Il n'y a qu'un œil. L'extrémité de la queue présente une glande sécrétant une substance visqueuse servant à fixer l'animal, qui a quelquefois de la peine à se détacher. Ce sont là les seules différences.

Signalons pour terminer, comme vivant. dans des tubes les *Tubularia* et *Floscularia*, et comme vivant en colonies les *Conochilus*.

Les mâles sont inconnus dans beaucoup d'espèces.

d. Géphyriens.

Les Géphyriens sont des Vers marins de grande taille dont on ne peut par conséquent pas faire d'étude d'ensemble au microscope ; mais certaines particularités de leur organisme intéressent le micrographe. Signalons d'abord le tégument, formé d'un épiderme, d'un hypoderme et d'un boyau dermo-musculaire. L'épiderme est chitineux, épais, et formé de plusieurs couches. L'hypoderme, épais également, renferme dans son épaisseur des glandes monocellulaires et des granules de pigment. On n'en distingue pas les cellules, mais les noyaux deviennent très nets après l'action du picro-carmin.

Le boyau dermo-musculaire, très développé, contient des fibres circulaires, et des fibres longitudinales entremêlées de tissu conjonctif.

Signalons ensuite un petit organe dit *houppe sensitive*, reposant sur le cerveau et formé de petits tubes groupés. C'est probablement un organe de sensibilité, car la surface de chaque branche de la houppe est creusée de nombreuses cupules, hérissées de cils vibratiles, et dont le fond est en connexion nerveuse avec le cerveau.

Signalons enfin le liquide qui circule dans la cavité générale, les canaux hypodermiques et la houppe tentaculaire placée à l'extrémité antérieure du tube digestif. Ce liquide renferme des corpuscules figurés, ronds, un peu déprimés et légèrement rougeâtres (ce qui est une exception chez les Vers, car le sang y est généralement incolorée, ou, s'il est coloré, la coloration est due au plasma). Un mot encore sur les cellules spermatiques, qui ne tardent pas à se différencier en Spermatozoïdes munis d'une tête et d'une longue queue, et sur les ovules, entourés d'une membrane conjonctive épaisse, et d'une membrane vitelline radiée. Dans le groupe des Géphyriens *armés* (ainsi nommés à cause de la présence de deux crochets latéraux), auquel appartient la *Bonellie*, les mâles sont microscopiques et d'une structure rudimentaire.

c. Annélides.

Le groupe des Annélides comprend encore des Vers d'une taille assez considérable, Nous devons donc nous borner à étudier seulement les particularités de structure. On divise ces Vers comme il suit :

Annélides.	Anneaux portant des soies CHÉTOPODES	Soies nombreuses ; des branchies.	POLYCHÈTES.
		Soies rares ; pas de branchies. .	OLIGOCHÈTES.
	Anneaux dépourvus de soies : APODES.		HIRUDINÉES.

α. *Apodes.* — Le groupe des Apodes comprend comme on le sait, les Sangsues. L'appareil tégumentaire est analogue à celui que nous venons d'étudier chez les Géphyriens. Nous devons signaler ici la présence d'organes des sens, qui sont placés à l'extrémité antérieure du corps : ce sont d'abord des yeux. Ceux-ci, au nombre de cinq paires, et à peine visibles à l'œil nu, ont une structure relativement complexe. Ils consistent chacun en une capsule cylindrique assez profonde, tapissée par une couche épaisse de pigment, qui n'est autre qu'une choroïde, en dedans est une membrane claire et transparente constituant une sclérotique, puis la cavité est remplie de grosses cellules claires qui jouent probablement le rôle de cristallins et entre lesquelles viennent se distribuer les dernières fibrilles du nerf optique. Outre les yeux et dans leur voisinage sont situés ce qu'on appelle les organes cupuliformes, petites fossettes tapissées de cellules épithéliales, et au fond desquelles s'irradie un bouquet de fibrilles nerveuses, qui se terminent par une extrémité renflée en massue. Ce sont là certainement des organes sensitifs.

β. *Oligochètes*. — Dans le groupe des Oligochètes se trouve le *Lombric* ou Ver de terre. C'est un animal sur lequel on étudie très facilement les organes excréteurs, qui consistent en de nombreuses paires de tubules, contournés, débouchant au dehors ; chaque segment du corps possède une paire de ces tubules, d'où le nom d'organes segmentaires qui leur a été donné. Nous trouvons de plus chez le Lombric un type d'intestin tout particulier.

Cet intestin a ceci de remarquable qu'il possède, sur une partie de sa longueur du moins, une invagination en forme de gouttière, située à la face dorsale et connue sous le nom de *typhlossolis* : de sorte que dans une coupe il semble qu'il y ait un deuxième tube intestinal contenu dans le premier. La structure des parois du tube digestif est assez complexe ; en allant de dedans en dehors, on trouve d'abord une mince cuticule, finement striée, puis un épithélium cylindrique et stratifié, une couche vasculaire, une couche musculaire à fibres circulaires et longitudinales, et enfin une couche épaisse de cellules verdâtres, dites cellules *chloragogènes*, et qui sont sans doute des glandules digestives.

Les *organes segmentaires* sont des tubes fins enroulés sur eux-mêmes. Ils commencent dans la cavité générale par un entonnoir cilié, puis se continuent par un canal, d'abord transparent et tapissé de cils vibratiles, dont le mouvement se continue longtemps dans l'eau ; le canal transparent est suivi d'une partie dilatée et opaque ; cette partie, tapissée également de cils vibratiles, est de nature glandulaire ; elle subit bientôt une nouvelle dilatation, puis diminue lentement de diamètre jusque vers la partie terminale du tube. Là se produit une nouvelle et brusque dilatation, de sorte que c'est dans cette région que le tube présente son plus grand diamètre. Il va s'ouvrir au dehors par un pore ventral.

Le sang des Lombrics est coloré en rouge : cette couleur est due au plasma ; les globules, incolores, sont amiboïdes.

Ces Vers sont hermaphrodites. Les Spermatozoïdes sont groupés dans l'état jeune en une boule qui ressemble à une pelote d'épingles ; ils se séparent ensuite, de sorte que dans les vésicules séminales ils offrent l'aspect de filaments distincts, à tête longue et à peine renflée. Au milieu des Spermatozoïdes on rencontre souvent les pseudonavicelles d'une Grégarine du genre *Monocystis*. Les œufs n'ont rien de particulier, sauf que la membrane vitelline est très mince.

La surface du corps des Lombrics est hérissée de quelques soies, réparties sur deux séries ventrales doubles. Ces soies, simples, sont recourbées en S.

γ. *Polychètes*. — Dans le groupe des Polychètes, trois choses sont particulièrement intéressantes pour l'observateur micrographe : les rudiments de pieds qu'ils possèdent, et qu'on nomme des *parapodes;* les organes des sens, et les formes larvaires.

Les parapodes consistent en des expansions cutanées, divisées ordinairement de chaque côté en deux lobes, un ventral et un dorsal, constituant par la présence de soies implantées dans ces lobes, une rame ventrale et une rame dorsale. Chacun des lobes est souvent complété (*Nereis*) par une expansion filiforme dite *cirre*, et traversé par un paquet de soies raides, les *acicules*, qui

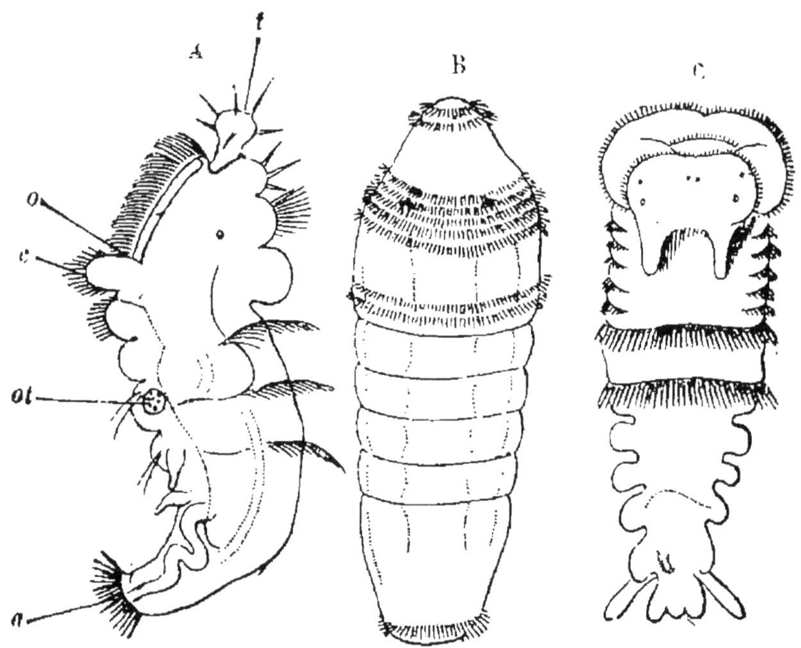

Fig. 91. — Larves d'Annélides.

lui servent comme de squelette. Les soies implantées dans les parapodes sont de formes très variées, caractère qui sert dans la classification. Généralement, les soies de la rame ventrale ne sont pas pareilles à celles de la rame dorsale, mais celles d'une même rame sont toutes semblables. Ces soies sont filiformes, recourbées, aplaties en faux, lancéolées ; elles sont parfois articulées et leur tige présente d'élégantes stries transversales. Si nous prenons comme exemple les soies de l'Arénicole, Ver très commun dans le sable des plages, et qui sert d'appât aux pêcheurs, nous verrons que les soies dorsales sont raides, filiformes et barbelées d'un côté à leur extrémité ; les soies ventrales, plus courtes et plus grosses, sont recourbées en S.

Le parapode dorsal porte souvent des branchies plumeuses (Eunice) ou arborescentes (Amphinome).

Les organes des sens sont surtout des yeux. Ils sont particulièrement développés chez les Alciopes, où ils ont une vraie rétine, et un vrai cristallin. On rencontre plus rarement des organes auditifs. Ces organes, quand ils existent (Arénicoles), consistent en deux vésicules arrondies et closes? *(otocystes)* dont les parois conjonctives sont tapissées d'un épithélium cylindrique très allongé; on trouve dans la cavité une ou plusieurs granulations calcaires *(otolithes)*, les vésicules sont en relation avec les ganglions cérébroïdes.

Le développement des Polychètes n'est pas direct : de l'œuf sort une larve ciliée microscopique (fig. 91) dont les cils sont disposés généralement en couronnes. Il peut y avoir une couronne aux deux extrémités de la larve *(larve télotroque)*, à l'extrémité céphalique seulement *(larve céphalotroque)*. Les cils peuvent former de nombreuses couronnes *(larve polytroque)* ou enfin être disposés sans ordre *(larve atroque)*. Nous ne parlerons pas du développement de cette larve, trop compliqué, malgré l'intérêt qu'il présente au point de vue de la théorie évolutive.

VII

ARTHROPODES

a. Crustacés. — *b*. Insectes. — *c*. Arachnides. — *d*. Myriapodes.

Cet embranchement est caractérisé par la présence d'un squelette externe et de membres articulés. Il comprend des animaux respirant par des branchies (Branchiates), d'autres respirant par des trachées (Trachéates). Le premier groupe ne comprend que les Crustacés, le second comprend les Insectes, les Arachnides et les Myriapodes.

a. Crustacés.

Beaucoup de Crustacés sont d'une taille trop considérable pour être examinés en entier au microscope, mais certains ordres inférieurs *(Ostracodes, Copépodes)* ont des représentants d'une taille microscopique.

Dans l'ordre des Copépodes, on peut citer les *Cyclopes* et les *Lernées*. Les Cyclopes (fig. 92), ainsi nommés parce qu'il n'ont qu'un œil, sont des petits Crustacés de 1 millimètre environ de longueur, qui se trouvent fréquemment dans les eaux stagnantes et que l'on pourra se procurer très facilement. Ils ont une carapace composée de plusieurs pièces imbriquées, d'où sortent les pattes au nombre de cinq paires. Ils ont, en outre, deux paires de pattes-mâchoires, une paire de mandibules et deux paires d'antennes, dont les antérieures sont les plus longues. Antennes et pattes sont composées de nombreux articles portant des touffes de poils. L'abdomen est long et mince ; il est formé de cinq articles et sort de la carapace, semblable à une queue. Il est terminé par une vraie queue, composée d'articles plumeux. Les femelles portent de chaque côté du corps deux grosses vésicules pleines d'œufs. Le corps est transparent et laisse bien

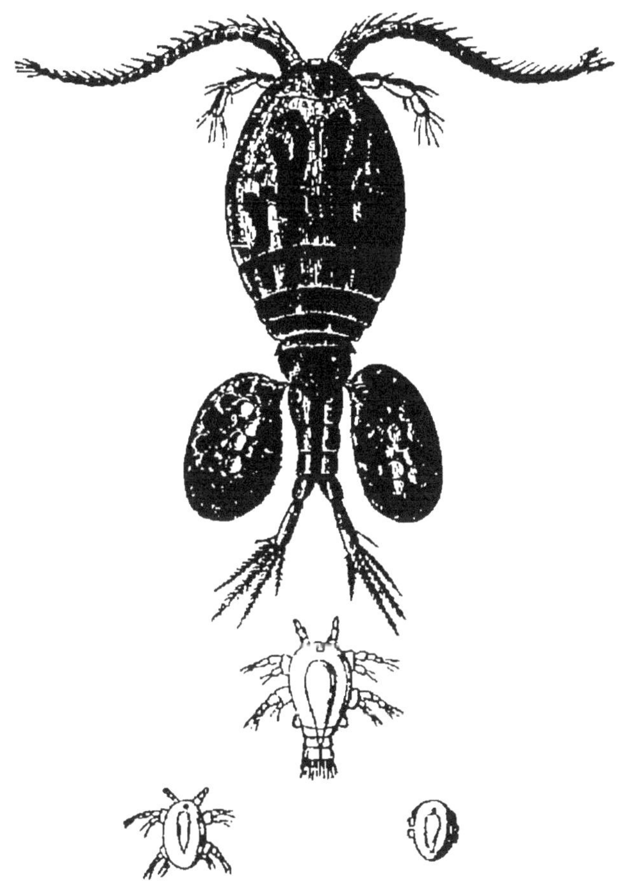

FIG. 92. — *Cyclops quadricornis* et ses formes larvaires.

voir l'intestin, qui le traverse dans toute sa longueur. L'œil, impair, est médian et frontal, il est d'une couleur rougeâtre.

Les *Lernées* sont des Crustacés parasites appelés vulgairement Poux de Poissons. Le plus commun est l'*Argulus foliaceus* (fig. 93), petit animal couvert d'une carapace ovale et muni de quatre paires de pattes. Ces Crus-

tacés ont un appareil buccal disposé pour la succion,
d'où leur nom de Siphosnostomes. Les femelles de ces
Crustacés suceurs sont souvent complètement défor-
mées, par suite de rétrogradations dues au parasitisme.
Ce ne sont plus, jusqu'à un certain point, que des sacs
pleins d'œufs, et munis d'un appareil de succion. Un
exemple remarquable est fournie par le *Lernea bran-
chialis*, qui vit sur les branchies des poissons téléos-
téens.

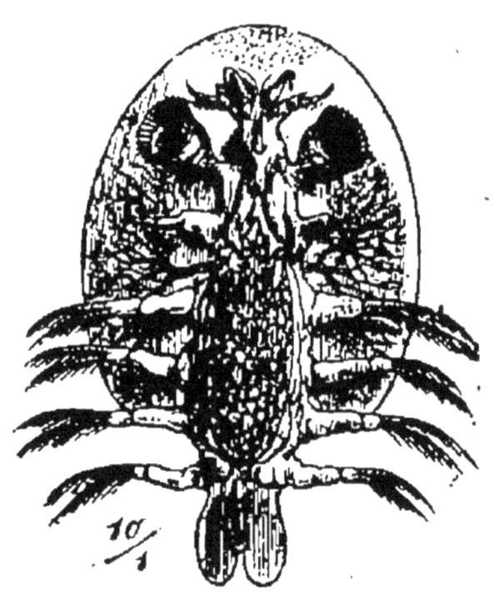
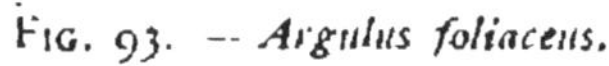

Fig. 93. — *Argulus foliaceus.*

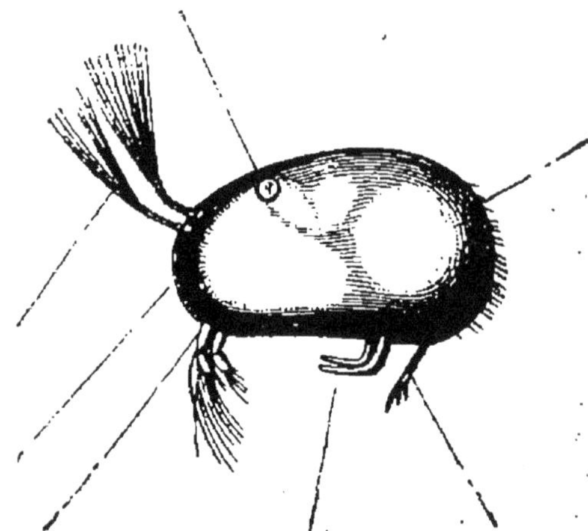

Fig. 94. — *Cypris fusca.*

Parmi les Ostracodes, on peut citer le *Cypris fusca*
(fig. 94), petit Crustacé brunâtre renfermé dans une
carapace bivalve, abondant dans toutes les mares, où
malgré sa petite taille on peut le voir nager, grâce à sa
coloration foncée. Par l'entrebâillement des deux valves,
on voit sortir les pattes et les antennes. Les pattes sont
au nombre de deux paires, la dernière étant assez courte.
Les antennes sont au nombre de deux paires également,
la première paire est très longue et garnie de pinceaux
de poils. Il n'y a qu'un œil.

Citons encore parmi les formes microscopiques certains Branchiopodes. du groupe des Cladocères. Parmi eux, un des plus fréquents dans les ruisseaux est la Puce d'eau *(Daphnia pulex)*; le corps est enfermé dans une carapace bivalve, et muni de six paires de pattes et de deux paires d'antennes. Il n'y a encore qu'un œil. La taille est de 0^{mm},50 environ.

Tous les Crustacés des autres groupes sont généralement assez grands; aussi doit-on se borner à l'étude des particularités de structure les plus intéressantes (téguments, organes des sens, organe de la reproduction) et des formes larvaires.

Nous prendrons nos exemples sur l'*Écrevisse*, de l'ordre des Décapodes macroures.

Téguments. — Le tégument est formé d'abord d'une couche cuticulaire, qui, dans les intervalles des anneaux où elle n'est pas calcifiée, se compose d'une membrane mince *(épiostracum)* et d'une couche plus épaisse à lamelles alternativement claires et foncées.

Dans les parties calcifiées, au-dessous de l'épiostracum, la membrane est envahie de concrétions calcaires.

Le tégument porte des soies de distance en distance; ces soies sont formées soit d'un seul article, soit de plusieurs; leur surface peut être libre, ou ornée de fines dentelures.

Appareil reproducteur. — Signalons les Spermatozoïdes, qui ont une forme toute particulière; ils sont ronds et présentent de nombreux cils, disposés comme les rayons d'une roue et tous inclinés dans un même sens. Le noyau est très visible, même sans réactifs. Les ovules ont la structure ordinaire.

Organes des sens. — Parlons d'abord de l'œil. C'est

un œil composé, c'est-à-dire que la cornée qui le recouvre est divisée en un grand nombre de petites facettes, qui correspondent chacune à un œil élémentaire. La cornée vue de face offre donc l'aspect d'une élégante mosaïque. Si l'on veut faire une étude plus approfondie de l'œil, il faut en faire une coupe longitudinale. On voit alors qu'il est formé d'une série de prismes, accolés les uns contre les autres, prismes qui ne sont autre chose que les yeux élémentaires correspondant à chaque facette de la cornée, ou cornéule. Étudions un de ces prismes en détail. Il comprend un élément axial, le bâtonnet visuel, entouré d'une gaine pigmentée qui est une choroïde. Le bâtonnet se divise lui-même en deux parties : un cône cristallin externe, d'apparence vitreuse, — c'est lui qui est recouvert par la facette cornéenne, — et un fuseau strié, en connexion avec une fibrille du nerf optique.

On trouve encore chez l'Écrevisse des organes auditifs ; ces organes sont situés à la base des antennes internes, nommées encore antennules. Ils consistent chacun en un petit sac en communication avec l'extérieur, et tapissé de soies, dites soies auditives, en connexion avec les derniers rameaux du nerf accoustique. Ce dernier, comme le nerf optique, prend son origine dans les ganglions cérébroïdes.

Le tact a lui aussi des organes spéciaux, ce sont les soies des pattes, et particulièrement des pattes-mâchoires.

On attribue un rôle olfactif à des appendices papilliformes, à contenu granuleux, portés par la branche interne de l'antennule, formée, comme l'on sait, de deux branches, chacune pluriarticulée.

Formes larvaires des Crustacés. — Le développement des Crustacés est rarement direct, le plus souvent ils passent par des formes larvaires. Une forme primitive et caractéristique de la classe est la forme dite *Nauplius* (fig. 95).

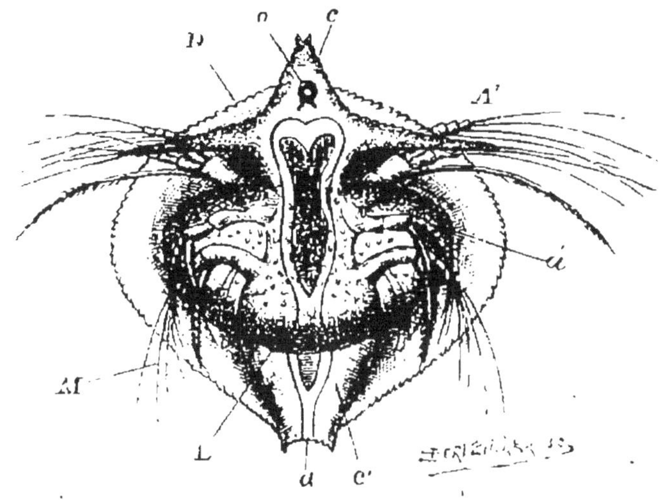

FIG. 95. — *Nauplius*.

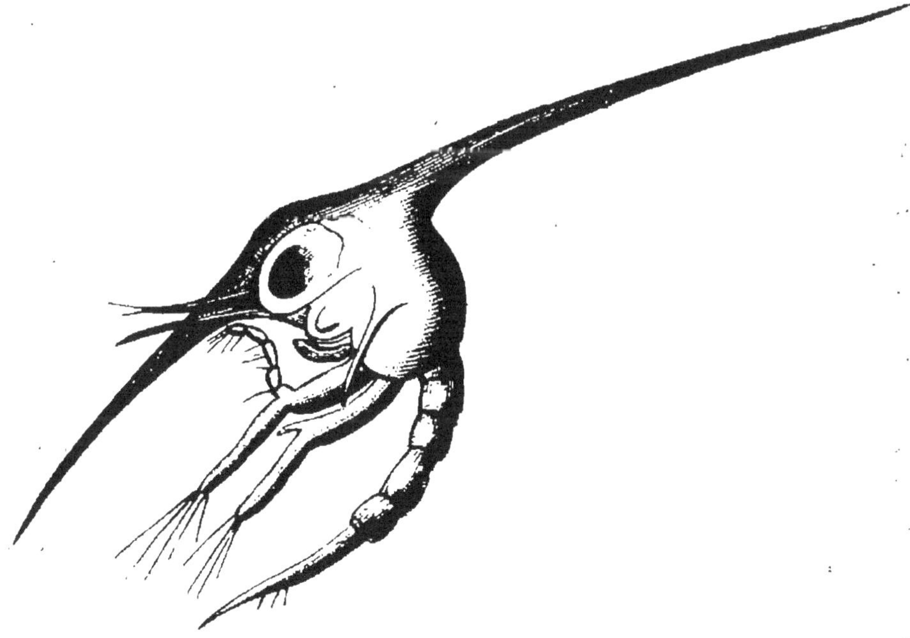

FIG. 96. — *Zoæa*.

caractérisée par trois paires d'appendices seulement et un œil frontal impair. Parfois cependant (Crustacés supérieurs), cette forme Nauplius n'existe que dans l'œuf, et la larve en sort sous la forme dite *Zoæa* (fig. 96), caractérisée par sept paires d'appendices et une carapace munie de deux longues épines. Chez les Décapodes macroures, la forme *Zoæa* n'existe même pas toujours; ainsi l'Écrevisse sort de l'œuf à peu près semblable à l'adulte, sauf qu'il lui manque deux paires de pattes abdominales et que les extrémités des pinces sont recourbées en hameçon. On pourra étudier facilement ces jeunes Écrevisses à tégument encore transparent; à l'époque de la reproduction, elles sont fixées par leurs pinces aux pattes de leur mère.

b. Insectes.

Les Insectes sont caractérisés par leur respiration trachéenne et l'existence constante de trois paires de pattes, d'où le nom d'Hexapodes qu'on leur donne quelquefois. Nous étudierons d'abord, comme pour les Crustacés, ceux d'une taille assez faible pour être examinés en entiers au microscope, ou dont au moins on peut examiner un appareil entier, comme l'appareil buccal, pour citer un des plus intéressants; nous étudierons ensuite les tissus et les organes en particulier, sur les Insectes de grande taille.

Les Diptères présentent beaucoup d'Insectes de petite taille. Citons d'abord les Puces, qui appartiennent au groupe des Aphaniptères (on sait en effet qu'elles n'ont pas d'ailes). Après avoir remarqué la longueur considérable de la troisième paire de pattes organisée pour le saut, nous étudierons immédiatement l'appareil buccal.

Typiquement l'appareil buccal d'un Insecte se compose d'une lèvre supérieure ou labre, d'une paire de mandibules, d'une paire de mâchoires accompagnées de palpes maxillaires, et d'une lèvre inférieure accompagnée de palpes labiaux. On trouve encore une languette, accompagnée de petits stylets ou paraglosses.

On retrouve toutes ces pièces, mais modifiées pour la succion dans l'appareil buccal de la Puce. Le labre est peu modifié, les mandibules et les mâchoires sont foliacées, la languette constitue un stylet aigu, et la lèvre inférieure, à palpes assez bien développés, forme une gaine à ce stylet.

Les Cousins *(Culex pipiens)* présentent aussi une armature buccale intéressante (fig. 97), la femelle du moins, qui seule possède un appareil suceur. Cette armature se compose de cinq stylets aigus (labre, mandibules, mâchoires) qui se meuvent dans une gaine formée par la lèvre inférieure.

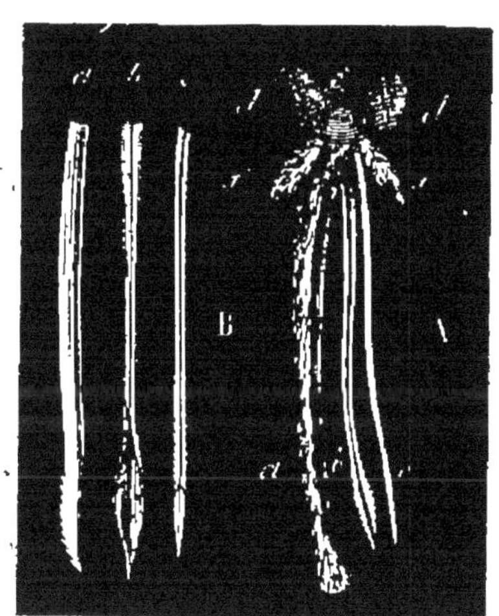

Fig. 97. — Appareil buccal du cousin.

L'appareil buccal de la Mouche commune est tout autre : la lèvre inférieure, très développée, constitue une trompe charnue à ventouse, qui sert à cet animal d'appareil de succion.

Le groupe des Hémiptères nous offre aussi beaucoup d'Insectes microscopiques, entre autres les *Poux* et les *Pucerons*, qui sont, comme l'on sait, des parasites, les premiers du groupe des Aptères, les seconds de celui des Homoptères. L'appareil buccal dans les deux cas est styliforme ; il comprend une gaine articulée formée par la

lèvre inférieure et le labre, et quatre stylets qui se meuvent dedans comme le poinçon d'un trocart, et qui
sont constitués par les mandibules et les mâchoires.

Les Poux sont des parasites des animaux; parmi ceux
qui sont parasites de l'Homme on en distingue de plusieurs sortes : le *Pou de la tête*, blanc, avec des bandes
noires transversales; *le Pou du vêtement*, plus grand que

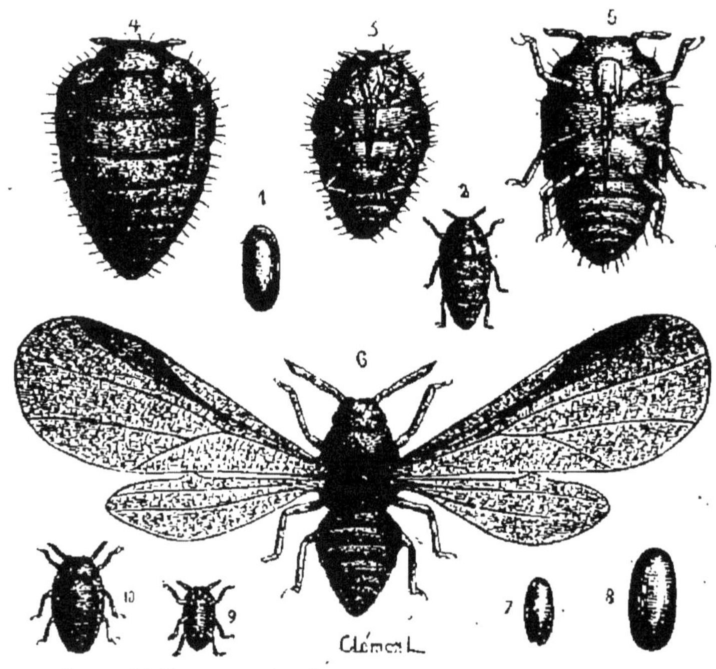

Fig. 98. — *Phylloxera vastatrix* : 1, œuf de femelle agame; 2, larve;
3, 4, femelle agame aptère; 5, nymphe; 6, femelle ailée; 7, œuf
mâle; 8, œuf femelle; 9, mâle; 10, femelle.

le précédent; *le Pou du pubis*, à pattes postérieures
munies de crochets puissants, et à corps large et déprimé
(genre *Phtirius*). Ces animaux ont un développement
direct; leurs œufs ou lentes restent accrochés aux poils.
A côté des Poux proprement dits, sont les *Ricins*, qui
vivent sur les Oiseaux, et qui n'ont pas de rostre, mais
des mandibules véritables.

Les Pucerons sont des parasites des végétaux; ils sont

connus depuis longtemps, et ont attirés l'attention par ce fait qu'ils présentent des générations alternantes. A une génération sexuée caractérisée par la présence d'ailes, succèdent une ou plusieurs générations asexuées aptères qui se reproduisent parthénogénétiquement. Un des exemples les plus célèbres de Pucerons est le *Phylloxera vastatrix*, que nous étudierons avec quelque soin, étant donné l'importance de cet animal, qui, on le sait, est un fléau pour la Vigne (fig. 98). Des Insectes aptères vivent pendant toute la belle saison sur les racines des Vignes. Ce sont des femelles agames, qui pondent des œufs qui donnent naissance à des larves subissant plusieurs mues. Ces femelles meurent aux premiers froids, mais les larves, qui hivernent sur les racines, se transforment au printemps suivant en mères pondeuses, dont certaines, quoique agames, sont ailées et migratrices et propagent le fléau au loin. Ces dernières pondent deux sortes d'œufs de taille différente. Des plus petits sortent des mâles ; des plus gros, des femelles. Ces individus sexués n'ont pas de rostre et ne prennent pas de nourriture ; ils s'accouplent, et les femelles pondent alors un gros œuf unique dit œuf d'hiver, d'où sort un individu agame qui reproduit parthénogénétiquement une génération asexuée. Le cycle recommence alors.

Tous ces faits, étant donné la petitesse extrême de ce Puceron, n'ont pu être vérifiés qu'au microscope.

Laissons maintenant de côté les formes microscopiques, pour étudier les Insectes en général ; nous trouverons encore d'abondantes observations à faire dans l'étude des tissus et des organes.

Téguments. — Les téguments des Insectes sont, on le sait, imprégnés de *chitine*, substance analogue à la cellulose; ils présentent souvent à leur surface des poils ou des écailles (fig. 99). Si l'on fait la coupe du tégument d'un Insecte coléoptère, d'un Hanneton par exemple, on trouve d'abord une *cuticule*, puis une membrane *chitino-*

FIG. 99. — Poils et écailles d'Insectes.

gène formée de grandes cellules, et enfin un tissu conjonctif lamelleux. La cuticule est la plus épaisse des trois; elle est formée de lamelles superposées et traversée de canalicules poreux. Rarement lisse, elle est marquée le plus souvent de stries, de tubercules et de bandes formant des dessins souvent fort élégants; elle est imprégnée de pigments de couleurs diverses, qui donnent aux Insectes leurs couleurs, excessivement variées et souvent fort riches.

La cuticule est souvent hérissée, comme nous l'avons dit, de poils et d'écailles ; leur excessive variété de formes et d'aspects fait de leur examen une des distractions les plus intéressantes du micrographe.

Les poils peuvent être longs et simples, cylindriques et terminés en pointe plus ou moins obtuse, comme ceux par exemple qui garnissent les yeux de nombreux Hyménoptères, entre autres l'Abeille. Ils peuvent être aussi courts et pointus, comme ceux qui se trouvent sur les ailes des Mouches. Ils sont parfois ramifiés, comme ceux du Dermeste, petit Insecte qui ronge les pelleteries, et enfin glanduleux, comme ceux de nombreuses Chenilles de Bombyx.

Les écailles recouvrent particulièrement les ailes des Lépidoptères, où elles offrent une disposition imbriquée comme les tuiles d'un toit. Ces écailles sont arrondies, ovales, allongées, en raquettes, etc.; elles présentent des striations longitudinales et transversales, et parfois ce sont de vraies plumules. Beaucoup de ces écailles servent aux opticiens de test-objets, c'est-à-dire pour juger de la valeur d'un objectif : en effet, certains de leurs dessins ne sont visibles qu'avec des systèmes optiques assez parfaits.

Organes des sens. — Citons d'abord les yeux. Ils son de deux sortes, les yeux simples ou *ocelles*, et les *yeux composés* (fig. 100). Ces derniers sont analogues à ceux que nous avons vus chez les Crustacés ; ils ont une cornée à facettes généralement hexagonales et en nombre considérable (4000 environ chez la Mouche); chaque facette correspond à un œil simple, isolé des autres par une gaine pigmentée, choroïde, qui, se rétrécissant derrière la cornéule, forme un véritable iris percé d'une pupille. En arrière de ce rétrécissement se trouve le corps vitré, parfois précédé d'un bâtonnet cristallinien (Carabe), puis enfin le bâtonnet rétinien qui reçoit une des fibrilles du nerf optique, sur le renflement ganglionnaire duquel s'épanouit le faisceau d'yeux simples. Les yeux composés constituent des organes énormes, qui occupent souvent plus de la moitié de la tête de l'Insecte.

Les ocelles, qui coexistent presque toujours avec les yeux composés, mais qui sont frontaux, et non latéraux, sont formés d'une cornée bombée et d'un

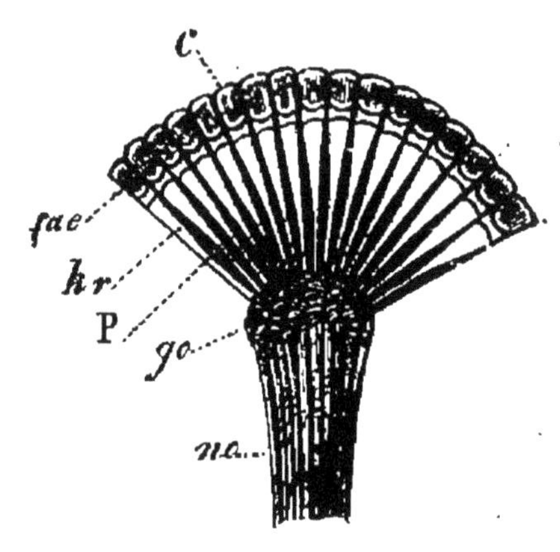

Fig. 100 — Œil composé d'un Insecte.

cristallin, placés en avant d'un corps vitré, qui recouvre lui-même une couche de bâtonnets sensitifs. Ces yeux sont organisés pour voir à une faible distance.

Les organes auditifs sont peu connus chez les Insectes. On a trouvé chez quelques larves de Diptères de vrais otocystes, situés à l'extrémité de l'abdomen. Chez les Insectes parfaits, on n'a trouvé d'organes auditifs que chez les Orthoptères, et ceux-ci sont constitués d'une façon toute particulière. Ainsi, chez les Acridiens, on trouve sur les côtés du premier segment abdominal, un cadre corné sur lequel est tendue une fine membrane qu'on assimile à un tympan. Sur cette membrane, à la face interne, on voit des saillies chitineuses qui correspondent à des terminaisons de nerfs venant du troisième ganglion thoracique. Chez les Locustiens, on trouve sur les tibias des deux pattes antérieures deux membranes tympaniques, sous lesquelles viennent se ramifier des nerfs du premier ganglion thoracique. Dans un cas comme dans l'autre les fibrilles nerveuses ont une terminaison spéciale en massue ; de plus, les nerfs, avant de pénétrer dans l'organe, présentent de petits renflements ganglionnaires. On est donc en droit de voir là des organes sensitifs. La présence d'une membrane tendue, semble bien autoriser à dire que la sensibilité spéciale mise en jeu, est la sensibilité auditive.

L'olfaction s'exerce probablement par les antennes, qui sont munies d'appendices cuticulaires en connexion avec des terminaisons nerveuses ganglionnaires.

Quant au tact, il doit s'exercer au moyen des poils qui garnissent les membres, et les palpes maxillaires et labiaux en particulier.

Appareil locomoteur. — Les muscles des Insectes ont ceci de particulier, que, comme ceux des Crustacés, d'ailleurs, ils sont striés. Ces muscles mettent en action des membres articulés, formés de plusieurs pièces, trochanter, trochantin, fémur, tibia, tarse. Ces membres ont souvent une structure très compliquée, résultant de l'usage qu'ils ont à fournir. Ainsi, c'est un spectacle fort curieux, que d'examiner une patte postérieure d'Abeille. On voit que le premier article du tarse, très grand et aplati en palette, est garni d'une brosse de poils disposés en rangées parallèles. Ces poils servent à récolter le pollen des fleurs, pollen qui est réuni en boulettes, dans des cavités ou *cuillerons*, dont sont creusés les tibias de ces mêmes pattes. Examinons encore une patte de Mouche, ce qu'il est bien facile de se procurer. Nous verrons que le dernier article du tarse porte un double crochet et au-dessous, deux expansions membraneuses bordées de poils.

Ces poils sécrètent un liquide visqueux, ce qui permet à l'animal d'adhérer, quand la surface sur laquelle il marche est trop polie pour qu'il puisse faire usage de ses crochets.

Outre les pattes, les Insectes ont souvent des ailes; nous avons déjà parlé des poils ou écailles qu'on peut rencontrer à leur surface.

Appareil respiratoire. — La respiration se fait chez les Insectes au moyen de tubes, les *trachées*, qui communiquent avec l'extérieur par des orifices particuliers, les *stigmates*, et vont porter l'air, par leurs nombreuses ramifications, jusque dans l'extrémité des tissus.

Les stigmates peuvent être de formes très variées. Ce sont parfois des orifices bordés simplement d'un cadre chitineux *(péritrème)* qui maintient ces orifices béants; mais parfois le stigmate est plus compliqué. Ainsi, chez la Mouche, des bords du cadre partent deux lames aplaties, qui peuvent obstruer l'orifice comme des volets. Chez les Coléoptères, en arrière du péritrème, se trouve une chambre aérifère qui peut être étranglée par une pince chitineuse, et c'est volontairement que l'Insecte ouvre et ferme ses stigmates. Ceci explique comment un Insecte peut résister à la mort, quand on le plonge dans des gaz délétères.

La trachée elle-même est formée de tissu conjonctif tapissé à l'intérieur par un revêtement chitineux. Ce revêtement maintient la trachée béante : il présente ordinairement un épaississement spiral, cependant parfois cet épaississement est grillagé (Grillon). De distance en distance, chez les Insectes bon voiliers, les trachées présentent des dilatations, vrais réservoirs à air, dans lesquels manquent les épaississements spiraux. Outre les trachées proprement dites, on trouve chez certains Insectes (larves d'Insectes aquatiques) ce qu'on appelle des branchies trachéennes. Ce sont des expansions foliacées, dans lesquelles se distribue un réseau excessivement fin de trachées. On ne sait pas encore si toutes les trachées sont anastomosées, ou si certaines présentent des terminaisons libres.

Les trachées qui sont dans l'intérieur du corps se terminent en cæcums, ou bien se perdent dans une trame de tissu conjonctif.

Appareil digestif. — L'armature buccale doit d'abord être étudiée, nous en avons déjà vu quelques exemples. Signalons encore celle des Lépidoptères. Elle comprend un labre rudimentaire, une trompe enroulée formée par la soudure des deux mâchoires dont on voit encore les palpes, des mandibules, et une lèvre inférieure rudimentaire.

Le tube intestinal présente une triple paroi : une externe, conjonctive très mince ; une moyenne, musculaire, et une interne, muqueuse, recouverte d'un épithélium ordinairement délicat, mais chitinisé, et présentant des tubercules dans le gésier des Insectes broyeurs.

Le tube digestif a comme annexes des glandes salivaires parfois très volumineuses (glandes séricigènes du Bombyx) et des tubes particuliers appelés tubes de Malpighi, qui sont des organes à la fois hépatiques et urinaires. Ils débouchent dans la portion terminale du tube digestif, entre l'estomac proprement dit, ou ventricule chylifique, et l'intestin. Leur nombre varie beaucoup. Ils sont formés d'une mince enveloppe conjonctive tapissée d'une couche de cellules glanduleuses ; au milieu on aperçoit de petits cristaux d'oxalate et d'urate de chaux et des granulations de taurine. Parfois, le tube est différencié dans une partie de sa longueur pour la fonction hépatique, dans une autre pour la fonction biliaire. On le reconnaît à ce que le tube ne présente la coloration brunâtre, caractéristiques des produits hépatiques, que sur une partie de sa longueur.

Appareil reproducteur. — Les sexes sont séparés chez les Insectes ; les mâles ont deux testicules, deux canaux déférents se réunissant en un seul, le canal éjaculateur. Celui-ci est terminé par un organe de copulation spéciale, le pénis, entouré de pièces chitineuses très compliquées, formant ce qu'on appelle l'armure génitale, et qui servent à faciliter la copulation. Le pénis vient déboucher sur l'avant-dernier anneau.

Les Spermatozoïdes ont la forme ordinaire, une tête renflée et une longue queue ; parfois ils s'agglomèrent en masses spécialisées et entourées d'une coque, les *spermatophores*.

Les femelles possèdent deux ovaires, deux oviductes, un vagin, auquel sont annexés parfois un réservoir séminal et une poche copulatrice. Le vagin vient déboucher sur l'avant-dernier anneau, au milieu d'une armure génitale assez compliquée.

Les ovaires forment des glandes arborescentes : chaque rameau est un tube ovarien. Les ovules prennent naissance dans ces tubes, et se complètent peu à peu dans les voies génitales par l'adjonction d'une coque. Celle-ci est percée d'un ou plusieurs trous *(micropyles)* pour permettre la fécondation.

L'armure génitale est parfois développée en une armure de défense, comme chez certains Hymnoptères *(Abeille)*; d'autres fois elle forme seulement une tarière destinée à faciliter la ponte *(Ichneumon)*. Étudions comme premier type l'aiguillon de l'Abeille. Il est formé d'une gaine *(gorgeret)* dans laquelle se meuvent deux stylets dentés ; dans la gaine vient se déverser le liquide corrosif produit par une glande à venin, glande analogue aux glandes à mucus, qu'on rencontre souvent dans cette région chez d'autres Insectes.

La tarière de l'Ichneumon est formée de deux valves, au milieu desquelles se meuvent deux stylets, qui permettent à l'animal de percer un trou pour déposer son œuf profondément.

Organes lumineux. — Nous ne saurions terminer l'histoire des particularités les plus importantes des Insectes, si incomplète que soit cette étude, sans dire un mot des organes lumineux que possèdent certains d'entre eux, tels surtout que les Lampyrides et les Élatérides. On sait actuellement, grâce aux travaux de M. Raphaël Dubois, que la lumière dans ces organes n'est pas due à une phosphorescence, mais à un phénomène d'histolyse dont est le siège une couche spéciale de cellules.

Ces phénomènes peuvent rentrer dans les fermentations en général.

c. Arachnides.

Cette classe est féconde en groupes microscopiques que nous étudierons tout d'abord : ce sont les *Tardigrades*, les *Acariens*, les *Pantopodes* et les *Linguatulides*.

1° *Tardigrades*. — Ces animaux (fig. 101) sont des animaux réviviscents, comme les Rotifères et les Anguillules déjà étudiés. Ils vivent dans la Mousse des toits et des gouttières. On n'a su longtemps où les classer, cependant leurs quatre paires de pattes semblent devoir les ranger parmi les Arachnides. Leur corps est obscurément segmenté, les pattes sont courtes, en moignons, armées de griffes ; la quatrième paire est tout à fait à l'extrémité du corps. La bouche présente deux mâchoires styliformes et est constituée en rostre ; le tube digestif, qui lui fait suite, présente un œsophage musculaire. Le système nerveux se compose de quatre paires de ganglions, les organes des sens se bornent à deux points oculiformes.

2° *Acariens*. — Les Acariens sont pour la plupart des parasites. On les rencontre sur les Mammifères, les Oiseaux et même les Insectes. C'est au groupe des Acariens qu'appartient le Sarcopte de la gale *(Sarcoptes scabiei)*. On peut d'ailleurs se procurer facilement des Acariens pour l'étude, en prenant ceux qui vivent sur les Insectes, particulièrement les Géotrupes, ou bien ceux qui, comme le *Tyroglyphus siculus*, habitent la croûte des vieux fromages de Gruyère.

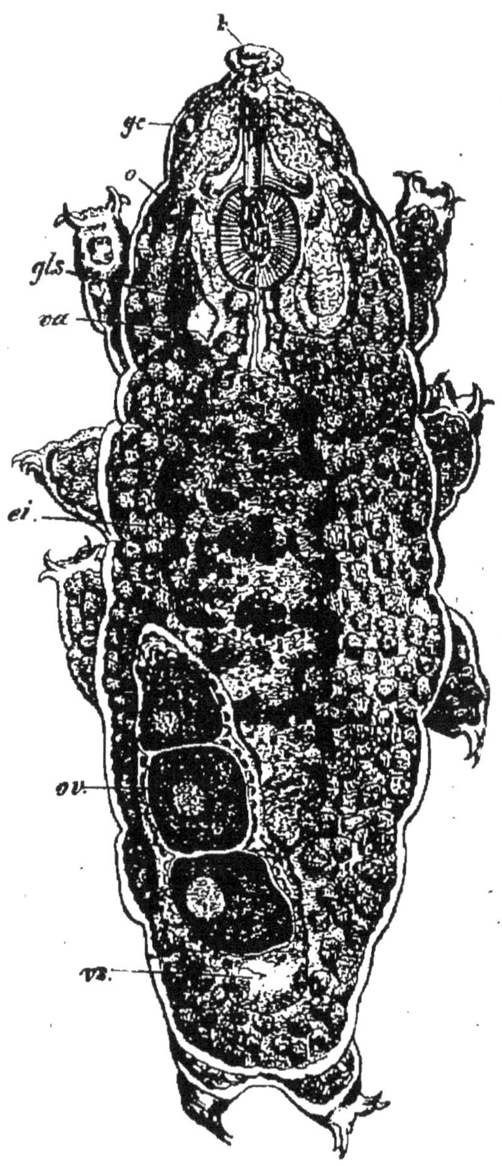

Fig. 101. — Tardigrade.

Le corps des Acariens est généralement discoïde et globuleux, et on ne distingue pas l'abdomen du thorax ; les téguments présentent fréquemment de longues soies. Les pattes sont au nombre de quatre paires et armées de crochets, ou bien terminées en ventouses. Le système nerveux est constitué par un ganglion unique, les organes des sens font parfois défaut complètement, cependant on trouve quelquefois des yeux. Le système circulatoire manque toujours, et on ne trouve d'appareil respiratoire que dans les espèces non parasites. Ce sont des trachées analogues à celles des Insectes, mais isolées et ne s'anastomosant jamais. Il n'y a que deux paires de stigmates. Les sexes sont séparés ; le mâle est souvent pourvu d'un pénis protractile ; la femelle présente, mais tardivement, une vulve.

Ce qu'on étudie le plus souvent chez les Acariens, c'est leur squelette. Pour préparer ce squelette, on fait tremper l'animal dans la potasse caustique à 15 pour 100, on lave à l'alcool, à l'essence de girofle, et on monte dans le baume. La taille est rarement assez considérable *(Argas)* pour qu'on ne puisse monter l'animal en entier, car elle ne dépasse pas généralement 1 millimètre. Après ce traitement, toutes les parties du squelette se laissent distinguer. Les pattes, au moins chez les Sarcoptides, laissent distinguer cinq articles : la hanche, le trochanter, le fémur, parfois divisé en deux articles, la jambe également divisée parfois en deux, et le tarse.

Le céphalothorax laisse distinguer quatre articles distincts. Le troisième porte, suivant les sexes, la vulve ou le pénis. L'abdomen ne paraît pas segmenté.

L'appareil buccal, quelle que soit sa forme (pour sucer ou pour mordre) se compose toujours de deux mandibules, de deux mâchoires, de deux palpes maxillaires, et d'une lèvre inférieure.

On distingue dans le groupe des Acariens plusieurs familles dont nous étudierons quelques types.

Démodicidés. Genre *Demodex*. — Le *Demodex folliculorum* habite les follicules pileux de l'homme. Il a $0^{mm},3$ environ de longueur. Son corps est allongé; les pattes courtes, en moignons, sont armées de griffes, et la tête porte un suçoir à deux stylets. Les jeunes n'ont que trois paires de pattes.

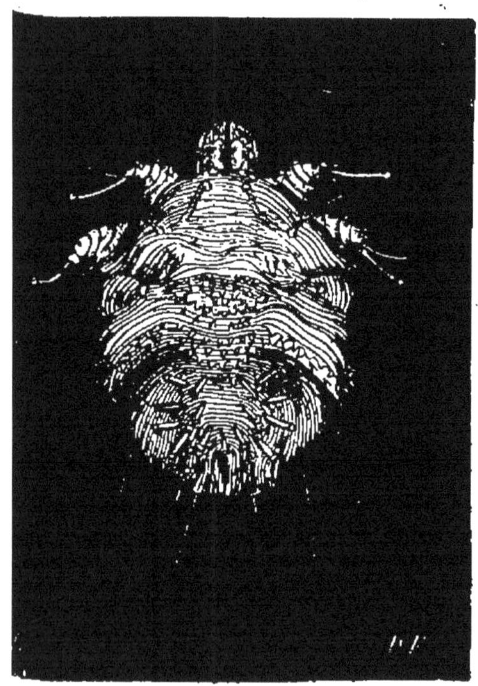
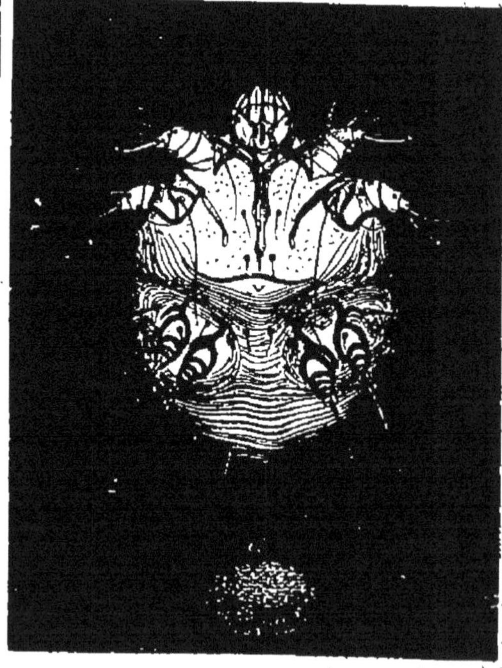

FIG. 102. — *Sarcoptes scabiei*, mâle et femelle.

Sarcoptidés. Genre *Sarcoptes*. — Le *Sarcoptes scabiei* est l'*Acarus* de la gale; le corps est globuleux, orné de stries et de sillons et recouvert de poils. Le mâle est de plus petite taille que la femelle (fig. 102). Les pattes sont terminées par des ventouses pédiculées, sauf celles de la dernière paire chez les mâles, qui portent seulement des soies raides. Le rostre est large, armé de deux mandibules tranchantes (*chélicères*). Les organes sexuels n'apparaissent que tardivement. La forme jeune a d'abord trois paires de pattes, puis quatre. A ce moment apparaît chez les mâles un pénis ; la femelle n'a pas encore de vulve, elle n'apparaît qu'après l'accouplement : elle est surmontée d'un repli des téguments en forme de fer à cheval, appelé *sternite*.

Ces phénomènes sont d'ailleurs communs à tous les Acariens. On a d'abord une forme hexapode, puis une forme octopode impubère, puis une forme octopode sexuée. Cette dernière phase en comprend même deux chez la femelle : la forme accouplée, où il n'y a encore ni vulve, ni sternite ; la forme fécondée, où ces organes apparaissent.

Tyroglyphidés. — A cette famille appartient le *Tyroglyphus longior*, de forme allongée, et recouvert de nombreux poils ; il habite les vieux fromages.

Gamasidés. — Ces Acariens, pourvus de trachées, n'ont pas d'yeux. Leurs pattes sont armées de griffes, mais ne possèdent pas de ventouses.

Ixodidés. — Ces Acariens sont pourvus de trachées et d'yeux, ils ont parfois une taille considérable (50^{mm}), comme l'*Argas persicus*, dont la piqûre est très douloureuse.

Trombidides. — Ces Acariens sont libres à l'état adulte, mais parasites à l'état de larves hexapodes. Citons dans ce groupe le *Rouget* ou *Lepte automnal*, de couleur rouge et à corps très velu.

Hydrachnidés. — Ce sont des Acariens aquatiques à corps lisse et orné souvent de dessins de couleurs variées.

Oribatidés. — Leur squelette est excessivement dur, et leurs pattes sont velues.

3° *Pantopodes*. —Ces animaux, appelés encore *Pycnogonides*, vivent dans la mer au milieu des Algues ; les pattes sont excessivement longues, et ont ceci de particulier, qu'elles renferment des prolongements en cæcums de l'estomac. L'abdomen est rudimentaire.

4° *Linguatulides*. — Ce sont des parasites qu'on a long-temps rangés parmi les Vers. Ils habitent l'estomac des animaux herbivores à l'état larvaire, les fosses nasales à l'état adulte. Le corps de l'adulte est annelé, et porte deux paires de crochets près de la bouche. Le tube digestif est droit et complet. Les sexes sont séparés.

Les larves ressemblent assez aux formes larvaires des Acariens : c'est pour cette raison surtout qu'on a rangé les Linguatules parmi les Arachnides.

5° *Arachnides proprement dits*. — Les *Araignées*, les *Scorpions*, les *Phalangides*, les *Galéodes*, constituent ce groupe ; ce sont des animaux généralement d'une grande taille.

L'étude de l'appareil buccal, chez une Araignée, par exemple, montre qu'il est formé : 1° d'une paire de chélicères correspondant aux mandibules des Insectes, chélicères terminées par un crochet articulé creux où vient déboucher une glande à venin ; 2° d'une paire de mâchoires rudimentaires, mais à palpes très développés ; 3° d'une lèvre inférieure.

Les yeux sont des yeux simples, ils ont la même structure que les ocelles des Insectes ; ils sont au nombre de huit.

Les pattes sont souvent intéressantes à étudier. Le dernier article, chez les Araignées, est terminé soit par une griffe seule, soit par deux griffes accompagnées d'une brosse de soies *(scopula)*. L'avant-dernier article porte souvent à la quatrième paire de pattes deux rangées de soies *(calamistrum)*. Les griffes, la scopula, le calamistrum, doivent jouer un rôle dans la confection de la toile.

Celle-ci est constituée, on le sait, au moyen de soie qui prend naissance dans les filières. Les filières sont formées de quatre à six mamelons percés de trous nombreux, par où passent les fils de soie produits par une glande spéciale. Au devant de la filière, on trouve chez les Araignées munies d'un calamistrum une plaque criblée, dite *cribellum*, d'un usage inconnu.

L'appareil respiratoire consiste ordinairement chez les Araignées (comme d'ailleurs chez les Scorpions), en petits sacs aplatis, empilés les uns sur les autres, et dont l'ensemble constitue ce qu'on appelle un poumon : ce n'est qu'une trachée modifiée. Le poumon communique au dehors par un stigmate.

Certaines Araignées n'ont que deux poumons *(Dipneumones)*, d'autres quatre *(Tétrapneumones)*; celles qui n'ont que deux poumons présentent parfois en outre deux trachées ordinaires *(Épeire)*. L'appareil digestif à ceci de particulier, que l'estomac, en forme d'anneau, envoie des cæcums dans les pattes (chez les Araignées). Il y a, comme chez les Insectes, des tubes de Malpighi, et de plus, un gros organe, appelé souvent foie, débouche, comme chez les Crustacés, dans l'intestin. C'est plutôt une glande digestive, car l'examen microscopique n'y a fait reconnaître aucun des acides biliaires.

L'appareil circulatoire consiste, comme chez les Insectes, en un cœur tubuleux dorsal, divisé en plusieurs

chambres. Le sang, incolore, renferme des globules amiboïdes. Les sexes sont séparés, les organes génitaux
débouchent à la base de l'abdomen. Ce sont chez les
mâles deux testicules munis de deux canaux déférents
se réunissant en un seul. A l'extrémité de ce canal, on
ne trouve pas d'organe copulateur. Ce sont les palpes
maxillaires modifiés (fig.
103) qui servent à in-
troduire les Spermato-
zoïdes réunis en un
spermatophore dans une
poche séminale que
possède la femelle en
avant du vagin.

La femelle possède
deux ovaires, deux ovi-
ductes se réunissant en
un seul, et un vagin.

Les œufs des Arai-
gnées ont ceci de par-
ticulier que la segmen-
tation du vitellus com-

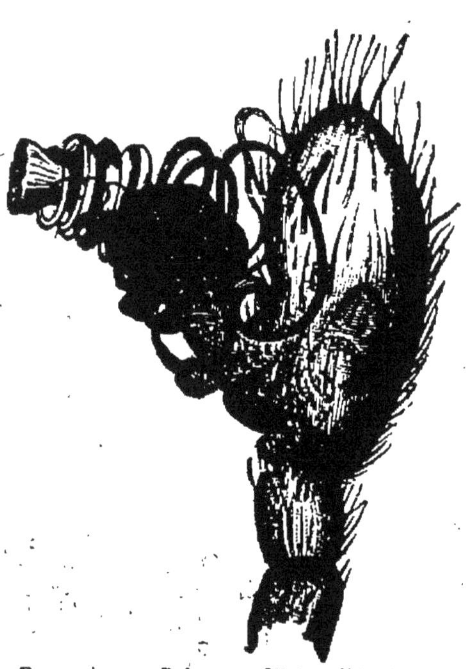

Fig. 103. — Palpe maxillaire d'Araignée
mâle.

mence non à la périphérie, mais au centre de l'œuf. Le
développement est direct. Nos exemples ont été pris seulement chez les Araignées ; ces exemples montrent suffisamment quelles études on peut faire au microscope sur
les Arachnides supérieurs.

d. Myriapodes.

Le groupe des Myriapodes présente peu d'intérêt pour
le micrographe, quand il a étudié celui des Insectes. Nous
ne signalerons donc rien de particulier dans ce groupe.

VIII

BRYOZOAIRES

Les Bryozoaires confondus d'abord avec les Polypes, furent ensuite réunis avec les Tuniciers, sous le nom de *Molluscoïdes*; on en fait aujourd'hui généralement un

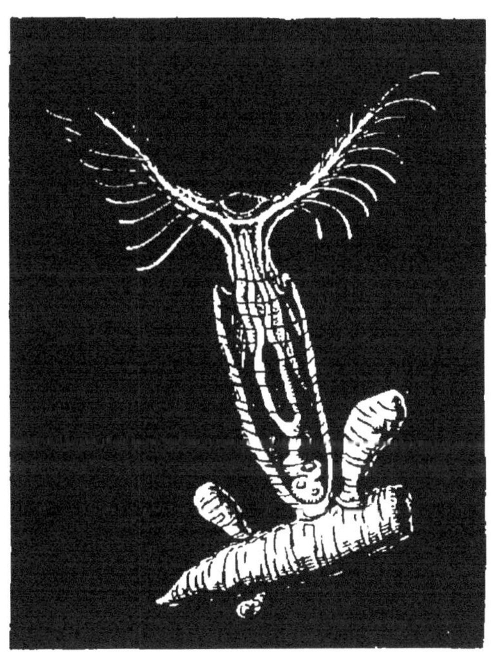

FIG. 104. — Plumatelle.

groupe à part. Ce sont de petits animaux aquatiques, soit marins, soit d'eau douce, et vivant en colonies. Ces colonies, analogues à des pieds de Mousse, leur ont fait donner leur nom.

Nous prendrons comme exemple la *Plumatelle* (fig. 104), qui appartient au groupe des *Lophopodes* des Bryozoaires *entoproctes*, et qui se trouve fréquemment dans les eaux douces, fixée sur des plantes submergées, particulièrement des pieds de *Nymphœa*. Ces animaux forment des colonies, dont chaque individu ou *Zoïde*, vit dans une gaine cornée ou *zoécie* L'ensemble de l'animal et de sa gaine forme le *polypide*. La Plumatelle présente autour de la bouche, qui se trouve à l'entrée d'une sorte de sac qui constitue le corps de l'animal, un disque ou lophophore, échancré en fer à cheval, et qui porte des tentacules plumeux d'une grande élégance. La bouche est recouverte d'une petite languette ou épistome, d'où le nom de *Phylactolœmates* qu'on donne encore aux Lophopodes (Bryozoaires à lophophore en fer à cheval).

La bouche conduit dans un œsophage cilié, puis dans un estomac assez vaste, qui est retenu au fond de la loge par un ligament *(funicule)* et par un muscle, qui permet au Polype, quand il se contracte, de se retirer dans la zoécie. L'intestin fait suite, il remonte le long de l'estomac, et vient déboucher à côté de la bouche dans le cercle tentaculaire, d'où le nom d'*Entoproctes* donné au groupe.

Le système nerveux se compose d'un ganglion unique situé entre la bouche et l'anus ; il n'y a pas d'organes des sens.

Les sexes sont en général réunis. Les œufs et les Spermatozoïdes se forment sur le cordon funiculaire aux dépens de cellules mères spéciales. Outre la reproduction sexuée, il y a une reproduction asexuée, par germes ou *staloblastes*, qui se forment également sur le funicule.

Le développement n'est pas direct ; il se forme d'abord des larves ciliées, errantes, qui se fixent plus tard en donnant un polypide. Celui-ci, en bourgeonnant, reproduit la colonie.

Tous les Lophopodes sont des animaux d'eau douce; dans le même groupe des Entoproctes, on distingue encore les *Stelmatopodes*, à lophophore circulaire, et auxquels l'absence d'un épistome a encore fait donner le nom de *Gymnolæmates*. Dans ce groupe, seules les *Paludicelles* habitent l'eau douce; les autres *(Flustres, Tubulipores*, etc.) sont marins.

A côté du grand groupe des Entoproctes est celui des *Ectoproctes*, dont l'anus débouche en dehors du cercle tentaculaire. Tous sont marins *(Pédicelline, Loxosoma*, etc.).

IX

MOLLUSQUES ET BRACHIOPODES

a. Mollusques.

Dans cet embranchement, nous nous bornerons à l'étude des tissus et des organes ainsi que des formes larvaires, vu la grande taille des animaux qui le composent.

Les Mollusques ont souvent une coquille, dont la description mérite de nous arrêter quelque temps. Nous prendrons comme exemple la coquille d'un Lamellibranche d'eau douce, facile à se procurer, l'*Anodonte* (fig. 105). Si l'on fait une coupe transversale dans une des valves de cette coquille, on trouve d'abord au dehors une couche cuticulaire, puis au-dessous une couche prismatique, dite couche des *colonnettes*, et une couche feuilletée. Ces deux couches sont formées d'une substance organique, la *conchylioline*, incrustée de calcaire. C'est la couche feuilletée qui donne à la coquille son aspect nacré; elle repose immédiatement sur l'épithélium externe du manteau, qui est la couche sécrétrice de la coquille.

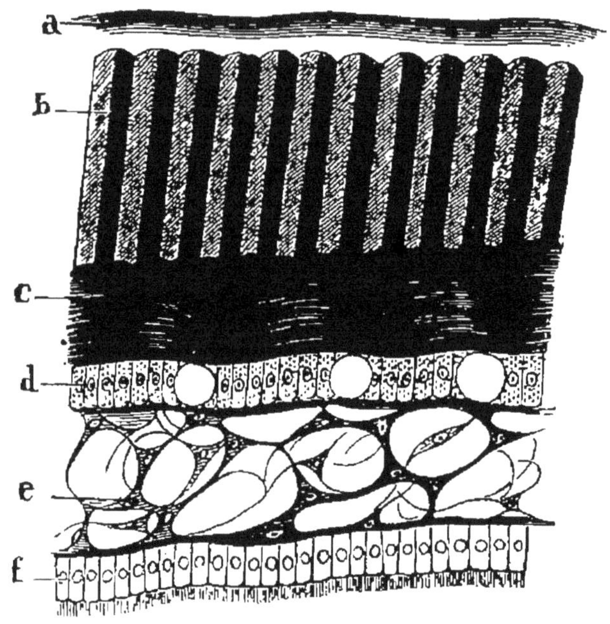

FIG. 105. — Coupe de la coquille de l'Anodonte.

Le manteau, qui enveloppe tout le corps de l'animal, est formé de tissu conjonctif; il est tapissé sur ses deux faces d'un épithélium, dont l'interne est vibratile.

Le tégument des Mollusques est de nature dermo-musculaire; on trouve d'abord à sa surface un épithélium entremêlé de nombreuses cellules sensitives spéciales, de forme bâtonnoïde; en dessous, se trouve du tissu conjonctif, renfermant de nombreuses glandes à mucus, et intimement uni au tissu musculaire. Ce tissu musculaire est formé de fibres lisses; on ne trouve jamais chez les Mollusques les fibres striées que nous avons trouvées chez les Arthprodes.

Le tissu nerveux des Mollusques est remarquable par l'épaisseur extrême de la gaine de tissu conjonctif qui l'enveloppe ; cette gaine est en continuation directe avec certains muscles, particulièrement chez les Gastéropodes, comme l'a fait remarquer M. Sicard dans son étude du *Zonites algirus*. Ces muscles ont pour effet d'empêcher les nerfs d'être tiraillés, quand l'animal rentre dans sa coquille ou en sort.

Le système nerveux est formé chez les Mollusques par trois groupes de ganglions : *cérébroïdes*, *pédieux*, *viscéraux* ; ce n'est plus comme chez les Vers et les Arthropodes une chaîne ganglionnaire. Les ganglions cérébroïdes sont toujours distincts, mais souvent (Gastéropodes) les pédieux et les viscéraux sont agglomérés en une masse unique, que seule l'étude microscopique permet de débrouiller (fig. 106).

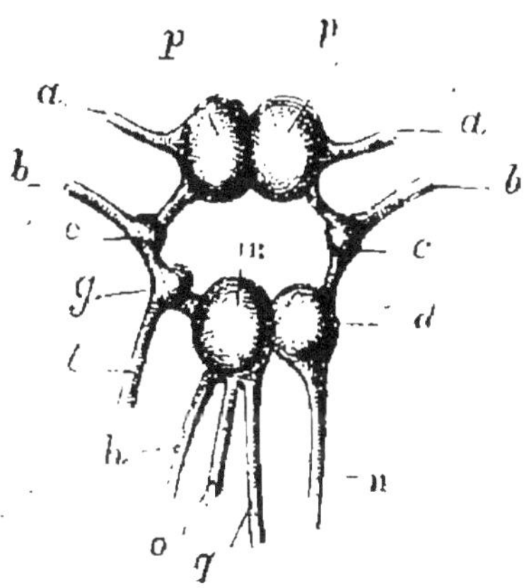

Fig. 106. — Ganglions pédieux et viscéraux du *Zonites algirus*.

Chez les Gastéropodes, que nous prendrons comme exemple, les ganglions cérébroïdes forment un groupe pair ; il en est de même des pédieux ; les viscéraux forment un groupe impair, composé ordinairement de cinq ganglions. Tous ces ganglions sont réunis entre eux par des commissures, qui forment un double collier autour de l'œsophage. Aux cérébroïdes sont reliés deux petits ganglions, dits stomatogastriques, qui servent à innerver la partie antérieure du tube digestif.

Les organes des sens sont assez développés chez les Mollusques. Ce sont d'abord des yeux (qui manquent cependant chez la plupart des Lamellibranches). Chez les Gastéropodes, leur structure est déjà assez compliquée ; on pourra les étudier sur le Colimaçon, où ils sont situés à l'extrémité des grands tentacules. Ils se composent d'une sclérotique, modifiée en avant en une cornée transparente, et tapissée d'une choroïde et d'une rétine, où l'on a reconnu l'existence de corps bâtonnoïdes. Derrière la cornée est un cristal sphérique ou elliptique, qui touche presque en arrière la rétine. Certains auteurs admettent cependant l'existence d'un corps vitré.

Chez les Céphalopodes, les yeux sont presque aussi parfaits que ceux des Vertébrés ; le cristallin est retenu par un ligament suspenseur ; il présente une sorte de diaphragme qui joue le rôle d'un iris. La rétine est fort compliquée.

Les Mollusques ont des organes d'audition, qui sont représentés par des *otocystes* (fig. 107). Ce sont des vésicules con-

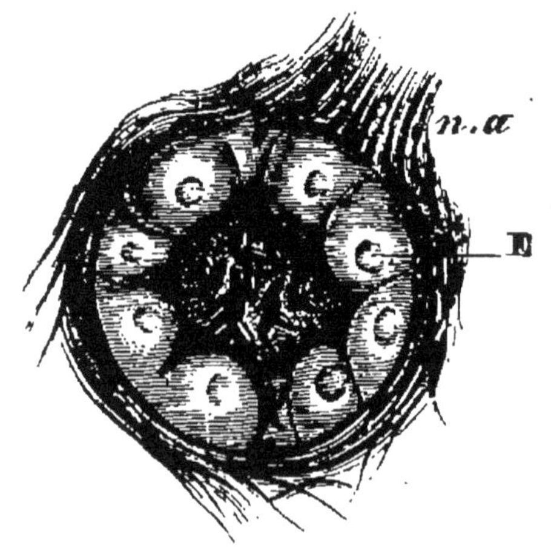

Fic. 107. — Otocyste.

jonctives, tapissées d'un épithélium cylindrique vibratile, au moins sur une partie de sa surface, et renfermant un ou plusieurs *otolithes*, concrétions calcaires particulières. Les otocystes reposent souvent sur les ganglions pédieux, mais, comme l'a montré Lacaze-

Duthiers, ils sont toujours en connexion par un mince filet nerveux avec les cérébroïdes.

Les Mollusques, les Gastéropodes du moins, ont encore des organes probablement olfactifs. Les grands tentacules renferment, à côté du nerf optique, un nerf spécial, terminé par un renflement ganglionnaire, d'où partent de nombreuses fibrilles qui vont se terminer dans des cellules spéciales en bâtonnets.

Le tact s'exerce au moyen de cellules à prolongements filiformes, qui se trouvent disséminées au milieu des cellules épithéliales, spécialement en certains points de la surface du corps (petits tentacules des Gastéropodes).

Nous ne dirons pas grand'chose de l'appareil digestif. Rappelons seulement que certains Gastéropodes ont une langue revêtue d'une garniture d'épines chitineuses *(radula)*, dont la disposition est un bon élément de classification. Un mot aussi sur les granules de carbonate de chaux, que l'on trouve surtout en été dans les cellules de la glande digestive (foie des auteurs); ces granules sont des réserves pour la formation de la coquille.

La respiration se fait ordinairement par des branchies. Ces branchies sont formées de filaments soutenus par un squelette chitineux. Leur surface extérieure est tapissée d'un épithélium vibratile, très commode pour l'étude des mouvements des cils vibratiles. En effet, les cellules de cet épithélium, même détachées et isolées, présentent pendant plusieurs heures les mouvements des cils.

L'excrétion se fait par un organe spécial, organe de Bojanus, soit pair (Lamellibranches), soit impair (Gastéropodes); c'est un organe glanduleux, dans lequel l'examen microscopique permet de reconnaître des cristaux d'urates, qui indiquent son rôle comme organe urinaire.

Les sexes sont séparés ou réunis. Les ovules n'ont rien de remarquable; les Spermatozoïdes sont parfois réunis en un spermatophore (Céphalopodes).

Le développement est rarement direct : le plus souvent l'animal traverse des formes larvaires particulières; nous

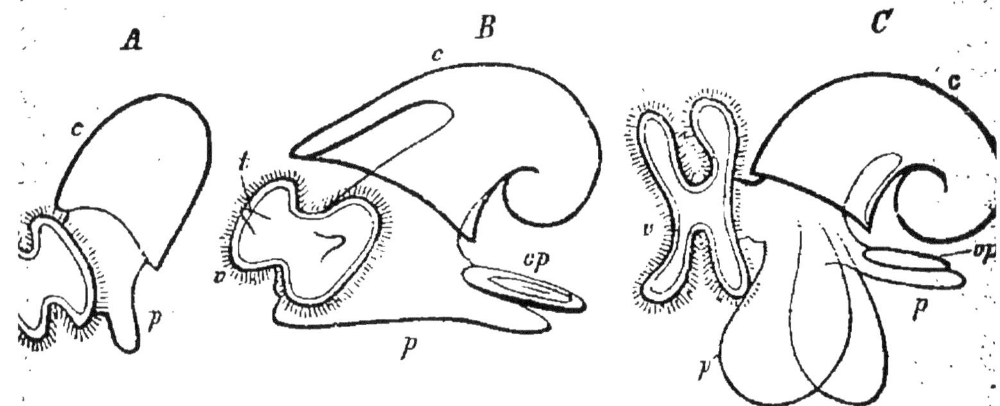

Fig. 108. — Larve de Gastéropode : A, B, C, stades successifs.

représentons (fig. 108) une larve de Gastéropode, caractérisée par le lobe cilié, *vélum*, qu'elle présente près de la bouche *(v)*.

b. Brachiopodes.

Ce petit groupe est souvent rattaché aux Mollusques ; il s'en distingue par ce fait que les valves de la coquille, au lieu d'être latérales, sont dorsale et ventrale. Il y a d'autres différences anatomiques, sur lesquelles nous n'avons pas ici à insister.

La structure intime de la coquille est bien différente de celle de la coquille des Mollusques; on y distingue trois couches : 1° une cuticule homogène, 2° une couche granuleuse très mince et calcifiée; 3° une couche prismatique également calcifiée, et qui est traversée de canaux fins ; ces canaux servent à loger des prolongements tubulaires particuliers du manteau.

Une autre étude qu'on pourra faire est celle des bras. Ce sont des tubes de tissu conjonctif, tapissés en dedans et en dehors par un épithélium pavimenteux et qui présentent deux bourrelets, un de chaque côté. Les bourrelets sont creusés eux-mêmes d'un canal, qui donne des prolongements dans des cirres tubuleux attachés sur ce bourrelet. La cavité des cirres est traversée par de petits faisceaux musculaires qui servent à leur mouvement ; leur extérieur est tapissé d'un épithélium vibratile ; ils sont soutenus par un squelette chitineux renfermant quelques spicules calcaires.

X

TUNICIERS

L'embranchement des *Tuniciers*, qui comprend les deux groupes des *Ascidiens* et des *Salpiens*, ne présente guère d'intéressant pour le micrographe que les formes larvaires et l'organe respiratoire des Ascidiens, et les générations alternantes des Salpiens.

Appareil respiratoire des Ascidiens. — La respiration se fait par des branchies ; ces branchies, qui tapissent le pharynx, ont la forme d'un grillage. Chacun des barreaux de ce grillage, soutenu par un squelette chitineux et traversé d'un canal, est recouvert d'un épithélium vibratile.

Larves d'Ascidies. — Les larves d'Ascidies (fig. 109)

ont ceci de particulier qu'elles sont semblables aux embryons des *Amphioxus*, les plus inférieurs des Vertébrés, ce qui a une grande importance au point de vue phylogénique. L'œuf, après segmentation, donne naissance à une *gastrula*, puis celle-ci s'allonge et il apparaît sur un des côtés un sillon, dit sillon dorsal ou gouttière primitive, qui, par soudure de ses bords, donne naissance à un tube nerveux. En même temps, en dessous de ce tube nerveux apparaît un cylindre hyalin cartilagineux, qui est l'équivalent de la *notocorde* des Vertébrés, et qu'on appelle l'*urochorde*. L'embryon en se développant subit des métamorphoses régressives ; la partie caudale, qui contient le tube nerveux et la notocorde, tombe (sauf chez les *Appendiculaires*) et le système nerveux se trouve réduit à un ganglion de peu de volume.

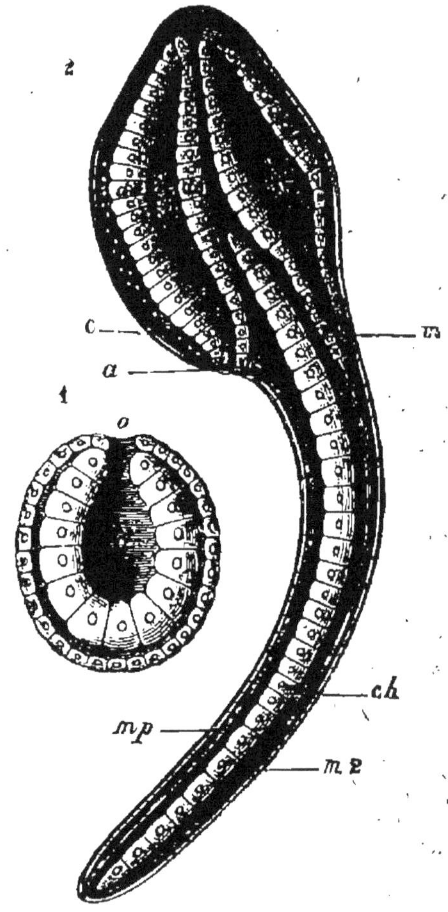

Fig. 109. — Larve d'Ascidie.

Salpiens. — Les Salpiens présentent successivement des formes solitaires dépourvues d'organes sexuels, et des formes agrégées sexuées ; parfois même *(Doliolum)*, deux générations asexuées sont intercalées entre les générations sexuées. Les Salpiens sont vivipares et ne présentent pas ces larves si remarquables des Ascidies, qui ont donné naissance à la théorie de la descendance ascidienne des Vertébrés.

XI

VERTÉBRÉS

Cès animaux sont toujours d'une taille trop considérable pour que l'on étudie un organisme ou même un appareil en entier, et nous n'aurons plus beaucoup de choses à en dire, ayant pris dans ce groupe la plupart de nos exemples pour l'étude des tissus. Nous aurons cependant à étudier les téguments, avec leurs productions, peau et muqueuse, les dents, et les organes des sens, ou plus généralement les terminaisons nerveuses,

TÉGUMENTS. — 1° *Mammifères.* — Nous prendrons comme exemple la peau d'un Homme par exemple ; mais la peau de tout Mammifère aurait une structure identique (fig. 110).

On distingue dans cette peau deux couches : l'*épiderme* et le *derme*. L'épiderme lui-même peut être divisé en deux couches : la *couche cornée*, et le *réseau de Malpighi* ; de même, le derme se divise en *derme proprement dit*, et *tissu conjonctif sous-cutané*.

L'épiderme est un *épithélium* stratifié, formé de nombreux étages de cellules. Les étages supérieurs sont constitués par des cellules aplaties et de consistance cornée, qui s'exfolient peu à peu à la surface, en pellicules furfuracées.

Ces étages supérieurs se renouvellent sans cesse, aux dépens de la couche profonde dite couche de Malpighi, et qui est formée de cellules arrondies à protoplasma granuleux et à noyau net. Ces cellules sont souvent imprégnées de *pigment :* dans la peau entière pour les personnes d'une autre race que la race blanche, et particulièrement chez les nègres ; dans certaines régions seulement (mamelon, scrotum, etc.), pour les personnes de

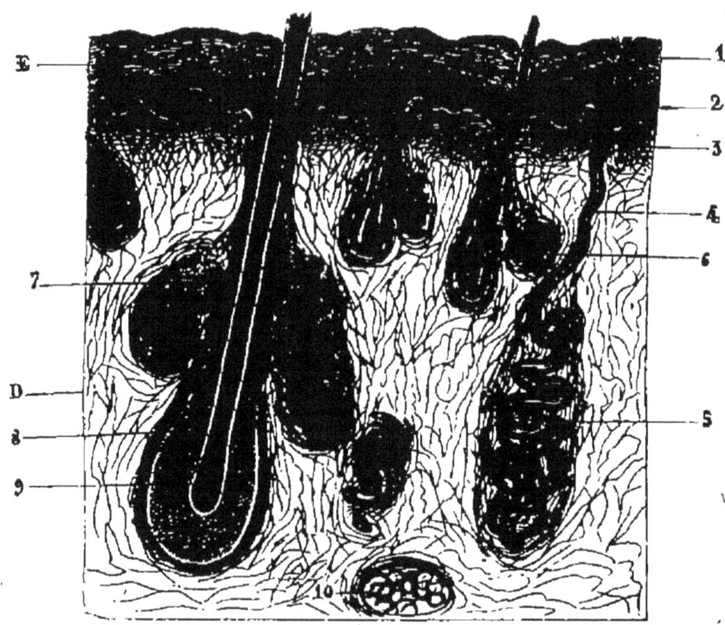

FIG. 110. — Coupe transversale de la peau d'un Mammifère : 1, couche cornée de l'épiderme ; 2, couche de Malpighi ; 3, couche papillaire du derme ; 4, canal excréteur d'une glande sudoripare ; 5, glomérule de la glande ; 6, follicule pileux ; 7, glande sébacée.

race blanche. Le derme est un tissu conjonctif, renfermant des fibres élastiques. Il est hérissé de nombreuses papilles, renfermant souvent des terminaisons nerveuses particulières *(corpuscules du tact)*, que nous étudierons plus tard. Ces papilles pénètrent dans la couche de Malpighi où elles s'enfoncent. Le derme se continue insensiblement avec le tissu cellulaire sous-cutané, de structure plus lâche et renfermant dans ses mailles de nombreuses cellules adipeuses.

E. COUVREUR, Le Microscope.   22

Outre les corpuscules du tact, le derme renferme encore dans son épaisseur, mais ce sont des productions épidermiques, des glandes (glandes sudoripares et glandes sébacées) et des follicules pileux ; ces derniers donnent naissance à des poils.

Les glandes sudoripares, ou glandes qui sécrètent la sueur, sont des glandes en tubes. Le tube, dont la direction générale est perpendiculaire à la surface de la peau, est pelotonné dans le tissu conjonctif sous-cutané, en un glomérule, puis il traverse le derme et l'épiderme en s'enroulant légèrement en spirale, et il vient déboucher dans un sillon de l'épiderme, où il forme ce qu'on appelle vulgairement un pore. Les glandes sudoripares sont constituées par de simples invaginations épithéliales.

Les glandes sébacées sont des glandes qui sécrètent un produit gras et onctueux *(sébum)*, qui vient se répandre à la surface de la peau. Ce sont aussi des glandes formées par la simple invagination de l'épiderme ; elles sont en culs-de-sac, soit simples soit ramifiés. Le sébum qu'elles contiennent provient de la fonte des éléments épithéliaux. Elles accompagnent d'ordinaire les follicules pileux ; parfois cependant (mamelon), elles s'ouvrent directement, à la surface de la peau. Les follicules pileux donnent naissance aux poils que nous allons étudier actuellement ainsi que les ongles.

Ongles. — L'ongle est une modification de la couche cornée de l'épiderme. Il est formé par des cellules particulières, constituant dans leur ensemble ce qu'on appelle la *matrice* de l'ongle, et qui appartiennent à la couche de Malpighi. Le derme au-dessous présente des papilles vasculaires disposées en crêtes, dont l'existence se révèle au dehors par les fines stries longitudinales, qui donnent à la surface de l'ongle un aspect cannelé.

Si l'on fait une coupe transversale de la peau dans la région d'un ongle, on trouve : 1° une couche épaisse de cellules aplaties et kératinisées, c'est le corps de l'ongle dont on peut isoler les cellules et même faire apparaître les noyaux par l'ébullition dans la potasse ; 2° la couche muqueuse de Malpighi ; 3° le derme avec ses papilles vasculaires.

Les griffes ne sont que des ongles roulés sur eux-mêmes.

Poils. — Les poils sont produits dans de petits follicules, où débouchent ordinairement une ou plusieurs glandes sébacées, et où s'insèrent de petits faisceaux musculaires traversant le derme et qui peuvent faire hérisser le poil par leur contraction (*muscles horripilateurs*). Le corps du follicule est formé de tissu conjonctif hyalin, qui est distingué par cela même du derme qui l'environne. Il est tapissé à l'intérieur par une invagination de l'épiderme : 1° couche *vaginale externe*, correspondant à la couche de Malpighi ; 2° couche *vaginale interne*, correspondant à la couche cornée. Cette dernière, par suite de la forme des cellules, peut elle-même se diviser en deux, *couche de Henle* (cellules arrondies) et *couche de Huxley* (cellules polyédriques) ; cette dernière est la plus interne et appliquée sur le poil. Celui-ci naît sur une papille très vasculaire, placée au fond du follicule. Dans une coupe longitudinale du follicule, on distingue de dehors en dedans : 1° la gaine conjonctive ; 2° la gaine vaginale externe ; 3° la gaine de Henle ; 4° la gaine de Huxley.

C'est la gaine vaginale externe correspondant au corps muqueux qui constitue presque toute la papille du poil. La matrice des produits épidermiques, ongle ou poil, est donc toujours formée par des cellules de la couche malpighienne.

Le poil lui-même comprend : 1° un *épidermicule* ou cuticule, formé de cellules aplaties en écailles et imbriquées les unes sur les autres, continuation de la gaine de Huxley réfléchie; 2° une *couche corticale*, formée de petites cellules serrées et pigmentées, continuation de la couche malpighienne; 3° une *substance médullaire* qui manque parfois (Porc), et qui fortement pigmentée donne le plus souvent au poil sa couleur.

La peau de tous les Mammifères est à peu près identique; seuls, les poils diffèrent. Sur un même animal, ils ne diffèrent guère qu'en grosseur *(jarres* et *duvet)*, mais sur des animaux différents, on a des modifications parfois assez considérables. La laine du Mouton présente des poils simples, sans moelle, à cellules de l'épidermicule fortement imbriquées. Les poils du Lapin sont minces et ont une large moelle très régulièrement cloisonnée; les poils de Chat sont à peu près identiques, mais à cloisons médullaires plus rapprochées.

Les poils de la *Chauve-Souris* sont articulés et ont l'apparence d'une série de clochettes à bords dentelés, empilées les unes sur les autres et enfilées sur un axe mince, terminé par une grosse nodosité, surmontée d'un pinceau de poils.

2° *Oiseaux.* — La seule différence à signaler dans les téguments, c'est l'absence de glandes sébacées et la présence de plumes au lieu de poils.

Les *plumes* sont formées d'une tige axiale, portant latéralement des ramifications ou *barbes*. Les barbes examinées au microscope se montrent comme portant elles-mêmes des *barbules*.

3° *Reptiles*. — Les *écailles* qui recouvrent les téguments sont des productions épidermiques.

4° *Batraciens*. — La peau y est nue; elle renferme dans son épaisseur de nombreuses glandes à mucus.

5° *Poissons*. — Les téguments ont ceci de particulier que les écailles sont de provenance *dermique*; elles se développent par l'ossification de papilles larges et aplaties, et sont recouvertes plus ou moins par l'épiderme.

Muqueuses. — Les muqueuses sont de structure analogue à la peau, mais leur épithélium, correspondant à l'épiderme au lieu d'être formé de cellules aplaties, est formé de cellules allongées qui peuvent parfois être vibratiles (trachée). Elles présentent parfois, comme sur la langue, des papilles nombreuses, divisées d'après leur forme en *filiformes*, *fongiformes*, *caliciformes*, papilles qui renferment, soit des anses vasculaires, soit des terminaisons nerveuses. Ces muqueuses offrent souvent dans leur épaisseur des glandes, soit à mucus (muqueuse buccale), soit, particulièrement dans le tube intestinal, jouant un certain rôle dans la digestion, comme les glandes gastriques et les glandes de Lieberkühn. Ce sont de simples glandes en tubes, soit simples, soit ramifiées, et dues simplement à une invagination de l'épithélium.

Dents. — Les dents proprement dites, que présentent les Mammifères supérieurs, offrent à l'histologiste quatre sortes de substances à étudier : la *dentine*, ou ivoire, qui forme la masse générale de la dent ; l'*émail*, qui recouvre la couronne de la dent ; le *cément*, qui recouvre la racine, et la *pulpe dentaire*, qui remplit la cavité de la dent.

La dentine est une substance osseuse, parcourue par de fins canalicules, qu'on ne peut voir que dans les coupes sèches ou montées à la glycérine. Ces canalicules, parallèles dans la région qui entoure la cavité de la dent, émettent bientôt de nombreuses branches anastomotiques, qui forment un réseau. On n'a découvert dans la dentine aucune trace de corpuscules.

L'émail est formé de nombreux prismes juxtaposés, perpendiculaires à la surface de la dent. Sur une coupe transversale, l'ensemble de ces prismes forme une mosaïque ; sur une coupe longitudinale, on aperçoit une série de bandes parallèles légèrement ondulées.

La surface externe des prismes d'émail est recouverte d'une sorte de cuticule anhiste, excessivement dure.

Le cément a la structure ordinaire des os.

La pulpe dentaire est composée de tissu conjonctif, très vasculaire et très riche en nerfs. Il est rare que les dents présentent une complexité aussi grande, qui se rencontre, par exemple, chez l'Homme. On distingue les dents en *bicortiquées* (à dentine recouverte d'émail et de cément), et en *cortiquées* (à dentine recouverte d'émail seulement, comme chez quelques Poissons, ou de cément seul, comme chez les Reptiles, sauf les Sauriens). Ces deux groupes de dents forment les dents *stéganosomes* ; on a encore les dents *gymnosomes*, formées de dentine seule (la plupart des Poissons). Ces différences correspondent le plus souvent à des différences dans le mode de formation ; ainsi la plupart des dents stéganosomes naissent dans un follicule (dents *cystigénètes*), et toutes les dents gymnosomes se forment comme une simple excroissance (dents *phanérogénètes*).

Enfin, à côté des dents, on peut placer ce qu'on appelle les *odontoïdes*, qui sont de simples productions épidermiques cornées, et qui existent seuls parfois (Oiseaux, Ornithorynque, Échidné, Lamproie).

Pour faire l'étude des dents, on en fait des coupes par les procédés que nous avons déjà indiqués pour les os. On monte les préparations à sec ou dans la glycérine, les autres liquides ayant pour effet de rendre invisibles les canalicules de l'ivoire.

TERMINAISONS NERVEUSES. — Les plus importantes à étudier sont celles qui caractérisent les organes des sens; nous étudierons ensuite les *corpuscules de Pacini* et les *plaques terminales* motrices.

1° *Organe de la vision.* — La partie qui nous intéresse ici spécialement, c'est la membrane sensible, la *rétine*. On y distingue histologiquement jusqu'à dix couches, qui sont, en allant de l'humeur vitrée vers la choroïde : la membrane *limitante interne*, la couche des fibres du nerf optique, la couche des cellules nerveuses, la couche *granulée interne*, la couche *granuleuse interne*, la couche *granulée externe*, la couche *granuleuse externe*, la membrane *limitante externe*, la couche des *bâtonnets* et des *cônes*, et la couche *pigmentaire*.

La couche véritablement sensible et qui présente les terminaisons nerveuses, c'est la couche des bâtonnets et des cônes, appelée encore *membrane de Jacob*.

Les bâtonnets sont des corpuscules cylindriques allongés, étroits, qu'on peut diviser en deux segments; on a d'abord un premier segment plus large et d'un aspect granuleux appliqué contre la membrane limitante externe, puis un deuxième segment plus étroit, transparent et incolore, dont l'extrémité touche la couche pigmentaire.

Les cônes ressemblent aux bâtonnets, sauf que leur segment granuleux est renflé en poire. Tous ces éléments, bâtonnets et cônes, sont rangés les uns à côté des autres, et tapissent toute la rétine, mais plus particulièrement une région centrale, appelée *tache jaune*, où de plus les cônes sont surtout abondants.

Chaque cône et chaque bâtonnet reçoit une fibrille nerveuse, qui part de la couche des cellules nerveuses. Ces cellules ne sont autres que des renflements ganglionnaires des fibres du nerf optique, renflements qui, nous avons déjà eu occasion de le voir, précèdent toujours une terminaison nerveuse sensitive.

Pour préparer une rétine pour l'étude, on plonge le globe occulaire coupé en deux par une section équatoriale, dans une solution aqueuse faible de chloral (1^{gr} pour 40^{gr}), on l'y laisse une demi-heure. On le transporte ensuite dans la liqueur de Müller (eau 100^{gr}, bichromate de potassium $2^{gr},50$, sulfate de sodium 1^{gr}). Quant la rétine est assez durcie, on la coupe en morceaux) et on place ces morceaux dans une goutte d'eau distillée, disposée à la surface d'une plaque de caoutchouc. On éponge l'excès d'eau et on fait des coupes en se servant de son rasoir comme d'un hachoir. On colore les coupes au carmin (on laisse quelques minutes) ou au bleu d'aniline (on laisse trois heures). On monte dans la glycérine légèrement acidifiée.

2° *Organe de l'ouïe*. — Les terminaisons nerveuses sont ici de deux sortes : celles qui viennent se faire dans les ampoules du labyrinthe, et correspondent aux poils auditifs, ébranlés par les vibrations de l'endolymphe et des otolithes qu'elle contient (ces terminaisons existent chez tous les Vertébrés) et celles qui forment ce qu'on appelle l'*organe de Corti*, et qui n'existent que chez les Vertébrés pourvus d'un limaçon.

L'organe de Corti se trouve localisé dans la *rampe*

moyenne du limaçon divisé en trois rampes : rampe *vestibulaire*, rampe *moyenne*, et rampe *tympanique*. Pour l'étudier, on prend par exemple un limaçon de cobaye, on le traite à l'acide picrique jusqu'à décalcification, puis à l'alcool ; on fait alors des coupes perpendiculaires à l'axe de la spire, et l'on colore à l'hématoxyline, puis on monte dans le baume, après avoir éclairci par un mélange de térébenthine et de créosote. On voit alors que chaque tour du limaçon est divisé en trois canaux (rampes) par deux membranes. L'une, la membrane de *Reissner*, sépare la rampe vestibulaire (correspondant à la fenêtre ovale) de la rampe moyenne ; l'autre, la membrane *basilaire*, sépare la rampe moyenne de la rampe tympanique. C'est la membrane basilaire qui supporte l'organe de Corti. Celui-ci est formé d'une série de piliers arcs-boutés deux à deux *(piliers de Corti)* et formant par leur ensemble une sorte de tunnel. Ces piliers, d'une longueur décroissante d'un bout à l'autre de la spire du limaçon, supportent des cellules ciliées *(cellules ciliées externes* sur le pilier externe, *cellules ciliées internes* sur le pilier interne), et qui, en communication par les dernières fibrilles du nerf acoustique avec le cerveau, servent à lui transmettre les vibrations de l'organe de Corti.

3° *Organe de l'odorat.* — Si l'on fait une coupe de la muqueuse nasale, on aperçoit entre les cellules épithéliales cylindriques, des cellules en bâtonnets, à prolongements hyalins, qui dépassent l'épithélium. Ce sont les cellules olfactives, en relation, par des prolongements variqueux et ramifiés, avec le nerf olfactif.

4° *Organe du goût.* — Le sens du goût réside dans les papilles de la langue, où viennent se ramifier les dernières terminaisons du lingual et du glosso-pharyngien. Généralement, on ne trouve pas là de terminaisons nerveuses spéciales; cependant, chez le Lapin, il faut signaler l'*organe folié*. Si l'on fait une coupe passant par une papille foliacée, on trouve dans la muqueuse des dépressions en forme de bouteilles, renfermant des cellules allongées, se terminant en bâtonnets dont l'extrémité sort par le goulot de la bouteille.

5° *Organe du toucher*. — Le sens du toucher est localisé dans des papilles, qui renferment des corpuscules particuliers, dits *corpuscules du tact*. Ce sont des corpuscules ovoïdes de tissu conjonctif, au milieu desquels vient se terminer, en se contournant en spirale, une fibre nerveuse. On distingue les corpuscules de *Meissner* et ceux de *Krause*.

6° *Organes latéraux des Poissons*. — Ces organes, probablement sensitifs, se trouvent le long du corps, où ils constituent la *ligne latérale*. Ils consistent en tubes s'ouvrant au dehors, et venant aboutir au fond à un bouton, formé d'une agglomération de cellules pyriformes, terminées par des cils raides très fins. Ces cellules sont richement innervées.

7° *Corpuscules de Pacini*. — On trouve dans le mésentère de certains animaux (Chat) des terminaisons nerveuses d'un usage inconnu (fig. 111) : ce sont les *corpuscules de Pacini*. Pour constituer un de ces corpuscules, une fibre nerveuse à myéline perd peu à peu sa gaine myélinique, en même temps que la membrane conjonctive augmente considérablement d'épaisseur. De la sorte le corpuscule se compose, au centre d'un cylindre-axe, terminé par un petit bouton, à la périphérie d'une membrane conjonctive épaisse, formée de plusieurs couches concentriques, et constituant un petit cylindre hyalin tout autour du cylindre-axe. Pour bien voir les corpuscules, on les traite par le nitrate d'argent à 5 pour 100, puis on expose à la lumière et on monte à l'eau : la préparation ainsi faite est difficile à conserver ; on peut monter à la glycérine après avoir traité par le chlorure d'or, ou l'acide osmique.

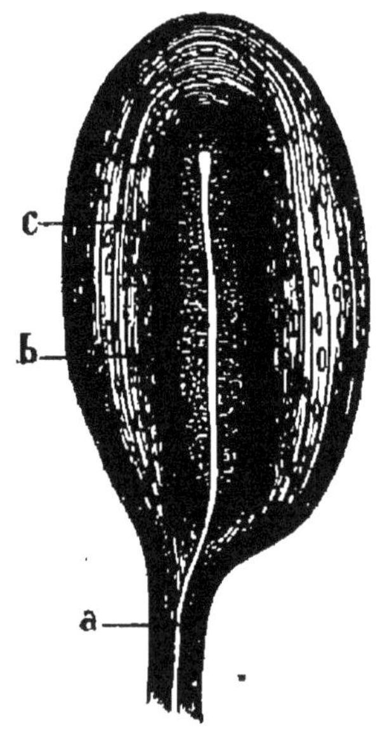 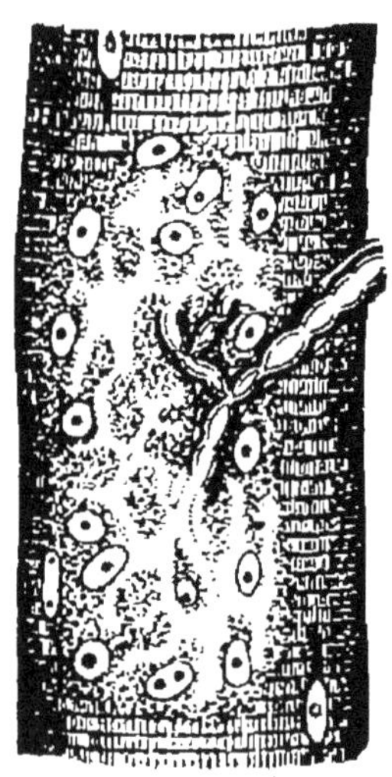

Fig. 111. — Corpuscule de Pacini.   Fig. 112. — Plaque motrice terminale.

8° *Plaques terminales*. — On appelle ainsi la terminaison spéciales des nerfs moteurs dans les muscles. Au moment de la terminaison (fig. 112), le nerf perd sa gaine de myéline, et se réduit au cylindre-axe et à sa membrane conjonctive ; cette dernière s'étale à la surface du sarcolemme avec lequel elle ne tarde pas à se confondre ; quant au cylindre-axe, il va se perdre au milieu d'un amas granuleux rempli de noyaux.

Les plaques terminales sont surtout visibles, après un traitement au chlorure d'or.

Nous arrêterons là cet examen microscopique des animaux, dont nous avons suivi, comme pour les végétaux, la série ascendante. Le résultat de cette étude a été non seulement de nous faire connaître la constitution cellulaire de tous les êtres, les plus simples comme les plus compliqués, mais encore de nous montrer la ressemblance complète des mêmes tissus dans les animaux les plus variés (muscles des Vertébrés et des Arthropodes par exemple). Nous avons vu de plus que le point de départ commun à tous les animaux est une cellule, cellule dont l'évolution est poussée plus ou moins loin, mais qui, par la constance des caractères de ses différenciations primitives, semble bien indiquer une même origine pour tous les animaux.

Mais si nous nous rappelons que les Protistes ne diffèrent pas au fond de certains Myxomycètes, nous serons conduits non plus seulement à l'idée d'une forme primitive végétale unique, et d'une forme primitive animale unique, mais encore à l'idée d'une forme primitive unique pour les deux règnes; et nous serons amenés ainsi à considérer à la base des êtres vivants, non pas même une cellule dont nous avons vu la constitution si complexe, mais le protoplasma amorphe, cette base physique de la vie, comme l'appelle Huxley. C'est ainsi qu'indépendamment des connaissances plus particulièrement positives que peuvent nous donner les études microscopiques, ces études nous conduisent également aux vues pilosophiques les plus élevées, ce qui est le véritable but de la science.

FIN

TABLE DES MATIÈRES

LYON. — IMPRIMERIE PITRAT AÎNÉ, 4, RUE GENTIL

www.ingramcontent.com/pod-product-compliance
Ingram Content Group UK Ltd.
Pitfield, Milton Keynes, MK11 3LW, UK
UKHW020122130726
13696UKWH00001B/161